6e Année Janvier 1893. N° 52

Ce Bulletin paraît le 15 de chaque mois.

BULLETIN AGRICOLE DE L'OUEST

Organe des Syndicats Agricoles
des départements du Finistère, des Côtes-du-Nord,
du Morbihan, de la Loire-Inférieure, d'Ille-et-Vilaine, de la
Manche, de la Mayenne, de Maine-et-Loire, de la Sarthe,
de l'Orne, du Calvados, de l'Eure, d'Eure-et-Loir
et de la Seine-Inférieure.

Publié sous la direction de :

H. LÉIZOUR, (✻ M. A.) (✿ A.)
Professeur départemental d'Agriculture de la Mayenne, Directeur du Laboratoire agronomique, Président du Syndicat des Agriculteurs de la Mayenne,

GAROLA, (O. ✻ M. A.) (✿ A.)
Professeur départemental d'Agriculture d'Eure-et-Loir,
Directeur de la Station agronomique de Chartres.

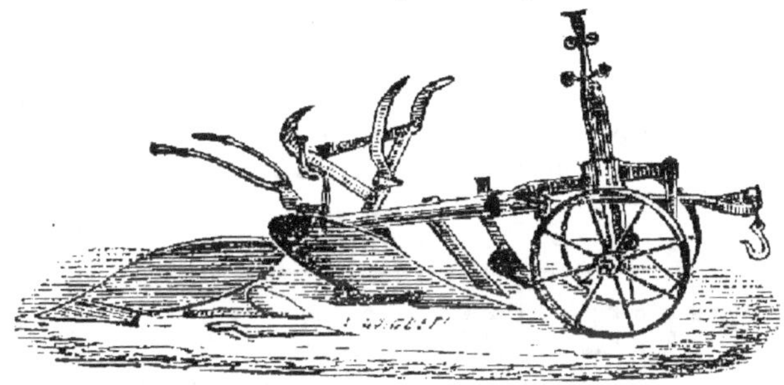

ABONNEMENTS

Les membres des syndicats adhérents sont abonnés gratuitement par leurs bureaux. — Pour les étrangers aux syndicats : **6 fr. par an.**

ANNONCES

De 1 à 4 annonces. » **50c** la ligne.		De 8 à 12 annonces » **30c** la ligne
De 4 à 8 — » **40c** —		Au-delà de 12. » **20c** —

Le bulletin publiera gratuitement les offres et demandes des Syndicats abonnés.

AVIS. — Tout ce qui concerne la rédaction, les Annonces et les Abonnements, doit être adressé à M. LÉIZOUR, rue de la Filature, 1, à Laval.

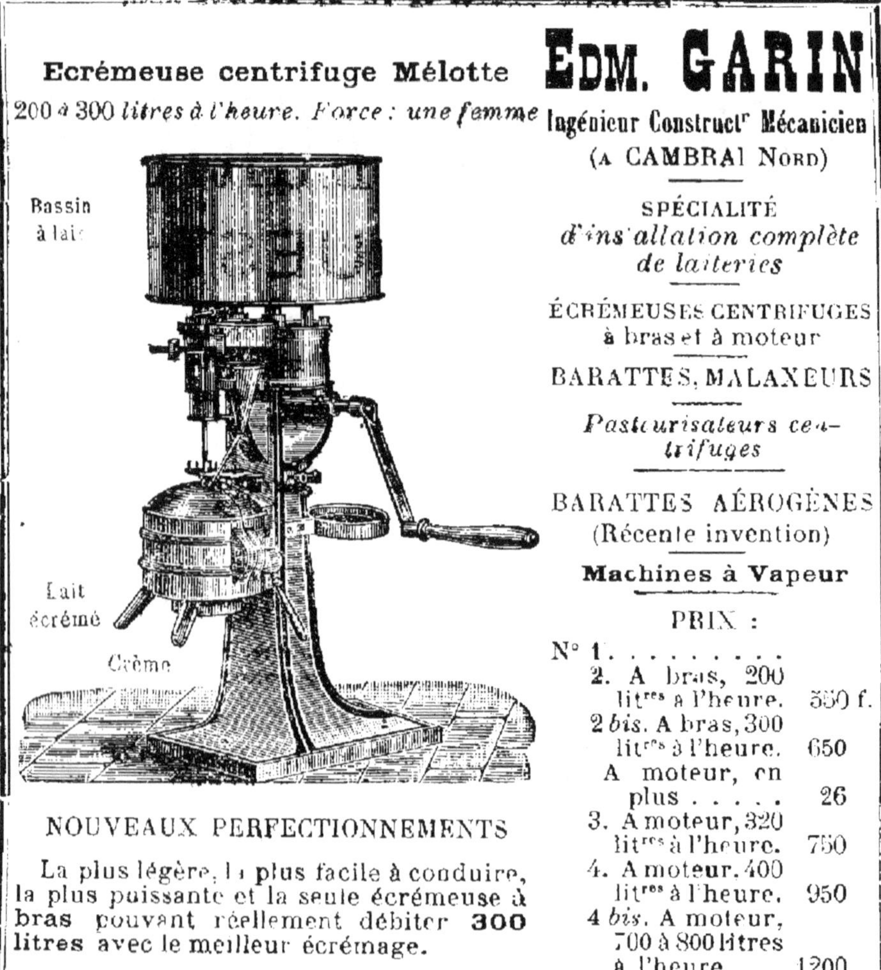

OFFICE DE LA VACHERIE

LAPORTE ET LEFRANC

PARIS — 93, boulevard Sébastopol, 93 — **PARIS**

VINGT-TROISIÈME ANNÉE

Choix de Vacherie dans Paris et banlieue depuis 5,000 francs jusqu'à 100,000 francs

Seule maison recommandée par les Chambres syndicales des laitiers-nourrisseurs

VACHERIE **à céder Paris, plein centre, après fortune,** maison ancienne, situation exceptionnelle, affaire facile à mener, **28 vaches**, premier choix, 1 seule voiture ; 150 litres vendus presque tout 50 centimes. Bénéfice an, 18.000 francs, justifiés par livres. On traitera avec 25,000 francs argent ou garanties.

Ecrire à MM. Laporte et Lefranc.

Tous les renseignements et démarches sont gratuits pour l'acquéreur

BULLETIN AGRICOLE DE L'OUEST

Le hanneton en 1893

Contrairement à ce que nous avions espéré, les vers blancs, *turcs ou mans*, ont continué leurs déprédations en 1892, même dans les localités où leur parasite, le *Botrytis tenella*, avait fait son apparition en 1891.

Est-ce la sécheresse excessive du printemps et de l'été derniers qui a empêché ce champignon, comme tous les autres, de se multiplier, et par suite d'accomplir son œuvre de destruction ? Il semble qu'il y ait quelque raison de le croire, étant donné ce qui s'est passé les années précédentes. Nous avons pu constater, en effet, que dans quelques-unes des localités où le parasite avait pénétré en 1890, grâce sans doute à la température favorable de l'été et de l'automne de 1891, il s'est propagé au point que les hannetons, qui devaient éclore en 1892, ont fait complètement défaut. Ce qui semble démontrer que partout où le champignon sera suffisamment abondant il n'y aura plus de hannetons ni par conséquent de vers blancs.

Les localités où les hannetons sont sortis en 1892 sont relativement peu nombreuses, d'après les renseignements publiés récemment par M. Le Moult. Quelques communes de la Mayenne seulement, celles qui sont limitrophes du département de l'Orne, ont eu des hannetons l'an dernier. Dans le reste du département, comme dans la plupart des départements français, c'est en 1893 que ces insectes sortiront. C'est donc le moment de s'organiser pour leur faire une guerre acharnée dès leur apparition, car il est évident que le meilleur moyen d'en réduire le nombre pour les années à venir est encore de les empêcher de se reproduire, en les détruisant *avant la ponte*. Le hannetonnage, qui a donné de si beaux résultats partout où il a été pratiqué d'une façon sérieuse, pourrait être employé partout, si tous les intéressés voulaient s'entendre à cet effet et prêter leur concours à cette œuvre de salut.

Mais le hannetonnage, même très bien exécuté, laissera toujours subsister un nombre d'insectes suffisant pour donner naissance à de nombreuses larves, qui perpétueront les déprédations et obligeront les cultivateurs à rester indéfiniment armés. Il faut en effet, remarquer deux choses : pour trouver des hannetonneurs, il faudra les payer et, même en les payant, on ne pourra compter sur leurs services qu'autant que les insectes seront assez nombreux pour leur permettre de gagner de bonnes journées. Aussitôt que les hannetons diminueront, leur chasse sera abandonnée et le reste servira à la reproduction.

Sur la périphérie des localités dont nous parlons ci-dessus, qui ont été à peu près complètement débarrassées de cette vilaine engeance par son parasite, nous avons remarqué, — et nombre de cultivateurs nous ont dit avoir fait la même observation, — que des hannetons détruits par le champignon se rencontraient en grand nombre. C'est ce qui nous a suggéré l'idée de faire des essais de contamination artificielle sur ces insectes.

La dissémination du champignon à l'aide du ver blanc est évidemment possible. A côté des quelques correspondants qui nous ont fait part d'un échec plus ou moins absolu, un très grand nombre d'autres nous ont remercié des envois de vers contaminés que nous leur avons faits, en nous informant des résultats très satisfaisants qu'ils ont obtenus. Le voyage, même très long, n'a pas atténué la virulence du microbe, qui se propage actuellement jusque dans les Indes Néerlandaises. Mais la contamination artificielle des vers blancs ne laisse pas que d'offrir quelques difficultés, même pour les personnes expérimentées, et il ne nous semble pas facile d'en produire un nombre suffisant pour arriver rapidement au résultat cherché. L'industrie produit, il est vrai, de grandes quantités de spores qui, employées convenablement, devraient produire les mêmes effets que celles qui se développent sur chaque ver contaminé. Toutefois, il faut remarquer que cette production coûte relativement cher et que rien ne prouve jusque-là que l'emploi à haute dose des spores de l'industrie produise le même effet que les spores résultant des insectes eux-mêmes.

Dans tous les cas, on ne connaît pas encore le meilleur moyen d'employer le produit du commerce. La plupart des expérimentateurs disent de l'enfouir à une profondeur de 0^m15 à 0^m20, ce qui est contredit par nos essais personnels et ce qui nous semble difficile à expliquer.

C'est évidemment l'air, le vent, qui est l'agent disséminateur des spores du champignon. Or, on ne voit pas bien comment des spores enfouies à 0^m15 de profondeur dans le sol peuvent être prises par ce vent. D'un autre côté, on conseille d'appliquer ces spores lorsque les vers blancs sont tout près de la surface du sol, et c'est en effet à ce moment qu'on réussit le mieux ; mais lorsque les vers sont ainsi près de la surface ils ne pénètrent plus à 0^m20 de profondeur qu'à la fin de la saison, lorsqu'ils vont prendre leurs quartiers d'hiver, et comme à cette profondeur le sol est toujours plus ou moins humide, il y a des chances pour que la germination des spores ait eu lieu avant leur contact avec les larves. Nous avons constamment beaucoup mieux réussi en plaçant les vers contaminés à quelques millimètres de profondeur, surtout lorsque le sol présentait une certaine fraîcheur permettant à la végétation du champignon de continuer.

Quoi qu'il en soit et en prévision de la grande sortie de hannetons en 1893, nous avons voulu nous rendre compte de la possibilité qu'il pourrait y avoir de se servir du hanneton lui-même pour la propagation de son parasite et nous avons prié quelques-uns de nos dévoués correspondants de faire quelques essais de contamination à l'aide de tubes de culture que nous leur avons adressés et de nous envoyer en même temps quelques milliers d'insectes sur lesquels nous avons expérimenté nous-même.

Chaque envoi de hannetons a donné lieu aux quatre essais suivants :

1° Une partie des insectes a été saupoudrée de spores sèches ;

2° D'autres ont été alimentés à l'aide de feuilles et de jeunes bourgeons de chêne préalablement saupoudrés de spores sèches.

3° Une autre catégorie a reçu, comme nourriture, des feuilles et des jeunes bourgeons arrosés à l'aide d'eau chargée de spores.

4° Enfin dans un dernier essai les insectes ont été complètement mouillés à l'aide d'eau dans laquelle on avait délayé des spores et du blanc d'œuf.

Tous les insectes ont été placés dans des caisses contenant 0^m30 d'épaisseur de terre meuble et recouvertes de cloches de verre permettant d'observer ce qui se passait à l'intérieur. Les provisions ont été régulièrement renouvelées tous les matins et pendant plusieurs jours, les insectes, bien qu'en captivité, ont vécu comme en liberté, ont mangé de bon appétit et se sont accouplés. Puis leur nombre a brusquement diminué, au point de nous faire supposer qu'ils s'échappaient. Enfin, le huitième jour quelques-uns sont morts et tombés sur le sol. Ils ont été suivis rapidement par les autres et le 17e jour tous avaient disparu.

Jusqu'à ce moment, aucune particularité n'a différencié les quatre essais, si ce n'est la proportion des disparus, beaucoup plus élevée dans certaines caisses. Dans toutes, quelques-uns des premiers cadavres laissaient voir un commencement de moisissure, signe caractéristique de la contamination.

Mais à partir de ce moment, il n'y a plus eu rien de commun entre la caisse n° 4 et les 3 autres. Tandis que quelques insectes seulement, les femelles surtout, ont été contaminés dans les trois premiers essais, tous ceux du 4e l'ont été.

Le 25e et le 26e jour, en recherchant les insectes, nous avons eu l'explication des disparitions inégales observées dans les débuts. Tandis que dans certaines caisses les pontes avaient été très nombreuses, dans les autres elles avaient été rares. Nous n'avions pas mélangé les insectes à leur arrivée et avions mis dans certaines caisses ceux qui se trouvaient à la surface des boîtes qui avaient servi à leur transport et dans d'autres ceux qui se trouvaient au fond de ces boîtes. Les premiers étaient presque exclusivement des mâles, les derniers presque exclusivement des femelles ! Ce sont ces dernières qui, à un moment donné, se sont enfoncées dans la terre des caisses pour effectuer leur ponte, ce qui nous avait fait supposer que quelques insectes s'étaient échappés des caisses.

Il est inutile de parler plus longuement des trois premiers essais, dont les résultats n'ont pas été satisfaisants. Quant au quatrième, celui dans lequel les insectes ont été complètement mouillés, le résultat qu'il a donné a dépassé toute espérance, puisqu'il a donné 100 pour 100 de contamination, alors que jusque-là on a dit et écrit que la contamination de l'insecte parfait était moins facile que celle du ver blanc.

Toutes les femelles sont descendues dans la terre, quelques-unes ont même pu pénétrer jusqu'au fond des caisses, c'est-à-dire à 0m30 de profondeur, mais toutes n'ont pas eu la force de commencer leur ponte et aucune ne l'a terminée. Nous n'avons constaté que 27 œufs dans la ponte la plus nombreuse et la femelle qui l'avait faite était moisie sur ses œufs. C'était d'ailleurs le cas de la plupart et les plus intrépides n'avaient pu s'écarter que de quelques centimètres de leur ponte.

Tous les mâles sont tombés sur la terre de la caisse et se sont, peu après, recouverts de la moisissure caractéristique.

Il résulte de ces essais et de ceux qui ont été effectués par quelques-uns de nos correspondants, que la contamination du hanneton est infiniment plus assurée et plus expéditive que celle de sa larve.

Cette facilité mettra entre les mains de ceux qui le voudront, au printemps prochain, un moyen de répandre à profusion le Botrytis tenella sur toutes les terres envahies par le hanneton. Il suffira pour cela *lorsque le hannetonnage sera terminé*, car nous répétons que c'est par là qu'il faudra commencer, de préparer dans un vase quelconque, facile à transporter, un seau en bois, par exemple, de l'eau dans laquelle on aura fouetté ensemble le produit de un ou deux tubes de culture et deux ou trois blancs d'œufs, de se promener sur les terres avec ce liquide et d'y plonger de distance en distance, des poignées d'insectes, dont il n'y aura pas lieu de se préoccuper ensuite. Ils sortiront eux-mêmes du liquide et du seau et s'en iront porter le champignon de tous côtés, chacun formant un foyer d'infection là où il tombera.

Quelques-uns se diront (on l'a déjà écrit) que le moyen que nous préconisons ressemble à celui qu'on indique aux enfants pour prendre des petits oiseaux et qui consiste à leur mettre du sel sur la queue. D'autres diront que lorsqu'on aura pris les insectes il vaudra mieux les détruire que d'essayer de s'en servir pour propager le champignon.

Inutile, n'est-ce pas, de répondre aux premiers. On ne fait pas tomber les oiseaux sur des toiles tendues sous les arbres dont on secoue les branches, même en s'y prenant de grand matin.

Aux seconds nous ferons observer que la destruction immédiate de quelques milliers de hannetons de plus par exploitation, *à la fin du hannetonnage*, alors que la plupart des femelles ont effectué leur ponte, ne saurait avoir une bien grande influence sur la pullulation des insectes les années suivantes, tandis que ces milliers d'insectes transformés en autant de foyers d'infection en auront une considérable.

Il serait possible d'ailleurs, ainsi que nous le remarquons plus haut, de ne se servir que des hannetons mâles à peu près exclusivement, pour pratiquer la contagion et de détruire les femelles qui seules, par leur ponte, doivent perpétuer l'espèce. Il suffirait pour cela d'enfermer les insectes, dans des caisses profondes, ne recevant d'air que par le haut et de les y laisser pendant deux jours. Au bout de ce temps les mâles se trouveront à la surface et pourront facilement servir à la contamination.

D'ailleurs, il n'y a aucun inconvénient à se servir des femelles, car bien qu'elles puissent effectuer leur ponte, au moins en partie, après la contamination, leurs œufs seront le plus souvent stériles et les larves auxquelles ils pourraient donner naissance seraient vouées à une mort certaine, puisqu'elles naîtraient dans le foyer d'infection créé par la mère.

Nous terminerons par un simple avis aux cultivateurs qui nous liront et qui voudront pratiquer l'opération que nous leur recommandons.

Pour réussir il est absolument nécessaire d'avoir des spores de bonne qualité, capables de germer. On en trouve d'excellentes dans le commerce, mais on vend aussi, sous le nom de tubes de culture de Botrytis tenella, de petits tubes ne contenant que de la fécule de pomme de terre ou simplement de la farine. Comme pour le savoir il faut, d'abord connaître les spores du champignon, ensuite disposer d'un bon microscope pour les voir, nous engageons vivement les cultivateurs à ne se servir que de produits qu'ils auront fait soigneusement contrôler.

Lorsque le moment sera venu, nous mettrons, *gratuitement* grâce à la libéralité du Conseil général, quelques milliers de tubes à la disposition des cultivateurs de la Mayenne, mais nous ne saurions garantir la qualité d'aucun produit du commerce avant de l'avoir examiné.

H[te] LÉIZOUR.

Supplément au N° 52 du Bulletin agricole de l'Ouest

DU 15 JANVIER 1893

SYNDICAT DES AGRICULTEURS
DE LA MAYENNE

LISTE DES MEMBRES
AU 1er JANVIER 1893

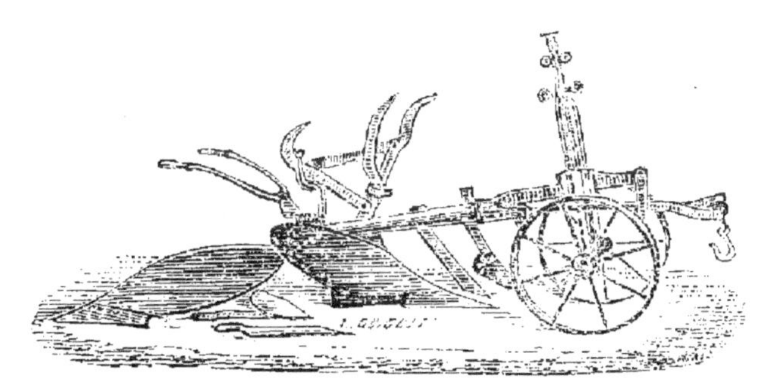

LAVAL

IMPRIMERIE DE L. MOREAU

1893

SYNDICAT DES AGRICULTEURS
DE LA MAYENNE

MEMBRES DU BUREAU

MM.

LÉIZOUR (✻ M. A. ✪), professeur départemental d'agriculture, Directeur du laboratoire agronomique de la Mayenne, à Laval, *Président* ;

BIDAULT, Alfred, Président du Comice agricole de Mayenne, *Vice-Président*, pour l'arrondissement de Mayenne ;

REZÉ Léon (✻ M. A.) *Vice-Président*, pour l'arrondissement de Château-Gontier ;

PERROT, propriétaire, à Laval, *Secrétaire*.

LAMBERT, ancien Conseiller général, à Mayenne, *Vice-Secrétaire*, pour l'arrondissement de Mayenne ;

ANQUETIL-DELISLES, fils, *Vice-Secrétaire*, pour l'arrondissement de Château-Gontier ;

FONTAINE, avoué à Laval, *Trésorier* ;

GUERLIN, propriétaire à Laval, *Membre honoraire*.

LISTE DES MEMBRES

NOTA. — Les noms marqués par des astérisques sont ceux des Membres inscrits depuis la dernière réunion générale, en date du 23 janvier 1892.

Canton d'Argentré

MM.

Bernier, propriétaire, Louverné.
Bézier, au Grand-Boissay, Bonchamp.
Bruneau, prop., château de Gresse, La Chapelle-Anthenaise.
Cadot, Joachim, La Chapelle-Anthenaise.
Cimmier, Joseph, à la Vigneule, Montflours.
Dubois, René, aux Vaux, Forcé.
Ferré, propriétaire, Argentré.
Genest, à Laumune, Louverné.
Goranflaux, greffier de paix, Argentré.
Heaumé, Camille, au Grand Cheré, Parné.
* Lefur, B., à Bois-Morin, Bonchamp.
Lepage, au Chêne, Forcé.
Lepoivre, H., au Bois-Gast, Châlons.

Letourneurs, Camille, maire de Louvigné.
Rancher (Vte de), château du Ronceray, Louverné.
Rebuffé, François, propriétaire, Louverné.
Rivet, Amand, à la Grande-Chauvinière, Parné.
Rocton, Henri, à la Grippouce, Bonchamp.
Rubillard, François, à la Fribouzière, Louverné.
Sesboué, Frédéric, notaire à Argentré.
Tribert (Mme de), au château de La Mazure, Forcé.
Vincent, propriétaire, Bonchamp.

Canton de Chailland

Bachelot, Henri, à la Bardouillère, la Bigottière.
* Bardoux, François, propriétaire, à la Juberdière, Saint-Hilaire-des-Landes.
Benoist, maire d'Andouillé.
Bertier, F., Saint-Germain-le-Guillaume.
Bodereau, Vital, la Bigottière.
Boussard, Constant, à Vaumorin, Saint-Hilaire-des-Landes.
* Chapron, J.-M., cultivateur, à la Lande, Chailland.
Commère, à la Sauvagerie, la Baconnière.
Coudray, expert, Juvigné-des-Landes.
Couasnon (Vte de), château de la Barillère, la Croixille.
Coupeau, à la Babinais, Saint-Hilaire-des-Landes.
Demengeot, propriétaire, Juvigné-des-Landes.
Desbois, à Harchez, Andouillé.
Freulon, Marcel, à la Goismère, Andouillé.
* Genouel, Julien, à Georju, Juvigné-des-Landes.
* Georget, Edouard, à la Morinière, la Baconnière.
* Gobil, Eugène, à la Potterie, la Bigottière.
Godin, propriétaire, à la Poupardière, la Baconnière.
Hameau, négociant, Andouillé.
Jolivier, François, à la Montagne, Saint-Hilaire-des-Landes.
Jouvin, Auguste, à la Bodinière, la Baconnière.
Lenain, Auguste, propriétaire, Andouillé.
Lesaulnier, J., à Saint-Hilaire-des-Landes, par Chailland.
* Manceau, négociant en vins, Andouillé.
* Marcadet, à la Richerie, la Baconnière.
* Marcadé, Etienne, à Bel-Air, Andouillé.
Marchais, propriétaire, Andouillé.
Métayer, J., à la Boutonnée, Juvigné.
Monnerie, propriétaire, à Farcy, la Baconnière.
Pays, à la Ruaudière, Juvigné.
Pinson (Mme veuve), propr., Saint-Germain-le-Guillaume.
Pivert, Emmanuel, propr., Saint-Germain-le-Guillaume.
* Pivert, Louis, à la Coupelière, la Bigottière.
* Prodhomme, conducteur des ponts-et-chaussées, Juvigné-des-Landes.
Pouteau, propriétaire, la Baconnière.
Renoult, J.-M., propriétaire, à la Maindière, la Croixille.
Ronné, propriétaire, la Bigottière.

Roussin, propriétaire, Andouillé.
Sorin, François, à la Braudière, la Baconnière.
Trillon, au Coudray, Andouillé.
Vildé (Mme veuve), propriétaire, Saint-Hilaire-des-Landes.
* Vilfeu, Jean, à la Jardière, Saint-Hilaire-des-Landes.

Canton d'Evron

Avois, Assé-le-Bérenger.
Bruand, propriétaire, Evron.
Chauveau, Louis, à la Petite-Barre, Ste-Gemmes-le-Robert.
Chauveau, à la Butte, Sainte-Gemmes-le-Robert.
Cordier, propriétaire, Saint-Christophe-du-Luat.
Couléard-Desforges, Auguste, expert, Evron.
Daulumier, Saint-Christophe-du-Luat.
Foucher, Félix, propriétaire, Assé-le-Bérenger.
Foucher, Albert, propriétaire, Assé-le-Bérenger.
Fouilleul, J., propriétaire, Voutré.
Froger, instituteur, Saint-Christophe-du-Luat.
Grimod, propriétaire, à la Ménéteuse, Evron.
Gougeon, Anselme, Saint-Christophe-du-Luat.
Gougeon, Edmond, propriétaire, Evron.
Guéranger, notaire, Evron
Guilmin, propriétaire, Saint-Christophe-du-Luat.
Hardy, à la Rairie, Evron.
Lacôte, propriétaire, Vimarcé.
Lambert, Clovis, à la Foucroyère, Evron.
Le Bail, juge de paix, Evron.
Le Gonidec de Traissan, château du Rocher, Mézangers.
Le Mouland, expert, Mézangers.
Marcé (Vte de), château du Haut-Busson, Evron.
Mercier, à Ileu, Saint-Georges-sur-Erve.
Moreau, Louis, propriétaire, aux Landes, Evron.
Morineau, à Villières, Sainte-Gemmes-le-Robert.
Passe, propriétaire, Evron.
Plet, Julien, au Brée, Assé-le-Bérenger.
Renard, à la Gandonnière, Saint-Georges-sur-Erve.
Sevin, au Prieuré, Assé-le-Bérenger.
Trouillard, A., propriétaire, Châtres.
Vadpied, à la Lancherie, Evron.

Cantons de Laval (Est et Ouest)

Allard, L., rue Marmoreau, 8, Laval.
Angot, Jean-René, carrefour aux Toiles, Laval.
Aoutin, J.-B., expert, 23, rue du Jeu-de-Paume, Laval.
Asse, J., expert, rue du Lycée, Laval.
Aubert (d'), propriétaire, 22, quai Béatrix, Laval.
* Aubry, 42, rue de Bretagne, Laval.
* Barbier, F., expert, Entrammes.
Barre (comte de la), 16, quai Béatrix, Laval

Baron, L., 37 bis, rue Solférino, Laval.
Bâtard, propriétaire, rue Solférino, Laval.
Béasse, propriétaire, rue de la Cale, Laval.
Beaulnère (Em. de la), chât. de la Drujoterie, Entrammes.
Beauvais, propr., employé à la banque de France, Laval
Bézier, J., propriétaire, 16, rue de Bootz, Laval.
* Berthiau, au Coudray de Montigné, Montigné.
* Beauné, J.-B., propriétaire, rue du Palais, Laval.
Billion, A., proprietaire, quai d'Avesnières, Laval.
Boisseau-Durocher, 3, rue des Trois-Croix, Laval.
Boissel, V., maire de Laval.
Boisseau, Félix, propriétaire, rue Solférino, Laval.
* Borgnis-Desbordes (Mme), place du Lieutenant, Laval.
Boulay, constructeur, rue de Tours, Laval.
Boulevraye, 18, rue Saint-Mathurin, Laval.
Bourdais, A., à la Ragotterie, Ahuillé.
Bourgine, à la Brézaie, Courbeveilles.
Boutray (de), propriétaire, à la Blancherie, L'Huisserie.
Boutreux (Mme C.), 38, rue des Tuyaux, Laval.
Bouvet, 14, place de la Mairie, Laval.
Bréhin (Mme), quai de la Mayenne, Laval.
Brillet, percepteur, 19 bis, boulevard de Tours, Laval.
* Bruley, 2, rue Flatters, Laval.
Buron, Arsène, marchand de bois, Laval.
Cadaran (Charles de), propriétaire, Saint-Jean-sur-Mayenne.
Camus, Alfred, 47, rue de la Paix, Laval.
Chaplet-Vannier, 1, rue d'Anvers, Laval.
Chaplet (Mme), propriétaire, à Bel-Air, Laval.
Chartier (V^e^), propriétaire, plateau de Bel-Air, Laval.
Chauvin, propriétaire, 1, rue Magenta, Laval.
Chohin, à la Garderie, Courbeveilles.
Chohin, Joseph, à la Houche, Ahuillé.
Chauvière, propriétaire, rue du Val-de-Mayenne, 69, Laval.
* Charbonnerie (Mme de la), chât. de Courcelle, Nuillé-s-Vic.
Chérouvrier, Léon, propriétaire, rue de la Gare, Laval.
Chrétien, propriétaire, rue du Mans, Laval.
Chrétien, Pierre, à la Davière, Entrammes.
Chrétien, Victor, propriétaire, à Bel-Air, Laval.
Clavreul, Pierre, à la Caprerie, Montigné.
* Clavreul, Jean, fermier, L'Huisserie.
* Cointet, à Mont-au-Ciel, par Entrammes.
Clouard, H., 5, rue des Ruisseaux, Laval.
Colson, propriétaire, 57, rue Solférino, Laval.
Coulon des Rochers, propriétaire, rue du Lycée, Laval.
Courte de la Goupillère, 36, quai Béatrix, Laval.
Courte de la Goupillère, propriétaire, place du Gast, Laval.
Crozé (de), propriétaire, rue du Lycée, Laval.
Daigremont, propriétaire, Parné.
Dalibard, maire, L'Huisserie.
Danion, P., négociant, rue du Val-de-Mayenne, Laval.

David, Pierre, propriétaire, Saint-Germain-le-Fouilloux.
Davoust, libraire, rue Joinville, Laval.
Decret, au moulin de Cléret, Saint-Berthevin-lès-Laval.
* Defay, G., 36, rue de Bel-Air, Laval.
Delhommeau, propriétaire, rue Magenta, Laval.
Destais, à la Gautrie, Ahuillé.
Doisneau, docteur-médecin, 22, place Hardy, Laval.
* Diard, maréchal, Changé.
Dubois, propriétaire, 13, rue Neuve, Laval.
Dubois, J.-B., à la Dimerie, Grenoux.
Duchemin, Henri, 5, rue du Lieutenant, Laval.
Elva (comte Christian d'), député, maire, Changé.
Ernoult, propriétaire, 37, rue de la Gare, Laval.
Fatus, aîné, propriétaire, 15, rue des Orfèvres, Laval.
Fay, propriétaire, Laval.
Féron, rue Crossardière, Laval.
Fléchard, Jules, 63, place de la Préfecture, Laval.
Fontaine, avoué, rue Joinville, Laval.
Foucher, à la Ragottière, Changé.
Fouquet, J., à la Foucherie, Ahuillé.
Fouquet, J., à la Guyardière, Laval.
Frécher, Joseph, à la Courte-Pierre, Entrammes.
Garry, marchand de bois, Ahuillé.
Gascoin, Hilaire, expert, Laval.
Gendry, à l'Epêcherie, Courbeveilles.
* Gerbault, G., place de Hercé, 29, Laval.
Germain, propriétaire, Grande-Rue, Laval.
* Gigan, propr , à la Guétronnière de St-Vénérand, Laval.
Glatigné (de), propriétaire, rue Saint-Nicolas, Laval.
Godeau, expert, rue du Dauphin, Laval.
Godefroy, insp. des enfants assistés, r. Magenta, 36, Laval.
Gontier, expert, rue d'Avesnières, Laval.
Gouabault, René, à la Hullinière, Montigné.
Goude, expert, rue du Lieutenant, Laval.
Gruau, Jean-Marie, château de Lancheneil, maire de Nuillé-sur-Vicoin.
Guérin, négociant, rue Magenta, Laval.
Guerlin, propriétaire, 28, rue de Bretagne, Laval.
Guerruau-Lamerie, Ch., à la Paupelière, Ahuillé.
Guichard, aux Brosses, Saint-Berthevin.
Guibert, Alphonse, Changé-lès-Laval.
Guyard, propriétaire, rue de Paris, Laval
Haran, P., 7, rue de Cheverus, Laval.
Hayer, propriétaire, 38, rue de la Gare, Laval.
* Hacques, Louis, aux Loges, L'Huisserie.
Houdayer, François, à la Jaffetière, Changé.
Houdayer, Jean, agriculteur, Laval.
Huchedé, Joseph, aux Poiriers, St-Germain-le-Fouilloux.
Jaguelin, propriétaire, rue de l'Huisserie, Laval.
Jamois, Frédéric, aux Loges, L'Huisserie.

* Janvrin, instituteur, Changé.
Labbé, pharmacien, Laval.
Lacoulonche, A., propriétaire, boulevard de Tours, Laval.
Lahais, F., horticulteur, route de Nantes, Laval.
Laigre, Pierre, 32, rue de l'Huisserie (jardinier), Laval.
Lambelin, 41, rue de Bretagne, Laval.
Landais, Cyrille, à Paradis, Laval.
Landais, J.-B., à la Haudière, Saint-Germain-le-Fouilloux.
Landelle, expert, 11, rue Flatters, Laval.
Lardeux, Pierre, à la Dacterie, Entrammes.
Lecomte, ingénieur des ponts et chauss., r. de Paris, Laval.
* Lefaucheux, à la Nellerie, Astillé.
Léizour, professeur départemental d'agriculture, Laval.
Lelasseux, Raymond, 4, rue de la Gare, Laval.
Lelièvre, P., 108, rue du Pont-de-Mayenne, Laval.
Lemaitre, propriétaire, à Bootz, Laval.
Lemarié, propriétaire, rue Solférino, Laval.
Lenain, G.. à la Bretèche, St-Berthevin.
Lepannetier, Isidore, rue de Nantes, Laval.
Letessier, rédacteur du *Courrier du Maine*, Laval.
Letourneur Edouard, au manoir du Tertre, Nuillé-s.-Vicoin.
Loiseau, propriétaire, quai Béatrix, Laval.
Maignan, cultivateur, à la Rouairie, St-Berthevin.
Maignan, cultivateur, à Chambotz, Changé.
Marie-Rousselière, Pierre, 11, place de Hercé, Laval.
Marseul (De), propriétaire, 21, rue de l'Ermitage, Laval.
Mauloré, M., (Mme), 32, rue des Fossés, Laval.
*Mauloré, Marie, rue Marmoreau, Laval.
*Masseron, préparateur de chimie au laboratoire agronomique de la Mayenne.
Maynard (c[te] de), château du Bois-Gamast, Laval.
Mercier (Le), propriétaire, 52, rue du Mans, Laval.
Meslay, Henri, 36, rue de Bretagne, Laval.
Messant, Paul, 19, rue Neuve, Laval,
Messager, avocat, 8, rue de Nantes, Laval.
Micault, Ludovic, propriétaire, rue Marmoreau, Laval.
Millet, à la Racinière d'Avesnières, Laval.
Moncoq, conduct. des ponts-et-chaus., 33, r. Crossardière, Laval.
Moreul, propriétaire, rue des Chevaux, Laval.
Morin, 39, rue de Bretagne, Laval.
Moulins (De), maire, Ahuillé.
Moussu, Pierre, à la Basse-Coquelinière, St-Berthevin.
*Noyer, maitre d'hôtel, 2, rue Creuse, Laval.
Œlhert (Mme Vve), prop., 52, boulevard de Tours, Laval
Œlhert, propriétaire, 29, rue de Bretagne, Laval.
Oger, propriétaire, 31, rue de Chapelle, Laval.
Oulin-Bertron, Frédéric, quai d'Avesnières, Laval.
Parraudière (Raoul de la), 43, rue des Fossés, Laval.
Péan, propriétaire, Laval.

Perron (Du), propriétaire, 17, rue Crossardière, Laval.
Perrot, Ernest, propriétaire, rue du Lycée Laval.
Peu, à la Chapelle, St-Berthevin.
Peyras, agent princ. du Syndicat, 48, rue Solférino, Laval.
Pichard, receveur municipal, 40, quai Béatrix, Laval.
Piednoir, Edouard, 70, quai d'Avesnières, Laval.
Pigniat, propriétaire, 30, rue de Tours, Laval.
Pivert, Jules, négociant, 19, quai de la Mayenne, Laval.
Pivert, Paul-François, prop., 33, rue des Fossés, Laval.
Planchard, à la Grande-Véronnière, L'Huisserie.
Planté, C., propriétaire, impasse rue Creuse, Laval.
Pommerais, maire de Loiron, rue du Britais, Laval.
Poret (L. De), propriétaire, promenades de Changé, Laval.
Préaubert, boulanger, rue des Fossés, Laval.
Prévost, rue du Jeu-de-Paume, Laval.
*Rabourg, Joseph, à la Guerrière, St-Germain-le-Fouilloux.
*Raimbault, Constant, à la Raimbaudière, Courbeveilles.
Régereau, propriétaire, 63, rue de Rennes, Laval.
*Réauté, Constant, à la Touche, Changé.
*Réauté, Prosper, à la Bretonnière, Entrammes.
*Rébuffé (Vve), 51, rue du Mans, Laval.
Riffault-Martel, 36, rue de Nantes, Laval.
Rossignol, propriétaire, 36, rue de la Paix, Laval.
Rieux (Des), Emile, propriétaire, rue du Britais, Laval.
Rousseau, J., à la Crépellière de Montigné, Montigné.
Rousselet, J., à la Haie, Ahuillé.
Saget, Auguste, à l'Eglanière, St-Berthevin,
Salmon, cultivateur, Changé.
Segretin, propriétaire, 1, rue de Beauregard, Laval.
Sonsier, à la Grande-Lande, Changé.
Servinière, propriétaire, rue des Fossés, Laval.
Sinoir, vétérinaire, rue des Ruisseaux, Laval.
Templer, propriétaire, rue du Britais, Laval.
Tesserie (De la), propriétaire, Laval.
Touchard, Alfred, notaire, place de la Préfecture, Laval.
Toutain, Raphaël, maire, St-Berthevin.
Tresvaux du Fraval, rue du Lycée, Laval.
Turpin de la Tréhardière, rue du Lycée, Laval.
Veillard, Camille, père, propriétaire, 32, rue de Bootz, Laval.
Veillard, Camille, fils, expert, 32, rue de Bootz, Laval.
*Viel, Edmond, à la Bourdinière, Courbeveilles.
Vilfeu, propriétaire, rue de Bel-Air, Laval.

Canton de Loiron

Accary, Joseph, à la Petite-Piérie, Ruillé-le-Gravelais.
Accary, Joseph, aux Beaudouillères, St-Cyr-le-Gravelais.
Angot, greffier de paix, Loiron.
*Baussier Louis, cultivateur à la Grande-Maison, Bourgon.
Barrais, P., à la Grande-Oresse, Montjean.
Bardoux, Aug., au Bois-d'Angers, Le Bourgneuf-la-Forêt.

Barré, F., maire, Bourgon,
Barrier, Michel, propriétaire, St-Pierre-la-Cour.
Barrier, Emile, propriétaire, Port-Brillet.
Beauducel, Jean, à la Roderie, La Gravelle.
Beucher, propriétaire, Port-Brillet.
Beucherie, J., au Gras-Menil, St-Pierre-la-Cour.
Bézier, P., à la Helberdière, St-Ouën-des-Toits.
Bidault, Ernest, propriétaire, Port-Brillet.
*Boulay, Pierre, à la Reinière. Le Genest.
*Boulay, J., à la Gaulonnée, Le Genest.
Bourré, Jean, propriétaire, St-Ouën des-Toits.
Bourny, Julien, à la Mazure, St-Cyr-le-Gravelais.
Boussin, E., au Grand-Lattay, Bourgon.
Breton, Emile, à l'Etre-du-Bois, St-Ouën-des-Toits.
*Calès, Alexandre, propriétaire, au bourg, Loiron.
Chapelle (De la), château de Terchant, La Gravelle.
Chauvin, Louis, à la Guicherie, Loiron.
Chevalier, Stéphane, maire, Ollivet.
Clément, Joseph, à la Malvoisine, St-Cyr-le-Gravelais.
*Couillard, Charles, propriétaire à la Robinaisière, Loiron.
Courtais, François, propriétaire, Bourgneuf-la-Forèt.
Crosnier, J.-B., au Haut-Bourg, Le Genest.
Croissant, L., à la Roussière, St-Ouën-des-Toits.
Denis, propriétaire, Bourgneuf-la-Forèt.
Dinomais, Jules, à la Grande-Boudière, Le Genest.
Dubel, maire, St-Ouën-des-Toits
Dupré, Joseph, à la Godière, Le Genest.
Duval, boulanger, St-Pierre-la-Cour.
*Epron, François, à la Rouairie, Le Bourgneuf.
Fortin, Louis, propriétaire, Bourgon,
Frin, expert, Bourgneuf-la-Forèt,
Fromentin, J.-M., à la Grande-Métairie, Ollivet.
Furon, Prosper, cultivateur, la Gravelle.
Galbin, Pierre, à la Guildine, Loiron.
Galbin, propriétaire, au château, La Gravelle.
Galpin, Louis, propriétaire, Bourgneuf-la-Forêt.
Garnier, Baptiste, au Plein-Bois, St-Ouën-des-Toits.
*Garnier François, à la Houerie, La Brulatte.
Gauteur André, à la Rimaudière, St-Ouën-des-Toits.
Gérard, notaire, Loiron.
Geslin, propriétaire à St-Roch, St-Ouën-des-Toits.
*Gilles, Jacques, propriétaire, Port-Brillet.
Godefroy, fils, propriétaire, à la Burinière, Bourgon.
*Goude, Théophile, propriétaire, Bourgneuf-la-Forèt.
Gougeon, J., au Pavillon. St-Pierre-la-Cour.
Guérin, expert, Montjean.
*Guyard, Pierre, à la Maison-Neuve, la Gravelle,
Hamel, St-Pierre-la-Cour.
Helbert, Julien, château de la Gravelle.
Hirbec, propriétaire, St-Cyr-le-Gravelais.

Hoinard, propriétaire, St-Ouën-des-Toits.
Houssay (Mlle), propriétaire, St-Cyr-le-Gravelais.
Huet, Joseph, au Guiboutier, St-Ouën-des-Toits.
Huttereau, à la Petite-Bénardière, Ruillé-le-Gravelais.
Landais (Mlle), propriétaire, St-Cyr-le-Gravelais.
Landais, Jean, à la Grand-Prée, Ruillé-le-Gravelais.
Lemaitre, au Plessis du Genest.
Lemonnier, propriétaire, Montjean.
*Leroy, au village de la Bennerie, St-Ouën-des-Toits.
*Mallé, Jean, à la Jauge, la Gravelle.
Maslin, Joseph, à la Potterie, la Brulatte.
Meignan, Guillaume, propriétaire, St-Cyr-le-Gravelais.
*Mérias, au Châtaignier, Loiron.
Moisson, Alphonse, à la Petite-Echaudière. Le Bourgneuf-la-Forêt.
Monnier, François, à Touchebrou, St-Cyr-le-Gravelais.
Morinière, Joseph, à la Vallerie, St-Cyr-le-Gravelais.
Monti de Rezé (De), château de Laufrières, Montjean.
Morel, propriétaire, La Gravelle.
Moreau, propriétaire, Ruillé-le-Gravelais.
Moussu, aux Loges, Beaulieu.
Moussu, J.-B., à la Passelière, Loiron.
*Mottier, Pierre, au Perron, Le Bourgneuf-la-Forêt.
Mouton, expert, St-Ouën-des-Toits.
Montégu, François, à la Pétruyère, Ollivet.
Miveau, Joseph, à la Charbonnerie, Loiron.
*Oger, Pierre, au Chêne-Macé, Loiron.
Pénelet, docteur-médecin, Port-Brillet.
Planchais, à la Chaisnée, La Brulatte.
Poulin, A., à la Halitière, Le Genest.
Ravary, Joseph, à la Mevorie, La Gravelle.
Ricoux, Alexandre, maire, Le Genest.
*Rocher, Jean, à la Perdrière, Montjean.
*Rousseau, Louis, à la Gembusière, Ruillé-le-Gravelais.
Rousselet, René, à la Crochetière, St-Ouën des-Toits.
Sablé, A., à l'Aulne, St-Ouën-des-Toits.
Saget, à la Ménardière, Loiron.
Saminn-Guichard, directeur de la laiterie de la Cocherie, St-Pierre-la-Cour.
Sauvé, docteur-médecin, à St-Ouën-des-Toits.
Sorin, expert, St-Ouën-des-Toits.
Taillandier, maire, Montjean.

Canton de Meslay

Beaucé (Martin de), prop., château de Ropiteau, Chemeré-le-Roi.
Beauvais, A., propriétaire, Cossé-en-Champagne.
Berthelot, maire, la Cropte.
Boisard, Victor, propriétaire, Chemeré-le Roi.
Boisard, Charles, à la Ronde. La Cropte.

Butault, expert, Meslay.
Chapron, Constant, à la Motte, St-Denis-du-Maine.
*Chrétien, Eugène, au Pont-Lochard, Maisoncelles.
Couléard-Desforges, G., expert, Chemeré-le-Roi.
Courtais, propriétaire, Chemeré-le-Roi.
Crosnier, à la Saulaie, la Cropte.
*Denis, Noël, à la Fontenelle, Bazouge-de-Chemere.
Dodard des Loges, propriétaire, Meslay.
*Duval, Gustave, cons. de préfect. du Finistère, Bazougers.
Etchegoyen (v^{ve} d'), château de la Forge, Chemeré-le-Roi.
Fertray, R., propriétaire, Saulges.
Gasnier, propriétaire, Arquenay.
Gautier, propriétaire, Cossé-en-Champagne.
Gouge, R., à la Durairie, Chemeré-le-Roi.
Guyard, Guy, à la Rue, Bazougers.
Goupil, G., propriétaire, Saulges.
Gruau, agriculteur, à Comté, La Cropte.
Herrouet, à la Peltiere, Meslay.
Huneau, propriétaire, la Cropte.
*Huaulmé, maire, Bazougers
*Huneau, aux Chesnaies, Maisoncelles.
Lancelin, les Grands-Bleds, La Cropte.
La Blanchetière, propriétaire, Meslay.
Launay, Alexandre, propriétaire, Meslay.
Landelle, V.-E., propriétaire, Meslay.
Lavoué, propriétaire, Chemeré-le-Roi.
Le Bailleul, propriétaire, château de la Touche, Meslay.
Leduc, René, à la Petite-Pilvannière, Bazouge-de-Chemeré.
Le Jariel, curé-doyen, Meslay.
Lelièvre, Julien, à la Couture, St-Denis-du-Maine.
Lepage, F., au Bois-David, Chemeré-le-Roi.
Lepage, Gaston, percepteur, Bazougers.
*Lion, Frédéric, à Thévalles, Chemeré-le-Roi.
L'Homme, maire, Chemeré-le-Roi.
Lorière (De), conseiller général, maire, Epineux-le-Séguin.
Marquet, propriétaire, Bannes.
Marteau, F., à Rallé, la Bazouge-de-Chemeré.
Mazure, Ernest, propriétaire, Arquenay.
Morazin, expert, Chemeré-le-Roi.
Ollivier, juge de paix, Meslay.
Préaux (de), propriétaire, St-Denis-du-Maine.
Thuau, notaire, Meslay.

Canton de Montsûrs.

Angot-Coulon, E., négoc., *entreposit. du Synd.*, Montsûrs.
Broise (De la), château, Brée.
Boisseau, Léon, propriétaire, Soulgé-le-Bruant.
Cendrier, Adolphe, propriétaire, Montsûrs.
Couillabin, propriétaire, Brée.
Dulière, aux Buissons, Deux-Evailles.

*Fournier, Joseph, aux Epinay, Saint-Céneré.
Gamard, député, château de Trancalou, Deux-Evailles.
Gournay, expert, Montsûrs.
Guillemin, au Bas-Guéret, Brée.
Langevin, Firmin, expert, Soulgé-le-Bruant.
Locré, Charles, propriétaire, à Brée.
Moraine, greffier de Paix, Montsûrs.
Petit, Vital, propriétaire, Montsûrs.
Vaujuas-Langan (Cte de), Chapelle-Rainsouin.
Venot, propriétaire, Saint-Céneré.
Vétillard, président du comice agricole, Montsûrs.

Canton de Sainte-Suzanne.

Barret, conducteur des Ponts-et-Chaussées, Ste-Suzanne.
Bertron, docteur, Vaiges.
Feurprier, Marin, à la Censie, Vaiges.
Glétron, propriétaire, Vaiges.
*Guet, à la Plaudoyère, Sainte-Suzanne.
Lancelin (Mlle C.), propriétaire, Vaiges.
Loison, au Petit-Rocher, Vaiges.
Louveau, négociant, Vaiges.
Liziard, propriétaire, Saint-Jean-sur-Erve.
Morin-Léandry, juge de paix du canton de Sainte-Suzanne, Torcé-en-Charnie.
Peltier, Henri, au Bois, Vaiges.
Robert, conseiller général, maire, Vaiges.
Roussel, C., maire, Chammes.
Tribondeau, Auguste, à Sourches, Vaiges.

ARRONDISSEMENT DE MAYENNE

Canton d'Ambrières.

Baglin, Victor, à la Coulonge, Couesmes.
Barré, Jean, à la Lanfrérie, Cigné.
*Barré, Pierre, aux Bois-Brault, Gorron.
*Baron, François, au Mussoir, Cigné-Ambrières.
Beucher, à la Thébaudière, Ambrières.
Beunard, Jacques, à Beauvais, Chantrigné.
Bisson, François, propriétaire à la Norie, Chantrigné.
Bisson, François, maire, Chantrigné.
Bouiller, Michel, à Juillet, Ambrières.
Brodin, François, à la Bouverie, Couesmes.
Broquet, Théophile, à la Petite-Robelinière, Ambrières.
Cochon, Urbain, à la Coulonge, Couesmes.
*Collet, Amand (Vve), au Coin, Le Pas.
Courteille, à Mortier, La Haie-Traversaine.
*Chemin, Jean, au Pontceau, Cigné.

Daligaut, A., à Vaucé.
*Delétang, Marie, à la Jousserie, Cigné.
Derbenne (Vve), à la Touche-Bonneau, Ambrières.
*Derouault, Auguste, à la Martinière, Chantrigné.
Foccard, maire, Ambrières.
Forêt, Alexis, à la Maubrée, Ambrières.
Forêt, Aimable, à la Blosserie, Ambrières.
Forêt, Léon, à la Chesnais du Pas, par Ambrières.
Forêt, V., à la Blinière, Le Pas.
Fourré, Julien, à la Buglaire, Couesmes.
Fourré, cultivateur, aux Basses-Gautrais, Couesmes.
Gallerie, Amand, à la Bérix, Cigné.
*Gérault, Joseph, cultivat., au Mussoir de Cigné-Ambrières.
Girault, E., à Vilfeu, Ambrières.
*Goisnon, Constant (Vve), à Lambout, Chantrigné.
Hairy, à la Poissonnière, Cigné.
Horeau, Constant, à la Cour, Saint-Loup-du-Gast.
Landemaine, Marie, à la Bouderie, Chantrigné.
*Lanoë, François, cultivateur à la Morcillière, Le Pas.
*Lanos, Pierre, à Lorençais, Le Pas.
Lebossé, Georges, à la Fillutrais, Le Pas.
Lemarié, Benoit, aux Mézières, Saint-Loup-du-Gast.
*Leroy, André, à Launay, Le Pas.
Leroy, E., propriétaire, Le Pas.
Leroy, Jean, cultivateur à la Fiémangère, St-Loup-du-Gast.
Leroy, Emmanuel, au Grand-Coudray, Chantrigné.
Leroux, Joseph, cultivateur au Roquereau, Ambrières.
Lottin, propriétaire, Ambrières.
Martin, Baptiste, à la Lancherie, Chantrigné.
Martin, Emile, propriétaire, Ambrières.
Meslay, Eugène, à la Grande-Blinière, Le Pas.
Meslay, G., à la Thébaudais, Vaucé.
Millet, Julien, à la Lande, Saint-Loup-du-Gast.
Montiége, Alexandre, propriétaire, Saint-Loup-du-Gast.
Moriceau, Jean, à la Brosse, Chantrigné.
Olivier, à la Coquerie, Couesmes.
*Paccry, François, à la Guilloir, Le Pas.
Pollet, château de Louiseval, Ambrières.
Pouteau, Louis, à la Fiémangère, Saint-Loup-du-Gast.
*Quentin, Frédéric, à la Violé, Gorron.
*Quentin, René, cultivateur, à la Touretterie, Le Pas
Raimbault, propriétaire, à la Cour, Cigné.
Raimbault, Louis, aux Vallées, Chantrigné.
Raimbault, Joseph, à la Râtelière, Cigné.
Rebulard, Alexis, aux Landes, Cigné.
Ravé, Pierre, à Montagu, Cigné.
Ravé, (Vve), au Plessis, Le Pas,
Ravé, négociant, *entrepositaire du Syndicat*, Ambrières.
Remande, Auguste, à la Sémillère, Ambrières.
Renault, Théodore, propriétaire, Ambrières.
Vasse, Désiré, aux Nodières, La Haie-Traversaine.

Canton de Bais.

*Bouvier, Vital, Bais.
Chapeau, Saint-Pierre-sur-Orthe.
Chevallier, à la Francelière, Jublains.
Chevalier, au Vieux-Moulin, Jublains.
Coquelin, Eugène, aux Grandes-Aulaines, Hambers.
Davoust, conseiller général, Champgenéteux.
Galpin, propriétaire, Bais.
Horeau, marchand de vins, Bais.
Hubert, maire, Jublains.
*Hubert, Jean, à la Plardière, Champgenéteux.
Janvier, propriétaire, Bais.
Loison, instituteur, Saint-Pierre-sur-Orthe.
Maigné, Ruault, Saint-Martin-de-Connée.
Mouillé, à la Gaudinière, Izé.
Rouzière, Henri, à la Charpentrie, Jublains.
Tireau, propriétaire, Champgenéteux.
Vannéis, à la Hélière, Trans.

Canton de Couptrain.

Berson, Claude, propriétaire, au Domaine, Javron.
Boudier, Dominique, à la Richardière, Javron.
Brindeau, aux Breunières, Javron.
Cars (comte de), château de Hauteville, Javron.
Chevalier, à la Maison-Neuve, Lignières-la-Doucelle.
Davoust, boucher, Chevaigné.
Delogé, Julien-Félix, La Pallu.
Desjoncheret, château de Villeray, Javron.
*Gautier, maire, Lignières-la-Doucelle.
Guenout, H. propriétaire, Saint-Aignan-de-Couptrain.
Leblanc, propriétaire, aux Plaines, St-Aignan-de-Couptrain.
Lemarchand, instituteur, Couptrain.
Lemarchand, à Mézières, Saint-Calais-du-Désert.
Lemée, Henri-Vital, négociant, Javron.
*Lioux, Eugène, à la Huttière, Saint-Calais-du-Désert.
Juliard, maire, Saint-Calais-du-Désert.
*Mellanger, Eugène, à Noë, Saint-Aignan-de-Couptrain.
Mézerette, à la Cloue, Chevaigné.
Morin, Théodore, propriétaire, Lignières-la-Doucelle.
Raison, François, à la Claue, Chevaigné.
Sorieul, Baptiste, à la Boissière, Saint-Calais-du-Désert.
Trubert, Eugène, propriétaire, Chevaigné.

Canton d'Ernée.

Arcanger, Louis, aux Barbottinais, Montenay.
*Bahier, Constant, prop. au Perret, St-Denis-de-Gastines.
Bahier, François, agriculteur à la Chénevoterie, Saint-Denis-de-Gastines.
Bahier, Jean, à la Huberdière, Saint-Denis-de-Gastines.

Bailleul, expert, Ernée.
Bazillais, E., propriétaire, rue de la Tranchée, Ernée.
*Betton, Joseph, à Fumeçon, Saint-Denis-de-Gastines.
Blanchet, propriétaire, Ernée.
*Bossé, J., aux Noës, Saint-Denis-de-Gastines.
Bouessé, Arsène, propriétaire, Saint-Denis-de-Gastines.
Bouessié, Félix, propriét., à Loricière. St-Denis-de-Gastines.
Boullier de Branches, président du comice agricole, Ernée.
Boullevraye de Passillé, propriétaire, Ernée.
*Boussard, Pierre, à la Petite-Vigne, Ernée.
Bouvier, Pierre, à la Gautrais, Ernée.
Brière, Joseph, à la Grafardière, Saint-Denis-de-Gastines.
Brochard, à la Panissais, Montenay.
*Brochard, Louis, propriétaire, Saint-Denis-de-Gastines.
Charie (de la), Saint-Denis-de-Gastines.
*Charlot, Amand, propriétaire, Saint-Denis-de-Gastines.
Chardon, propriétaire, maire, La Pellerine.
Chemin, Joseph, à Launay, Saint-Denis-de-Gastines.
Cheux, à la Pinelais, Vautorte.
*Chesnel, maître d'hôtel, Saint-Denis-de-Gastines.
*Coquin, François, agric., à la Heurlière, St-Denis-de Gast.
Coquin, René, aux Hallais, Saint-Denis-de-Gastines.
*Couasnon, prop., à la Charmelière, St-Denis-de-Gastines.
Couëdic (comte du), propriétaire, Saint-Denis-de-Gastines.
Cretaux, Henri, prop., à la Charmelière, St-Denis-de-Gast.
Cretaux, Louis, fils, propriétaire, Saint-Denis-de-Gastines.
Crouy (comte de), château de la Mégaudais, Ernée.
*Demée, Henri, à Montaubert, La Pellerine.
*Derenne, François, à la Grafardière, St-Denis-de-Gastines.
Drouardière (de la), propriétaire, Saint-Denis-de-Gastines.
Dufour, Eugène, propriétaire, Saint-Denis-de-Gastines.
Etchegoyen (Ctesse), château de Montflaux, St-Denis-de-Gast.
Faucon, propriétaire, Saint-Denis-de-Gastines
*Fougeray, Joseph, à la Pezière, Saint-Denis-de-Gastines
*Godin, Romain, propriétaire, Ernée.
Hameau, A., à la Contrie, Ernée.
Hameau, Joseph, à l'Armantais, Montenay.
Hamon, Augustin, propriétaire, Saint-Denis-de-Gastines.
Hamon, Isidore, propriétaire, Saint-Denis-de-Gastines.
Hamon, père, propriétaire, Saint-Denis-de-Gastines.
Hamon, Jean, aux Fougerolles, Saint-Denis-de-Gastines.
*Hersent, à la Butte, Saint-Denis-de-Gastines.
Hercé (comte de), Armand, château de Montguerré, Ernée.
Hercé (comte de), Arthur, propriétaire, Ernée.
Huchet, Louis, agricult., à l'Organdière, St-Denis-de-Gast.
*Joudet, A. (Mme), propriétaire, Saint-Denis-de-Gastines.
*Jouis, propriétaire, au Tertre, Saint-Denis-de-Gastines.
Labbé, J., à Launay, Saint-Denis-de-Gastines.
*Lambert, Henri, à la Tourlaie, Saint-Denis-de-Gastines.
Leclerc, Eugène, à la Bergée, Saint-Denis-de-Gastines.

Le Corvaisier, propriétaire, Ernée.
Lefaucheux, Jean, à la Hardonnière, Montenay.
Legros, Louis, à la Gervonnière, St-Denis-de-Gastines.
Lemaine, curé, Saint-Denis-de-Gastines.
Le Jarriel, Augustin, propriétaire, Ernée.
Lesaulnier, C., à Charnay, Ernée.
*Martin, François, à la Heulière, Saint-Denis-de-Gastines.
Martin, François, à la Connuère, Saint-Denis-de-Gastines.
*Martin, Louis, à la Renardière, Saint-Denis-de-Gastines.
Massonet, Georges, propriétaire, Ernée.
*Mérienne, à la Dubinière, Saint-Denis-de-Gastines.
Mérienne, Louis, à la Vilaine, Larchamp.
Messuzière (de la), propriétaire, Ernée.
Millet, Romain, au Vivier, Saint-Denis-de-Gastines.
Moquet, Jules, au Gué, Ernée.
Morin du Tertre (Mme), chât. de la Ferté, St-Denis-de-Gast.
Nos (Vte des), château de Pannard, Ernée.
Paris, J., aux Picannes, Saint-Denis-de-Gastines.
Pays, Alexandre, propriétaire, Saint-Denis-de-Gastines.
Péan, Casimir, à Champorin, Saint-Denis-de-Gastines.
Péan, François, à la Petite-Bilheudière, St-Denis-de-Gastin.
*Perret, Louis, à la Louverie, Saint-Denis-de-Gastines.
Pioget, négociant, *entrepositaire du Syndicat*, Ernée.
Philippot, Victor, au Domaine, Ernée.
Poirier, Romain, propriétaire, Ernée.
Poirier-Coutancais, maire, Saint-Denis-de-Gastines.
Pommier, vétérinaire, Ernée.
Poulain du Marais, propriétaire, Ernée.
Pouteau, au Passoir, Saint-Denis-de-Gastines.
Quatrebarbes (comte Raoul de), prop., St-Denis-de-Gastin.
Quinton, Abel, propriét., à la Lande, St-Denis-de-Gastines.
*Quinton, Louis, à la Cousinière, Saint-Denis-de-Gastines.
Quinton, Urbain, à Gautray, Saint-Denis-de-Gastines.
Renault-Morlière, conseiller général, maire, Ernée.
Robert-Dutertre, adjoint au maire, Ernée.
Rousseau, Michel, aux Brosses, Saint-Denis-de-Gastines.
Thureau-Constant, à la Gaulinière, Montenay.
*Trohel, propriétaire, rue du Chemin-Neuf, Ernée.
Trois, Louis, au Bas-Champoin, Saint-Denis-de-Gastines.
Trois, Jacques, au Domaine, Saint-Denis-de-Gastines.
Villiers (Mme de), propriétaire, Saint-Denis-de-Gastines.

Canton de Gorron.

Abrantès (duc d'), conseiller général, Gorron.
Badier, Victor, à Lombois, Carelles.
*Badier, Anthyme, à Villemeuse, Larchamp.
Badier, Michel, à la Petite-Bouverie, Carelles.
Baguelin, Louis, à la Galinais, Larchamp.
Baguelin, Morice, à la Maillardière, Larchamp.
*Barré, François, à la Pierre-Hercé, Hercé.

Barré, Julien, à la Meunerie, Colombiers.
Bernard, Isaac, à Puisard, Larchamp.
*Blin (Vve), à la Dorangerie, Larchamp.
Bourgoin, Constant, à la Juisserie, Châtillon-sur-Colmont.
*Bourgault, François, à la Gauderie, Carelles.
Boittin, F., à la Crépinière, Saint-Berthevin-la-Tannière.
Brault, François, agriculteur, au Creu-Mâchin, Colombiers.
Brilhault, J., au Grand-Bois, Carelles.
Caillerie, Victor, à la Martinière, Larchamp.
Chalot, Alphonse, aux Mées, Châtillon-sur-Colmont.
Chancerel, Amand, à la Tréolière, Larchamp.
Charlot, Jean, à la Haute-Forêt, Hercé.
Charlot, P., propriétaire, Carelles.
Charlot, à la Trenscrie, Vieuvy.
Chauvière, Romain, à la Boussardière, Carelles.
Chauvière, à la Bigotière, Levaré.
*Chauvière, Vve, à la Daguerie, Colombiers.
*Chevret, Eugène, au Hameau, Saint-Mars-sur-Colmont.
Coutard, Aristide, propriétaire, Gorron.
*Cousin, Gratien, La Haye, Larchamp.
Coutard, Joseph, à La Pallu, Saint-Mars-sur-Colmont.
Dandin, André, à la Hengrière, Larchamp.
*Dauphin, Louis, agriculteur, à la Demerie, Levaré.
*Delaunay, à Grandinière, Larchamp.
Demailly, Henri, à la Varie, Larchamp.
Denancé, Jean, au Grand-Breil, Saint-Mars-sur-Colmont.
Forêt, Vital, aux Pavottières, Saint-Mars-sur-Colmont.
Fiault, Jean, à Mégaudais, Levaré.
Fiault, Baptiste, aux Mézerets, Colombiers.
*Fiault, Joseph, à la Guillotière, Levaré.
Fortin, Joseph, au Haut-Vaumenay, Colombiers.
*Foret, Alphonse, à la Doisnelière, Saint-Mars-sur-Colmont.
*Fauque, à la Pomerolais, Châtillon-sur-Colmont.
Fourreau, Louis, au Bois-Yvoise, Carelles.
Fréard, Constant, propriétaire, Colombiers.
Fréard, Joseph, à la Ramonière, Levaré.
Garnier, Marcel, propriétaire, Gorron.
Geslin, Jean, agriculteur, au Petit-Aunay, Carelles.
*Godeau, Joseph, à la Tripière, Larchamp.
Goyet, Yves, au Fay, Carelles.
Goyet, propriétaire, Saint-Aubin-Fosse-Louvain.
Goussin, Constant, cultivateur, Colombiers.
*Gratien, Jean, à la Moterais, Brecé.
Grasset, Joseph, à Courneuve, Saint-Mars-sur-la-Futaie.
Guihéry (Mme), à la Haie, Gorron.
*Hercent, Louis, à la Sinardière, Hercé.
*Heuveline, Victor, au Grand-Levardeux, Levaré.
Huard, Louis, fermier, à Yvoy, Carelles,
*Jourdan, Arsène, à la Dorangerie, Larchamp.
Laborne, Pierre, à la Bruyère, Châtillon-sur-Colmont.

Launay, (Vve, à la Janverie. Châtillon-sur-Colmont.
Lecomte, André, à Châtenay, Larchamp.
*Lecomte, Pierre, à la Tréolière, Larchamp.
Lecomte, Romain, à la Bénardière, Larchamp.
Lemarchand, propriétaire, Gorron.
*Ledauphin, Louis, à Montfortin, Levaré.
Ledoyen. Romain, à la Haie, Gorron.
Leroy-Ernier, à la Pallu, Saint-Mars-sur-Colmont.
*Leroy, Pierre, aux Vaux, Carelles.
Leroy, Pierre, à Rangevin de Brecé, Gorron.
Lochu, François, à la Petite-Gesberdière, Brecé.
Lochu, Jean, à Lépine, Gorron.
Lochu, Louis, au Veau-Hubert, Brecé.
Liot, Alexandre, aux Landes de Montaudin, Chât.-sur.-Col.
Lhuissier, J., à la Roche, Gorron.
Mahoin, Philippe, à la Poucherie, Brecé.
*Martin, Victor, aux Géronnais, Levaré.
Mérienne, Louis, à Morant, Carelles.
Mérienne, François, à Ravault, Carelles.
*Patient, Charlot, à la Trousserie, Vieuvy.
Paturel, à la Minaudière, Hercé.
*Pelé, François, à la Motte, Hercé.
Philippot, Vve, à la Rivaudière, Larchamp.
Philippot, Pierre, à Châtenay, Larchamp.
Pichot, Baptiste, aux Minières, Larchamp.
Poirier, Victor, à la Marionnière, Carelles
Pommerais. Louis, à la Cuillerie, Châtillon-sur-Colmont.
Pottier, François, à la Pilonnière, Brecé.
*Pourreau, François, à Puisard, Larchamp.
Quentin, François, prop., à la Beltière, St-Aubin-Fosse-Louv.
Quinton, Louis, à l'Orgerie, Levaré.
Quinton, François, à la Grande-Bouverie, Carelles.
*Renault, Louis, à la Basse-Foucherie, Larchamp.
Renault, François, au Domaine, Levaré.
Renault, Victor, à la Poivrie, Levaré.
Renault, Amand, à la Ville-Chevreuil, Carelles.
Recton, Victor, à la Pommerais, Brecé.
*Reuzeau, Julien, agriculteur, à la Godefrayère, Châtillon-sur-Colmont.
Roget, François, Carelles.
*Ruault, Joseph, à Montreux, Brecé.
*Seillery, Pierre, au Petit-Vaudemusson, Hercé.
Souvigné, propriétaire, Saint-Mars-sur-Colmont.
*Tannière, François, à la Goupillère, Larchamp.
Timon, aux Fresnes, Saint-Mars-sur-Colmont.
Tripier-Laubrières, propriétaire, Saint-Mars-sur-Colmont.
Turpin, François, propriétaire, Saint-Mars-sur-Colmont.
*Valette, à la Jeussière, Gorron.
*Veilpeau, Joseph, à la Folangère, Colombiers.

Canton du Horps

*Baroche, Joseph, propriétaire, Le Ribay.
*Barbé, Pierre, à la Bétreillère, Le Horps.
*Berçon, Victor, propriétaire au bourg, Poulay.
*Bignon, Pierre, à la Devise, Le Horps.
Brichet, à la Fouillardière, Poulay.
Crosnier, maire, Le Ribay.
*Courteille, A., père, Le Ribay.
Davoust, notaire, Hardanges.
Délogé, à la Croix-du-Loup, Champéon.
Duclos, Pierre, cultivateur au Vieil-Hètre, Montreuil.
*Dujarrier, François, boucher, au Boulay, Le Horps.
Frixon, instituteur, Poulay.
Garnier, Michel, à la Houdulière, Poulay.
*Joussot, Elie, à la Bigottière, Champéon.
Lambert, F., à la Bigne, Poulay.
*Lebourdais, René, cultivateur aux Marcillères, Le Ham.
*Lecoq, Léon, ferme de Marcillé, Le Ham.
Maulay (Mlle), à la Croix du Louvre, Champéon.
*Martineau, à l'Etendé, Champéon.
Poisson, J., à la Talbotière, Poulay.
Richard, à la Deurie, Le Horps.
*Taupin Théophile, à la Gricière, Le Horps.
Turcan, à la Talbotière, Poulay.

Canton de Landivy

*Babin, fils, propriétaire, Pontmain.
Besnard (Vve), au Bois-Froger, St-Mars-sur-la-Futaie.
*Boissel (Vve), au Petit-Boulay, St-Ellier.
Boisseux, Désiré, au Moulin-Neuf, St-Mars-sur-la-Futaie.
Boittin, Michel, aux Burons, St-Berthevin-la-Tannière.
*Boulanger, Augustin, au Travers, St-Mars-sur-la-Futaie.
Boulanger, Louis, à la Ringotière, St-Ellier.
Bourdon, Alex., propr., à Hemenard, St-Berthev.-la-Tann.
*Boursin, Louis, Villecuite, Montaudin.
*Breton, François, au Pontaubray, Landivy.
Bricard, propriétaire, Montaudin.
*Brunet, à Blanchelande, Fougerolles.
Casseau, Désiré, Pontmain.
Chancerel, F., à Astillé, St-Ellier.
*Chancerel, Désiré, à Villa-Maujeot, St-Ellier.
Chancerel Louis, à la Gaudinière, St-Ellier.
Charlot, Joseph, à Pouillé, Montaudin.
Charlot, Adolphe, à Herbonne, Montaudin.
*Charlot, Eugène, à la Brejonnière, La Dorée.
*Chalais (de), château de la Pihorais, St-Ellier.
*Corvaisier, J.-M., Lefrayère, Pontmain.
Coquelin, Joseph, propriétaire, St-Ellier.
Collin, Magloire, à la Montagne, Landivy.

*Daguier, François, à la Petite-Gautrie, Montaudin.
Dauguet, Louis, à la Dohinais, St-Ellier.
Divay, Julien, à la Croix-de-Pierre, Montaudin.
Doudard, Maxime, à la Lambinière, Pontmain.
Doudard, Joseph, à la Ramerie, St-Berthevin-la-Tannière.
Destais, docteur-médecin, Fougerolles.
Foucault, Julien, à la Bertrie, St-Ellier.
*Fougeray, Louis, à l'Heure-du-Bois, Montaudin.
Fougeray, Alexandre, à la Bic, Pontmain.
Fourré, Louis, à la Montagne, Landivy.
Fourreau, Joseph, à la Poulvinais, St-Mars-sur-la-Futaie.
*Ferrand, Joseph, à la Rimbouache, St-Mars-sur-la-Futaie.
*Friteau, Ernest, propriétaire, Landivy.
Friteau (Vve), Villeneuve, Pontmain.
Fichepoil, Pierre, à la Devaigerie, Montaudin.
Gandon, J.-M., à la Fleuriais, Montaudin.
*Gehan, à la Ragottière, Landivy.
*Gendron, Constant, à Montigné-Coutard, St-Berthevin-la-Tannière.
Gillard, Louis, à Garriais, St-Berthevin-la-Tannière.
Gougeon, Pacifique, à Forge, Montaudin.
Gouin, François, au Petit-Bois, Montaudin.
*Gourdel, Valentin, à Valendre, la Dorée.
*Guérandel, Clément, Pontmain.
Guesdon, Pierre, à la Douardière, St-Berthevin-la-Tannière.
Hercend, à la Maison-Neuve, Guillon, St-Berthevin-la-Tann.
*Huard, Louis, à Astillé, St-Ellier.
Hossard, propriétaire, Landivy.
*Houdusse, Alexis, au Bois-du-Maine, Landivy.
Johan, Emile, adjoint au maire, Landivy.
Johan, Julien, à la Hoguenaie, St-Ellier.
Lalande, G., propriétaire, St-Berthevin-la-Tannière.
Laury, Jean, au Moulin-Péan, Montaudin.
Le Boucher, Eugène, à St-Hubert, Fougerolles.
*Lebouc, Joseph, au Brasset, St-Ellier.
Leblanc, César, à la Thébaudais, St-Mars-sur-la-Futaie.
Lecoq, Pierre, à la Bouvrie, St-Ellier.
*Le Dauphin, maire, Landivy.
*Lepécheux, au château de Launay, Fougerolles-du-Plessis.
*Lepouriel, Elie, à la Brosse, Montaudin.
*Maubert, Fougerolles-du-Plessis.
Madelin, Eugène, à Villeneuve, St-Mars-sur-la-Futaie.
Manceau, Jean, à la Clémencerie, Montaudin.
Martineau, J., prop., adj[t] au maire, Montaudin.
Mérienne, Louis, à la Garde, Montaudin.
Mérienne, Jean-Marie, Roche-Vilaine, Montaudin.
*Mérienne, Joseph, au Racinet, La Dorée.
*Mérienne (Vve), à la Pezière, Montaudin.
Montembault, Pierre, à la Goupillère, Montaudin.
*Messager, Julien, le Jarry, St-Ellier.

Quinton, Louis, à Misaveau, Montaudin.
Rollin, propriétaire, Désertines.
*Romain, Olivier, à la Mériennière, Montaudin.
Savary, François, St-Mars-sur-la-Futaie.
*Savary, Louis, au Parc, Pontmain.
Taillandier, conseiller général, maire, Montaudin.
Thirard, négociant, *entrepositaire du Syndicat*, Montaudin.
Tréhet, Joseph, à la Derouardière, Landivy.
Triguel (Vve), au Bois, Montaudin.
Trohel, Michel, à la Fauconnai, St-Ellier.
*Turcas, J., à la Ruelle, Montaudin.
*Turcas, Jean, aux Naudières, St-Ellier.
Vannier, J., aux Helleray, St-Ellier-Montaudin.

Canton de Lassay

Boisgontier, Désiré, à la Moricière, Niort.
Boisgontier, G., Melleray.
Boisgontier, J.-B., à la Verdonnière, Melleray.
Bricard, François, au Bois-Frou, Niort.
Gautier, Julien, à Villeneuve, La Baroche-Gondouin.
Lebreton, conseiller général, maire, Lassay.
Lefoulon, J., prop. au Riolay, Ste-Marie-du-Bois.
Leroy, Pierre, au Mézeray, Brétignolles.
Mottin, Jean, à la Touche, Lassay.
*Raimbault, Alphonse, au Gast, Melleray.
Roussel, François, propriétaire, Le Housseau.
Taupin, Julien, à Châtenay, Lassay.

Canton de Mayenne

Argencé (d'), prop., rue des Capucins, Mayenne.
Aubert, Joseph, à la Randonnière, Aron.
Angot, à Lameroux, Sacé.
Baglion (de), château de la Motte, Martigné.
Baglion (Vte Henri de), château de Grazay, Aron.
Baguelin, C., à la Gesberdiere, Parigné.
Baissin, Pierre, au Mortier, Oisseau.
Balluais, à Laumericot, St-Georges-Buttavent,
Baudoin, Pascal, à la Haute-Barre, Jublains.
Besnier, François, à la Petite-Ville, Martigné.
Bessin, Pierre, cult., à Vaubouneau, Oisseau.
*Béneux, Dominique, à la Varie, St-Fraimbault-de-Prières.
Beaudoin, à la Paumerie, St-Fraimbault-de-Prières.
Bessière, aux Mollands, St-Baudelle.
Béatrix, ex-notaire, Mayenne.
Betton, économe des hospices, Mayenne.
Betton, Auguste, à Rouesson, Contest.
Bidault, Alfred, président du Comice agricole, Mayenne.
Bignon, prop., Haute-Follis, Mayenne.
Bignon, René, aux Chesnais, St-Fraimbault-de-Prières.

Blanchère (L. de la), château de Grazay, Aron.
Bouillère, Auguste, à la Monnerie. Moulay.
Bourgault, Joseph, cult à la Riverie, St-Fraimbault-de-Prières.
Bouvier, comptable, à Fontaine-Daniel, Mayenne.
*Bourgoin, J., maire, Marcillé.
*Bourges, cultivateur, à Maison-Neuve, Aron.
Bouguereau (Mme), prop. place de la Mairie, Mayenne.
Bouglé, au Bas-Châtenay, St-Georges-Buttavent.
Boulleau, César, Grande-Rue, Mayenne.
Bourgault, F., chez Mme Vincent, à Laizerie, Placé.
Bouqueret, J., propriétaire, rue St-Martin, Mayenne.
Boussin, au Bois, Aron.
Brault, à la Roche, Grazay.
Bréard (Vve), à la Cocherie, Alexain.
Bruneau, agriculteur, à l'Orgerie, Grazay.
*Bréteau, Auguste, au bourg, Jublains.
*Brouillé, François, à la Brouillerie, Commer.
Brunvelle, E., prop., place Cheverus, Mayenne.
Blin, Joseph, à la Gaucherie, Oisseau.
Boullier, Louis, à Queuprie, Parigné.
Caigné, Alexis, fils, propriétaire, Mayenne.
Caigné, Principe, propriétaire, Mayenne.
Carré, à Ste-Anne, Aron.
Carré, Joseph, à Rouesson, Contest.
Charpentier, Mathurin, à la Cour, Contest.
Charpentier, Pascal, maire, Placé.
Chaulin-Servinière, cons. gén., député, maire, Mayenne.
Chantepie, Almire, St-Georges-Buttavent.
Chemineau, Etienne, à la Bertoisière, Grazay.
Chéreau, Alexandre, à la Pichardière, Grazay.
Chevalier, au Plessis, Parigné.
Chevalier, au Haut-Châtenay, St-Georges-Buttavent.
Chevalier, Florent, à la Grande-Fournière, Aron.
Chevrinais, Octave, Mayenne.
Chevrinais, à la Bouchardière, Mayenne.
Chesnel, à la Fleurière, Placé.
*Chevron, Louis, à la Souche, Aron.
Churin, Julien, au Housseau, Marcillé.
Cochon, Michel, à la Monnerie, Moulay.
Cosnard, Prosper, à la Métairie, Grazay.
Coignard, Antoine, directr de l'Ecole prat. d'agr., Mayenne.
Colin (Mme), Fontaine-Daniel, Mayenne.
Coulange, conducteur des ponts-et-chaussées, Mayenne.
Courtais, Henri, à la Danserie, Oisseau.
Courteille, à Mortier, La Haie-Traversaine.
*Crétois, Joseph, à la Malabrie, Aron.
*Crétois, Paul, cult., la Chapelle-au-Grain.
Crétois, Joseph, à la Hacherie, La Chapelle-au-Grain.
Delétang, propriétaire, Martigné.
Delorière, Jean, à la Simondière, Martigné.

Degoulet, Victor, Moulay.
Delente, Oisseau.
Denis, G., président du Conseil général, Mayenne.
Derouet, J., à la Micaudière, Contest.
Deschamps, Anatole, négociant, Mayenne.
Deschamps, Eugène, négociant, Mayenne.
Deslandes, Jean, à la Perraudiere, Marcillé.
Desvalettes, Victor, place Cheverus, Mayenne.
Desvalettes, César, propriétaire, Mayenne.
Deshais, Pierre, à la Heurrie, La Haie-Traversaine.
* Dodard des Loges, place Cheverus, Mayenne.
Duhail, E., propriétaire, Mayenne.
Epron, Joseph, Marcillé.
Evrard, René, à la Tervionnière, Contest.
Féron, propriétaire, quai de la République, Mayenne.
Filoche, Jules, Grazay.
Filoche, propriétaire, Jublains.
Fleury, avoué, Mayenne.
Fontaine (Mme V^e^), place Cheverus, Mayenne.
Foret, J., à la Baguelinière, Oisseau.
Foret, Pierre, cultivateur à la Contre, Parigné.
Fortier, F., aux Essarts, Commer.
Foubert, Eugène, au Bois-Huche, Contest.
Foubert, agriculteur, à Montgauchet, St-Germain-d'Anxure.
Foubert, à la Brizette, Jublains.
* Foubert, Mathurin, à la Mare, St-Fraimbault-de-Prières.
Foucault, propriétaire, route de Paris, Mayenne.
Foucoin, Constant, aux Goisnières, Saint-Georges-Buttav.
Fougeray, Michel, à la Chenelière, Grazay.
Fougeray, Pierre, à la Gorgère, Parigné.
Fouquet, Jules, à la Hainayère, la Chapelle-au-Grain.
Fournier, à Haut-Villette, Aron.
Fraudin, Léon, propriétaire, Commer.
Fraudrin (Jeannette Melle), propriétaire, r. Neuve des Halles, Mayenne.
Froger, Victor, à la Touche, Commer.
Garhau, au Rocher, Aron.
Gautier, à la Guyardière, Parigné.
Gautier, C., à la Ferronnière, Mayenne.
* Gautier, Marie, aux Basses-Roussières, Mayenne.
* Gauret, boucher, Alexain.
Genest, François, au Bois Gigan, Saint-Germain-d'Anxure.
Genest, propriétaire, Saint-Fraimbault de-Prières.
Gesbert, Prosper, à Monteraux, Parigné.
Geslin, Prosper, à la Maçonnerie, Contest.
Giffard, à la Grange, Mayenne.
Girault, Pierre, à la Couture, Saint-Georges-Buttavent.
Girault, Th., au Moulin-Neuf, Saint-Fraimbault-de-Prières.
* Girault, à la Gorjaire, Parigné.
Gillard, Eugène, propriétaire, Mayenne.

Godefroy (veuve), propriétaire, Mayenne.
Godefroy, à la Frilousière, Mayenne.
Godefroy, avocat au Conseil d'Etat, Mayenne.
Gournay, propriétaire, au Cormier, Aron.
Gombert, à la Grandville, Martigné.
Groussard, Joseph, à Cœur, Marcillé.
Guyard (Augustine Mlle), à la Gorgerie, Parigne.
Guyard, Louis, au Chêne-des-Croix, Aron.
Guyard, Théodore, à la Guilbardière, Parigné.
* Guyardeau, aux Viardières-des-Bois, la Chapelle-au-Grain.
Guyard, Michel, à la Petite-Haltière, St Georges-Buttavent.
Guion, aux Jardins, Aron.
Guion, Eugène, propriétaire, Saint-Georges-Buttavent.
Guy, Pierre, à Grazon, Mayenne.
Hamard, propriétaire. Mayenne.
Hamon, H , avoué, Mayenne.
Hay, Marin, à la Chérumière, Saint-Georges-Buttavent.
Hay, propriétaire, Grande-Rue, Mayenne.
Houdou, Martin, aux Aubiers, Grazay.
Houdou, Jean, à la Renardière, Grazay.
Huard, au Repas, Sacé.
* Huard, Eugène, à Meslay, Placé.
* Huard, Pierre, à Origné, Sacé.
Hubert, Louis, à la Hurie, Saint-Fraimbault-de-Prières.
* Huchet, Julien, aux Helonnières, Placé.
Huneau, Auguste, à l'Oisonnière, Saint-Beaudelle.
Illand, Jean, à la Perrière, Contest.
* Jamois, économe, au petit séminaire, Mayenne.
Johan, Jean, le Grand-Boissay, Aron.
* Johan, Joseph, à la Lande, Grazay.
Jouet, fils, cultivateur, au bourg, Martigné.
Jousse, A., à Chérumin, Saint-Georges-Buttavent.
Jousse, Pierre, propriétaire, à l'Epinay, Parigné.
Jourdan (Vte de), château de Mythène, Martigné.
Lagrange (de), conseiller général, Mayenne.
Lambert, ancien conseiller général, Mayenne.
Lambert (V[e]), Saint-Georges-Buttavent.
* Laloy, route d'Oisseau, Mayenne.
Lasnier, propriétaire, Mayenne.
Leblanc, propriétaire, Aron.
Leblanc, François, au Grand-Poullé, Contest.
Lefort, Marie, la Chapelle-au-Grain.
* Lefort, Victor, à la Beauluère, Contest.
Le Broc, frères, *entrepositaires du Syndicat*, Mayenne.
Lecendrier, propriétaire, Mayenne.
Leclerc, expert, Aron.
Lelièvre, Edmond, propriétaire, Mayenne.
Lemarchand, expert, Mayenne.
Lemoine, fils, propriétaire, Mayenne.
Lepauvre, Charles, à la Bouchardière, Mayenne.

* Leroux, Joseph, à la Raverie, La Haie-Traversaine.
Leroux, Victor, à la Rablinière, Grazay.
Leroux, propriétaire, aux Halleries, Mayenne.
Letemplier, G., à la Montre, Placé.
Letourneux, J., à la Chantcluère, Contest.
Letourneux, J., à la Graudière, St-Fraimbault-de-Prières.
Levazeux, horticulteur, Mayenne.
Lhommer, Charles, tanneur, Mayenne.
Lhuissier, rue Basse-Grande-Rue, Mayenne.
Linthier (Mme veuve), propriétaire, à la Torlière, Moulay.
* Lozé (Gabriel de), propriétaire, la Haie-Traversaine.
Mahérault, Henri, vétérinaire, Mayenne.
Maignan, Victor, à la Chevrie, Commer.
Malardier, notaire, Mayenne.
* Maheux, propriétaire, au bourg, Martigné
* Malvault, Camille, 25, place Neuve, Mayenne.
Marceau, Victor, à Montrecouble, Saint-Beaudelle.
Maréchal, Joseph, à la Noë, Bazoge-Montpinçon.
Maréchal, Paul, au Perron, Oisseau.
Margéac, François, à la Cruchère, Oisseau
Marin-Pottier, à Château-Poullet, Aron.
Martel, Julien, au Petit-Bois, Parigné.
Martin, François, à la Petite-Chevallerie, Mayenne.
Mesnage, expert, Mayenne.
* Mesnage, Pierre, aux Roches, Aron.
* Mesnage, Albert, propriétaire, rue Verte, Mayenne.
Maillard, Julien, aux Bruyères, Aron.
Meunier (veuve), à la Chaumondière, Aron.
Mézange, Alphonse, cultivateur, à la Vallée, Aron.
Mézière, H., aux Espelières, Contest.
Montarien, propriétaire, Moulay.
* Montarien, François, la Bazoge-Montpinçon.
* Montron, Adrien, cultivateur, au bourg, Alexain.
Morin, Alexandre, au Rocher, Mayenne.
Mottin, maréchal, Mayenne.
* Nezan, François, à la Hurie, Saint-Fraimbault-de-Prières.
Nourri, à la Petite-Herrière, Saint-Baudelle.
* Oger, Auguste, cultivateur, à la Girardière, Alexain
* Palice, Alexis, au Houx, Saint-Baudelle.
Pelluau, à l'Orgerie, Aron.
Peslier, Victor, propriétaire, route de Paris, Mayenne.
* Petit, Emile, la Bazouge-des-Alleux.
* Petit, César, à la Moulairie, Contest.
Pichereau, à la Porte, Mayenne.
Ponthault, André, propriétaire, Mayenne.
* Poirier, Grande-Rue, Mayenne.
* Pottier, Jules, à la Métairie, Aron.
Pottier, Pierre, au Gasseau, Commer.
Pouteau, maire, Moulay.
Pouteau, aux Peyennières, Mayenne.

Pouteau, J.-B., maire, Saint-Germain-d'Anxure.
Pouteau, L., à Bel-Air, Saint-Georges-Buttavent.
Pouteau, Georges, Saint-Georges-Buttavent.
Préhu, Pierre, à la Garde, Moulay.
Pré-Noël, Moulay.
Ragaine, Louis, au bourg, Grazay.
Ragot, chapelier, Mayenne.
Raillère (de la), au Breuil, Aron.
Raison, au Chêne-Planté, Mayenne.
Ravault, notaire, Mayenne.
Ravé, H., au moulin de Jourdan, St-Fraimbault-de-Prières.
Renard, Jules, propriétaire, Mayenne.
Renard, au Grand-Tertre, Saint-Georges-Buttavent.
Ressière, aux Mollands, Saint-Beaudelle.
Riandière-Laroche, Elie, propriétaire, Mayenne.
Riandière-Laroche, propriétaire, au Verger, Aron.
Rivière, fils, rue de la Providence, Mayenne.
Richard, propriétaire, au château de Torbéchet, Saint-Georges-Buttavent.
Robbes, propriétaire, Grande-Rue, Mayenne.
Robinet, adjoint au maire, Saint-Georges-Buttavent.
* Robinet-Petit, propriétaire, rue de Beaudais, Mayenne.
Robien (comte André de), château de Montgiroux, Alexain
Rocher, P., à la Blanchardière, Saint-Beaudelle.
Roger, Joseph, à la Garonnière, Parigné.
Romagné-Priolet, *entrepositaire du Syndicat*, Mayenne.
Ronné, Michel, à la Rogerie, Aron.
Ronsin, conducteur des ponts-et-Chaussées, Mayenne.
Rousière, agriculteur, Oisseau.
Rouzière, Alexandre, propriétaire, à la Houbrie, Grazay.
Rousseau, F., à la Merrière, Mayenne.
Rousseau, Louis, au Grand-Taugeard, St-Fraimbault-de-Pr.
Sauvé, docteur-médecin, Mayenne.
Secoué, Emile, maire, Alexain.
Simon, à la Roche-Gandon, Mayenne.
Sochon (veuve), à la Riverie, Saint-Fraimbault-de-Prières.
Sochon, François, à l'Ille, Saint-Fraimbault-de-Prières.
Sochon-Venant, à la Gratière, Saint-Fraimbault-de-Prières.
Talevé, à la Doitée, Placé.
* Tarot, Louis, au Moulin de la Roche, Commer.
Thomas, Pierre, à Hué, Commer.
* Timon, Mayenne.
Vadé, propriétaire, rue Saint-Malo, Mayenne.
Viel, F., à la Morinière, Alexain.
Viellepeau, Eugène, moulin de Beaucoudray, Aron.

Canton de Pré-en-Pail

Auger, P., à la Métairie, Pré-en-Pail.
Barbier, Modeste, à la Gandonnière, Saint-Samson.
* Blottière, A., à l'Aunay, Pré-en-Pail.

Bouessière, Aimable, propriétaire, Pré-en-Pail.
* Bouet, Désiré, propriétaire, Saint-Cyr-en-Pail.
* Brout, Aimable, Pré-en-Pail
Chevalier, F., Saint-Julien-des-Eglantiers.
Chouippe, Alexis, à Montrebœuf, la Poôté.
Derrouet, propriétaire, Neuilly le-Vendin.
Desnot, Charles, propriétaire, au But, Pré-en-Pail.
Drouet, Modeste, Saint-Samson.
Dugué, propriétaire, Saint-Samson.
* Duval, Jean, cultivateur, à Changé, Pré-en.Pail.
* Fortin, Amédée, Pré-en-Pail.
Grudé, René, fils, au Gay, Pré-en-Pail.
Grudé, propriétaire, au Creux, Pré-en-Pail
Guerre, maît. d'hôtel, *entrepositaire du Syndicat*, Pré-en-P.
Lemaître, Arsène, au Patis, Saint-Samson.
Lemarié, Eugène, Pré-en-Pail.
Martin, Denis, Pré-en-Pail.
Millet, au Petit-Mesnil, Saint-Samson.
* Millet (veuve), à Froc, Saint-Cyr-en-Pail.
* Milcent, à la Frette, Saint-Samson.
Papillon, Vital, Saint-Samson.
Papillon, Georges, Saint-Samson.
Peschard, propriétaire, Pré-en-Pail.
Plessard, Emile, Saint-Samson.
* Pinçon, Modeste, au Val, Pré-en-Pail.
Souty, Isidore, Saint-Julien-des-Eglantiers.
Souty, François, à la Poitevinière, Pré-en-Pail.
*Vétillard, J., aux Belles-Maisons, Pré-en-Pail.

Canton de Villaines-la-Juhel.

Beucher, Auguste, à la Brésolière, Loupfougères.
Bruneau, Vital, propriétaire, Villaines-la-Juhel.
*Bellier, notaire, Villaines-la-Juhel.
*Charpentier, Jules, maire, Averton.
Charpentier-Luissier, Villaines-la-Juhel.
Cornu, J., à Saint-Germain-de-Coulamer.
Doiteau, juge de paix, Villaines-la-Juhel.
Doiteau, Jules, propriétaire, Villaines-la-Juhel.
Geslin, *entrepositaire du Syndicat*, Villaines-la-Juhel.
Laigneau, à la Racinière, Villaines-la-Juhel.
Landeau, A., fils, propriétaire, Villaines-la-Juhel.
Leballeur, propriétaire, Loupfougères.
Le Maitre, négociant en vins, Villaines-la-Juhel.
Leroy, Théodore, au Coudray, Villaines-la-Juhel.
Métairie, fils, à Vaucelles, Villaines-la-Juhel.
Mézange, Villaines-la-Juhel.
Moreau, Vve, propriétaire, à Pinnelière, Villaine-la-Juhel.
Ribeau, Michel, Averton.
*Sévin, Joseph, à Crennes-sur-Fraubé, Villaines-la-Juhel.
*Simon, J., fils, cultivateur, Saint-Germain-de-Coulamer.
Vaugon, propriétaire, Villaines-la-Juhel.

ARRONDISSEMENT DE CHATEAU-GONTIER

Canton de Saint-Aignan-sur-Roë.

Allaire, propriétaire, La Roë.
Arthuy, propriétaire, Saint-Aignan-sur-Roë.
Bâtard, propriétaire, Ballots.
Bellanger, propriétaire, Renazé.
Benâtre, à la Garrière, Ballots.
Besnier, Jules, propriétaire, Saint-Aignan-sur-Roë.
Blanchard, Joseph, Renazé.
Boberil (comte du), Saint-Saturnin-du-Limet.
Bourdais, Jean, propriétaire, à la Touche-Crosnier, Renazé.
*Boucault, Modeste, à la Haie-Rouge, Saint-Aignan-sur-Roë.
Coconnier, propriétaire, Renazé.
Cointet, Charles, propriétaire, Brains-sur-les-Marches.
Croissant, à Bellevue, Ballots.
*Courné, Louis, propriétaire, à la Hardonnière, Saint-Saturnin-du-Limet.
Daigremont, Baptiste, propriétaire, La Roë.
Daigremont, propriétaire, Saint-Aignan-sur-Roë.
Delaune, propr., à la Guimonière, St-Saturnin-du-Limet.
Dutertre, Mathurin, à la Barre, Fontaine-Couverte.
*Dion, Joseph, à Romfort, Renazé.
*Dion (Vve Louis), propriétaire, à la Hardonnière, Saint-Saturnin-du-Limet.
Evain, à la Giraudière, Renazé.
Esnault, François, Renazé.
Foucault, juge de paix, Saint-Aignan-sur-Roë.
Gatineau, à la Grossière, Bains-sur-les-Marches.
Gautier, à la Grande-Métairie, Renazé.
Gilet, à la Bachelottière, Renazé.
Girard, expert, Brains-sur-les-Marches.
Goussé, René, propriétaire, Renazé.
Goussé, Charles, à la Giledière, Ballots.
Guion, à la Tougandry, Saint-Michel-la-Roë.
Hervé, Constant, propriétaire, La Roë.
Hervé, Ferdinand, propriétaire, La Roë.
Hervé, René, propriétaire, La Roë.
Hervé, Amand, propriétaire, Ballots.
Hunault, E., propriétaire, Saint-Michel-ta-Roë.
Hunault, à la Touzelière, Fontaine-Couverte.
Huneau, E., propriétaire, Saint-Michel-la-Roë.
Juliot, président du comice agricole, Saint-Aignan-sur-Roë.
Lecomte, propriétaire, Brains-sur-les-Marches.
Lemasson, négociant, Renazé.
Lemasson, Victor, propriétaire, Renazé.
Lemée, Auguste, Saint-Aignan-sur-Roë.
Louveau, François, propriétaire, Ballots.

Manceau, René, à la Janvrie, Ballots.
Manach, Yves, propriétaire. Saint-Aignan-sur-Roë.
Meignan, J.-B , château du Rozeray, Ballots.
Moriceau, à la Petite-Boucherie, Saint-Saturnin-du-Limet.
Néré, à la Nouaudière, Saint-Aignan-sur-Roë.
Paillard, Louis, à la Roche, Congrier.
Pasquier, à la Touche-Gohier, Congrier.
Pipard, propriétaire, Brains-sur-les-Marches.
Planté, notaire, Ballots.
Poirier, Augustin, propriétaire, à la Bachelotière, Renazé.
Poirier, fendeur, Ballots.
Piau, François, au Grand-Laigné, Ballots.
Préaubert, (Mme), propriétaire, Renazé.
Rivière, propriétaire, Ballots.
Robert, Clément, débitant, Congrier.
Robinet, à la Brunettie, Saint-Aignan-sur-Roë.
Sinoir, Ferdinand, propriétaire, Ballots.
Suhard, Pierre, à la Pichonnière, Brains-sur-les-Marches.
Testier, Jean, à la Catenserie, Congrier.

Canton de Bierné.

Bruneau, J. à la Motte de Vaux, Bierné.
Boivin, H., régisseur, Bierné.
Bruand, aux Vaux, Daon.
*Bigot, à la Foucaudière, Coudray.
Claude, à Martigné, Saint-Denis-d'Anjou.
Couet, Léopold, juge de paix, Bierné.
*Chitray (A. de), Châtelain.
Delaune, propriétaire, Bierné.
Gouault, fils, à la Grande-Olivraie, Bierné.
Guittet, propriétaire, au Fay, Saint-Denis-d'Anjou.
*Guitter, au Ray, Saint-Denis-d'Anjou.
Hardoin, propriétaire, Saint-Laurent-des-Mortiers.
Herrouet, propriétaire, Bierné.
Laumonnier, propriétaire, aux Arcis, Argenton.
Lemanceau, à la Grande-Sapinière, Bierné.
Joubert, André, propriétaire, au Lutz, Daon.
Landais, au Mesnil, Longuefuye.
Toqué, Auguste, propriétaire, Bierné.
Toisnon, aux Chauvières, Argenton.

Canton de Château-Gontier.

Abafour, L., à Chambrez d'Azé, Château-Gontier.
Apert, à la Grange, Château-Gontier.
Bachelier, propriétaire, Château-Gontier.
Beaumont (de), propriétaire, Château-Gontier.
*Beaujeu (de), propriétaire, Houssay.
Berger, à la Maison-Neuve, Bazouges.
Bertron, J., à la Gilardière, Laigné.

Besnier, à la Pennevaudière, de Houssay.
Bellanger, Ernest, propriétaire, Château-Gontier.
Berthelot, propriétaire, Château-Gontier.
Bobart, propriétaire, Château-Gontier.
Boisseau, route d'Angers, Château-Gontier.
Bouvet, Auguste, à La Lande-Marignan, Fromentières.
Blanchard, Pierre, à la Bléninière, Loigné.
Carcaradec (comte de), chât. du Chêne-Vert, Bazouges.
Carreau, expert, Château-Gontier.
Chaignon, Paul, Château-gontier.
Cherruault, propriétaire, Château-Gontier.
*Choisis, Al., propriét., rue d'Ampoigné, Château-Gontier.
Cicé, propriétaire, Château-Gontier.
Ciron, J., à la Monnairie, Azé.
Couet, rue du Théâtre, Château-Gontier.
Cousin, à la Grande-Maison, Saint-Sulpice.
Daigremont, propriétaire, rue Dublineau, Château-Gontier.
David, L., à Gastines-Mollière, Chemazé,
Delestre, Jean, propriétaire, Marigné-Peuton.
Deroiry, François, au Bois-aux-Moines, Saint-Fort.
Doisneau, Victor, à la Pince-Guerrière, Azé.
Duboys Fresney, fils, conseiller general, maire, Origné.
*Dubois, Alexandre, à Bois-Rond, Simplé.
Dupin, à Ingrande, Azé.
Dupré, à la Coudre, Bazouges.
Durand, Eugène, à Grand-Bertrat, Azé.
*Durand, Henri, à la Beucheray, Saint-Fort.
*Duval, propriétaire, Château-Gontier.
Fleury, huissier, Château-Gontier.
Fouassier, propriétaire, Château-Gontier.
Foucault, Félix, au Petit-Pont, Marigné-Peuton.
François, expert, Château-Gontier.
Gaultier, René, rue Alexandre Fournier, Château-Gontier.
Gautier-Belain, propriétaire, Château-Gontier.
Gavillard, propriétaire, Chemazé.
Gigan, à Chassey, Houssay.
Girandier, secrétaire du comice agricole, Château-Gontier.
Gouasbault, Louis, fabricant, Bazouges.
Gourdon, propriétaire, à la Maroutière, Saint-Fort.
Grégoire, brasseur, Château-Gontier.
Guérin, notaire, Cŏâteau-Gontier.
Guermond, à la Motte, Bazouges.
Guiller, Ernest, banquier, Château-Gontier.
Guiller, Eugène, banquier, rue d'Ampoigné, Château-Gont.
*Guinoiseau, commissaire-priseur, Château-Gontier.
Guittier, curé, Origné.
*Hardouin, Louis, agriculteur, à la Grande-Landelle, Azé.
Helbert, à la Chalopinière, Origné.
*Hélain, négociant, Château-Gontier.
Homo, docteur-médecin, Château-Gontier.

Hureau, au Petit-Coulonge, Fromentières.
Jousselin, docteur-médecin, Château-Gontier.
Jousselin, Vve, rue Pierre-Martinet, Château-Gontier.
*Lamiche, René, à la Hardonnière, Mesnil.
Landais, Jules, propriétaire, Houssay.
Landais, J., à la Maison-Neuve, Saint-Sulpice.
Laîné, Jacques, au Refoul, Azé.
Le Mesle, Paul, à Gauby, Ménil.
Letheule, Baptiste, au Moulin de Régereau, Origné.
Lisleroy (comte de), château de Moiré, Château-Gontier.
Louvard, Ludovic, négociant, Château-Gontier.
*Mabier, au Bressol, Mesnil.
Maignan, horloger, Château-Gontier.
*Michel, agriculteur, au Bourgnault, Bazouges.
*Nicolle, E., curé, Saint-Aignan-de-Gennes, Château-Gontier.
*Patry, cultivateur, au Haut-Chitry, Ménil.
Pellouin, propriétaire, Château-Gontier.
*Percher-Beaunier, propriétaire, Château-Gontier.
Perrault, propriétaire, Château-Gontier.
Picoreau, fils, expert, Château-Gontier.
Pommier, propriétaire, rue Rasilly, Château-Gontier.
Prod'homme, propriétaire, rue Fournier, Château-Gontier.
Quatrebarbes (vicomte Pierre de), Château-Gontier.
*Ramel, propriétaire, Château-Gontier.
Rassilly, château de la Porte, Ménil.
*Ragaru, propr., *Entrep du Synd.*, à Bazouges, Chât.-Gont.
Richeteau (Mme de), rue René-Homo, Château-Gontier.
Rivière, Bazouges.
Rivain, Charles, rue Thionville, Château-Gontier.
Robin, notaire, Château-Gontier.
Roussardière (de la), fils, propriétaire, Château-Gontier.
Rousseau, agriculteur, au Petit-Chemazé, Chemazé.
* Sesboué, notaire, Château-Goutier.
* Simonet, ingénieur des ponts-et-chaussées, Château-G.
*Taluau, boucher, Chemazé.
* Toisnon, à la Freuzelière, Loigné.
Toqué, expert, quai de Laval, Château-Gontier.
Toqué, fils, prop., promenades des Platanes, Chât.-Gont.
Toquet, régisseur de M. de Bréon, Marigné-Peuton.
Touchardière (Emm. de la) fils, au Roseraies, Chemazé.
Verger, à la Bretonnière, Saint-Fort.

Canton de Cossé-le-Vivien

Anquetil-Delisle, père, propriétaire, Cossé-le-Vivien.
Anquetil-Delisle, fils, agriculteur, Cossé-le-Vivien.
Belay, Ferdinand, propriétaire, Cossé-le-Vivien.
Bellay, Jules, à la Mouchardière, Cossé-le-Vivien.
Bertron, Jules, propriétaire, Cossé-le-Vivien.
* Bertron, à la Maison-Neuve, Méral.
Beslay, propriétaire, à la Sencie, Cossé-le-Vivien.

Beucher, Cossé-le-Vivien.
Bodard (de), conseiller général, Cossé-le-Vivien.
Bodinier, Jules, à la Haye, Cossé-le-Vivien.
Boisramé, A., à la Butte, Cosmes.
Boisseau, Jean, au Grand-Pont, Quelaines.
Boisseau, propriétaire, Laubrières.
Bouvier, Auguste, régisseur à la Subrardière, Méral.
* Bouvier, à Méral.
* Bouleau, agriculteur, à la Rivière, Peuton.
* Brielle, propriétaire, à la Gribaine, Méral.
Brossier, maire, Cuillé.
Chaudet, Auguste, à l'Ecotay, Quelaines.
Chauvin, Arsène, à la Mienne, Méral.
Clavreul, au Châtaignier, Cossé-le-Vivien.
Couet, propriétaire, Méral.
* Couet, Victor, Méral.
Daguet, à la Bilonnière, Cossé-le Vivien.
Davost, Léon, propriétaire, Cossé-le-Vivien.
Desprès, au Magnolia, Simplé.
Doisneau, J., à la Rivière, Cuillé.
Dubois, Adhémar, propriétaire, Cossé-le-Vivien.
Foucault, *entrepositaire du Syndicat*, Cossé le-Vivien.
Gérard, L., propriétaire, Cossé-le-Vivien.
Gigan, B., à la Bouchefollière, Simplé.
Gouabault, propriétaire, Cossé-le-Vivien.
Granval, René, cultivateur, à la Jouinière, Cosmes.
Guémas, Victor, Cuillé.
Guétron, à la Cordelière, Simplé.
Guillet, Jules, à la Reinière, Cossé-le-Vivien.
Hesteau, Charles, propriétaire, Cossé-le-Vivien.
Jaguelin, fils, Chapelle-Craonnaise.
Lecot, au Boiselard, Cossé-le-Vivien.
Lemoine, H., propriétaire, Cossé-le-Vivien.
Lepage, propriétaire, Quelaines.
* Lenormand, au Petit-Lemesle, Quelaines.
* Leroyer, Louis, au Feu, Cossé-le-Vivien.
Leroyer, Henri, à la Meignanne, Cossé-le-Vivien.
Logé, François, Cossé-le-Vivien.
Marin-Sauvé, à la Grande-Gillemayère, Cosmes.
* Martin, Oscar, Cossé-le-Vivien.
* Martin (Mme), propriétaire, Cossé-le-Vivien.
Paillard, P., adjoint au maire, Cosmes.
Paillard-Saint-Fort, propriétaire, Cossé-le-Vivien.
Pichot, maire, Gastines.
Pointeau, à la Touche-Guillet, Cossé-le-Vivien.
Rezé, Jules, Cossé-le-Vivien.
Rezé, Adolphe, marchand de bestiaux, Quelaines.
Riandière-Laroche, Ernest, propriétaire, Cossé-le-Vivien.
* Richard, Marie, propriétaire, Cossé-le-Vivien.
Rouamier, Jean, Quelaines.

Rousseau, à Meleray, Cossé-le-Vivien.
Rumeau, à Levaré-Fléchais, Cossé-le-Vivien.
Simon (Mme), au Châtelet, Laubrières.
Sinoir, expert, propriétaire, Cuillé.
Sorin, aux Loges, Cosmes.
Théar, expert, Cossé-le-Vivien.
*Théard, à la Vialyère, de Cossé-le-Vivien.
* Thouault, aux Hautes-Vallées, Cossé-le-Vivien.
* Touchardière (de la), château de Chanteil, Méral.
Verger, la Chapelle-Craonnaise.

Canton de Craon

Aubert, à la Corbinière, Bouchamps.
Aubert, François, au Grand-Bois, Denazé.
Aubert, Julien, à Cherruault, La Selle-Craonnaise.
Baron, René, à la Juignonnière, la Selle-Craonnaise.
Belsœur, maire, Craon.
* Belsœur, à la Pommeraie, Bouchamps.
* Beucher, R., cultivateur, à Flin, Craon.
* Biseul, à la Cholière, Livré.
Blandeau, Pierre, négociant, Craon.
Blu, au Coudray, Pommerieux.
Bodin, à la Parnière, Craon.
Bodinier, Emile, propriétaire, Selle-Craonnaise.
Bodinier, Pierre, propriétaire, Selle-Craonnaise.
Bodinier, Jules, la Selle-Craonnaise.
Bodinier, Henri, la Selle-Craonnaise.
Bodinier, docteur-médecin, Craon.
Bouvet, propriétaire, à Tivoli, Craon.
Boulay, à Toucheboeufs, Craon.
Bouchet, propriétaire, Craon.
Bourdais, meunier, à Martin, Athée.
Boisricheux (de), château de Fougeray, Pommerieux.
Bruneau, propriétaire, Craon.
Briel, Camille, propriétaire, Craon.
Bruchet, propriétaire, Selle-Craonnaise.
Buron, J., propriétaire, Craon.
Charbonnier, propriétaire, Craon.
Chevrollier (Mme), Bouchamps.
Chevrollier, aux Miaules, Denazé.
Chopin, L., propriétaire, Craon.
* Couvry, René, minotier, Athée.
David, propriétaire, Bouchamps.
Delaunay, au Prieuré, Mée.
Demée, Jules, boulanger, Livré.
Doisneau, Alfred, propriétaire, la Selle-Craonnaise.
Doisneau, Ferdinand, maire, Niafles.
Doisneau, Léonce, propriétaire, la Selle-Craonnaise.
Doisneau, Edmond, propriétaire, Niafles.
Doudet, propriétaire, la Selle-Craonnaise.

Doudet, propriétaire, Craon.
Doussin, Victor, à la Croix, Saint-Martin-du-Limet.
Dubois, propriétaire, Craon.
* Dubois, agent d'affaires, Chérancé.
Dumaine, Charles, propriétaire, Craon.
Gamne, propriétaire, à Saint-Clément, Craon.
Gendry, Auguste, propriétaire, Craon.
Gendry, Louis, au Donjon, la Selle-Craonnaise.
* Gendry, à la Robinetière, Livré.
Goret, à la Tombe, la Selle-Craonnaise.
Goussé, A., *entrepositaire du Syndicat*, à Craon.
Goussé, Hippolyte, propriétaire, Saint-Martin-du-Limet.
* Goussé, L., propriétaire, à la Pilletière, Livré.
Grandin, propriétaire, Craon.
Guesdon (de), Alfred, propriétaire, Craon.
Guesdon (de), Edmond, propriétaire, Craon.
Guétron, Auguste, propriétaire, Craon.
Guillet, à la Grande-Forge de la Boissière, Craon.
Hiard, propriétaire, Craon.
Jalot, propriétaire, à la Persillère, Pommerieux.
Jolly (Mme), propriétaire, Craon.
Laizé, propriétaire, Craon.
Lamy, René, propriétaire, Saint-Martin-du-Limet.
Lecomte, propriétaire, La Selle-Craonnaise.
* Legendre, Joseph, agriculteur, au Bois-Bourgaux, Denazé.
*Letourneux, négociant, à La Roë.
Malvault, à la Richardière, La Selle-Craonnaise.
Menaut, Louis, à la Grande-Tortière, Craon.
Mignot, à la Clavelière, Chérancé.
Mignot, L., à la Petite-Suardière, La Selle-Craonnaise.
*Moreau, A., propriétaire, promenades, Craon.
Morillon, docteur-médecin, Craon.
Moriceau, Joseph, propriétaire, à Blochet, Livré.
Pasquier, Isidore, propriétaire, Livré.
Pasquier, Auguste, minotier, à Courbure, Livré.
* Pavis, instituteur, Chemazé.
* Paillard, horloger, rue Neuve, Craon.
Pécot, Victor, à la Ménardière, Bouchamps.
Piquet, Victor, cultivateur, au Feury, Bouchamps.
Pilet, Jean, au Haut-Teil, La Selle-Craonnaise.
Planchenault, propriétaire, La Selle-Craonnaise.
Poisson, Antoine, propriétaire, Craon
Porte (de la), maire, Saint-Martin-du-Limet.
* Quinefaut (Vve), château du Tertre de Mée, Craon.
Quittet, René, au Chêne-Mulon, Selle-Craonnaise.
Rabeau, Louis, Craon.
Régereau, J.-B., à Courbure, Livré.
Riveron, Eugène, à la Dumettrie, Chérancé.
Rousseau, Pierre, à la Tesserie, Livré.
Rousseau, Adolphe, négociant, Craon.

Rousseau, René, propriétaire, Craon.
Royer, Pierre, propriétaire, Grande-Rue, Craon.
Salmon, à Chebucé, Athée.
Sarchet, propriétaire, à la Tinardière, Craon.
Sarchet, aux Hommeaux, Craon.
Sinoir, Auguste, propriétaire, La Selle-Craonnaise.
Vallet, propriétaire, Craon.
Vierron, maréchal-ferrant, La Selle-Craonnaise.

Canton de Grez-en-Bouère.

Aubry, propriétaire, château de Villiers, Villiers-Charlem.
Berthelot, maire, Grez-en-Bouère.
Berthelot, Goupil, au Rocher, Grez-en-Bouère.
Bourgneuf, Th., à la Courbe, Beaumont-Pied-de-Bœuf.
Chauveau, Pierre, au Grand-Buisson, St-Charles-la-Forêt.
* Gautier, (Dr F.), à la Grande-Sevaudière, Bouère.
Godivier, docteur-médecin, Bouère.
Godivier, G., maréchal. Saint-Charles-la-Forêt.
Hardoin, propriétaire, Villiers-Charlemagne.
Hivert, *Entrepositaire du syndicat*, Grez-en-Bouère.
Houdayer, à la Pironnière, Villiers-Charlemagne.
Lancelin, à la Fautbardière, Villiers-Charlemagne.
Lelasseux, Antoine, Beaumont-Pied-de-Bœuf.
Lepage, à la Haie-Guyon, Villiers-Charlemagne.
Letessier, à la Grande-Mouère, Villiers-Charlemagne.
Marchand, Edmond, propriétaire, à Bouère.
Morineau (Mme Vve Jean), à la Renardière, Saint-Charles.
Noyer, Jules, Ballée.
Perret, au Champ-Rouge, Beaumont-Pied-de-Bœuf.
Ruillé (comte de), château de Mauvinet, Ruillé-Froidfonds.
Rezé, Léon, propriétaire, Grez-en-Bouère.
Sars (de), propriétaire, à Curécy, par Bouère.
Valette (de la), Villiers-Charlemagne.
Valleray, au Grand-Pin, Villiers-Charlemagne.
Villebois-Mareuil (comte de), député, Grez-en-Bouère.

ÉTRANGERS AU DÉPARTEMENT

*Argentré (c[te] P. du Plessis), château de la Bernondière. St-Julien-du-Terroux, par Couterne, (Orne).
Bigot, député, 14, rue Béclard, à Angers, (Maine-et-Loire).
Blanchard, fermier général, à Pouancé, (Maine-et-Loire).
Brielles, Pierre, à la Gabartrie, Le Pertre, (Ille-et-Vilaine).
*Boulette, à la Cour, commune de Heussé (Manche).
Caillu, propriétaire, la Ferté-Bernard, (Sarthe).
Château-Thierry (de), château de St-Gervais, à Séez, (Orne).
Chevalier, E., prop., 23, rue Robert-Garnier, Le Mans, (Sarthe).
Cointet, Charles, prop., rue Hauneloup, Angers, (Maine-et-Loire).
Coupel du Lude, préfet, (Orne).
Corroyeur, Joseph, à St-Patrice-du-Désert, Ferté-Macé (Orne).
Desprès, prop., à la Guerche, (Ille-et-Vilaine).
Duval, A., expert, Sillé-le-Guillaume, (Sarthe).
Echaptoy, prop., à la Fauconnerie, p. Argentré-du-Plessis, (Ille-et-Vilaine).
Fichet-Fontaine, château de Vaugeois, St-Ouën-le-Brissault, (Orne).
Fontaine, docteur-médecin, à Sillé-le-Guillaume, (Sarthe).
Foucault, H., à Châtelais, (Maine-et-Loire).
Foucault, Alexandre, prop., rue de Belfort, Flers, (Orne).
Fougeray (Mlle Louise du), Le Pertre (Ille-et-Vilaine).
*Gaudin, Germain, ferme de Bodineau, Le Pertre (Ille-et-Vilaine).
Gasnos, prop., à Villette-de-Longuefuye, par Fresnay-sur-Sarthe, (Sarthe).
Gazaud, notaire honoraire, au Gué de la Couldre, p. Baugé, (Maine-et-Loire).
Géhère, Louis, Chemiré-sur-Sarthe, (Maine-et-Loire).
Guyard, Joseph, prop., 6, boulevard des Pommiers, Angers, (Maine-et-Loire).
Hamelin, G., à Bréal-sur-Vitré, (Ille-et-Vilaine).
Hervé, à la Bignette, p. Louvigné-du-Désert (Ille-et-Vilaine).
Heven, prop., à Erbrée, (Ille-et-Vilaine).
Hombert, prop., à la Derouettais de Segré (Maine-et-Loire).
Jicquiau, institut., à Chemiré-sur-Sarthe, (Maine-et-Loire.
Lebreton, percepteur, au Lude, (Sarthe).
Lorent, à la Robidellière de Chazé-Henri, par Pouancé, (Maine-et-Loire).
Madiot, à la Sallière de Châtelai, (Maine-et-Loire).
Marteau, Jean, à la Chauvinière de Viré, p. Brûlon (Sarthe).

*Martignon, L., à Coulonges-de-Seurdres, (Maine-et-Loire).
Moulins (de), boulev. de Saumur, Angers, (Maine-et-Loire).
Nelet, juge de paix, Fougères, (Ille-et-Vilaine).
Nettancourt (c[te] de), chât. de Milon, Mazé, (Maine-et-Loire).
Peccate, Benoist, père, à la Taille de Ceaucé (Orne).
Poret, prop. à Denneville, (Manche).
Riandière-Laroche, Ernest, prop., rue Bodereau, Le Mans, (Sarthe).
Rouault, rue du Fourneau, Sablé-sur-Sarthe, (Sarthe).
*Robert, Emmanuel, à Aligaud du Pertre (Ille-et-Vilaine).
Sabin (Vve), au Pertre (Ille-et-Vilaine).
Sallier-Dupin (de), propriétaire au Pertre (Ille-et-Vilaine).
Vannier, inspecteur-primaire, Angers (Maine-et-Loire.
Véniel, négociant à Angers (Maine-et-Loire).
Verdier-David, à la Lacelle (Orne).

Brochard, à Enghien (Seine-et-Oise).
Chabaleyret (Bourguignat de), à Epagne, par Pontremy, (Somme).
Chesnais (La), 51, rue Vaugirard, Paris.
Clémot, 11, rue Sully, Nantes (Loire-Inférieure).
*Coulange (de), Christian, 30, rue N.-D.-des-Champs, Paris.
Hervé (Vve Camille), la Hauteville, Pont-Gouet, St-Brieuc (Côtes-du-Nord).
Keyher, ingénieur, 36, rue Ampère, Paris.
Lemaître, M., prop., à la Roche-sur-Yon, (Vendée).
Malherbe (v[te] de), château de St-Hubert, par Romorantin (Loir-et-Cher).
Maussion, Paul, 11, avenue des Princes, à Houilles (Seine-et-Oise).
Marin-Dutertre, villa de la Dune, à Erquy, (Côtes-du-Nord).
*Quatrebarbes (c[te] F. de), à Pont-Leroy, (Loir-et-Cher).
Rivain-Cesbron, cirier, Blois (Loir-et-Cher).

NOTA. — Les personnes dont le nom et l'adresse seraient erronnés, sont priées d'en demander la rectification le plus tôt possible, afin d'assurer la régularité du service du *Bulletin agricole de l'Ouest*, qui est adressé gratuitement à tous les membres du Syndicat.

TABLE DES CANTONS

ENTREPOTS D'ENGRAIS

Pré-en-Pail. . . .	MM. GUERRE, maître d'hôtel.
Villaines-la-Juhel. .	GESLIN, cafetier à la Gare.
Couptrain	DÉCOSSE, négociant.
Mayenne.	ROMAGNÉ PRIOLET, nég[t]
St-Denis-de-Gastines.	HAMON fils, propriétaire.
Montaudin	THIRARD, quincaillier.
Ernée	PIOGET, négociant.
Ambrières	RAVÉ, négociant.
Evron	THOUMIN, négociant.
Montsûrs	ANGOT-COULON, négoc[t].
Cossé-le-Vivien . .	FOUCAULT, négociant.
Craon	GOUSSE, négociant.
Château-Gontier . .	RAGARU, propriétaire.
Grez-en-Bouère . .	HIVERT, négociant.

ENTREPOTS DE GRAINES

Mayenne. . . .	Mlle LE BROC, place du marché.
Craon.	M. GOUSSÉ.
Château-Gontier	M. RAGARU, (Hôt[l] du Cheval-Blanc).
Ambrières . .	M. RAVÉ.

LAVAL : Entrepôt central, tenu par M. PEYRAS, agent principal du syndicat, qui est chargé de la réception et de la transmission des commandes aux fournisseurs.

Outre les engrais et les graines, l'entrepôt central tient toujours à la disposition des membres du syndicat, des tourteaux et du sel pour l'alimentation des animaux, et divers instruments perfectionnés : notamment des charrues Brabant-Doubles, des herses, des tarares, coupe-racines, hache-paille, pompes à purin, etc.

BULLETIN AGRICOLE DE L'OUEST

Chaque membre du Syndicat reçoit gratuitement, le 15 de chaque mois, *le Bulletin agricole de l'Ouest*, spécialement écrit pour les cultivateurs de la région.

Les membres du syndicat peuvent user de ce *bulletin* pour annoncer les produits qu'ils ont à vendre et demander ceux dont ils désirent faire l'acquisition. Ces annonces sont insérées gratuitement une fois.

Syndicat des Agriculteurs de la Mayenne

RÉUNION GÉNÉRALE

La réunion générale annuelle des Membres du Syndicat des Agriculteurs de la Mayenne aura lieu le samedi 21 janvier 1893, à 2 heures de l'après-midi. *Elle se tiendra à l'Entrepôt Central de Laval, situé au n° 48 de la rue Solférino.*

Syndicat des Agriculteurs de la Mayenne.

Le Syndicat des agriculteurs de la Mayenne a renouvelé les marchés pour la fourniture des engrais et des graines pendant la période comprise du 1er janvier au 30 juin 1893.

ENGRAIS. — Les prix des divers engrais sont les suivants :

Superphosphate minéral dosant au minimum 14 0/0 d'acide phosphorique soluble au citrate d'ammoniaque. 8 45 les 100 kil.

Nitrate de Soude dosant 15 à 16 0/0 d'azote :

En sacs d'origine non réglés.	25 09	—
En sacs réglés à 100 kil., sous double enveloppe.	25 59	—

Phosphate fossile des Ardennes passant entièrement au tamis n° 100 et dosant au minimum :

Acide phosphorique.		Phosphate de chaux.		
15 à 16 0/0	correspondant à	33 à 36 0/0. .	5 25	—
16 à 17	—	36 à 39 . .	5 50	—
17 à 19	—	39 à 42 . .	5 75	—
18 à 20	—	41 à 44 . .	6 »	—

Guano du Pérou dosant 17 à 19 0/0 d'acide phosphorique et 5 à 6 0/0 d'azote à. . . . . 19 » —

Phosphate de scories, mouture passant dans la proportion de 65 0/0 au tamis n° 100 et dosant au minimum 16 0/0 d'acide phosphorique, correspondant à 35 0/0 de phosphate de chaux tribasique à . . . . 5 65 —

Phosphate de l'Oise, mouture 80 0/0 passant au tamis n° 100 et dosant au minimum :

Acide phosphorique.		Phosphate de chaux.		
14 0/0	correspondant à	30 56 0/0. .	3 45	—
16	—	34,92 . .	3 80	—
18	—	39,29 . .	4 20	—
20	—	43,66 . .	4 50	—
22	—	48,02 . .	4 80	—

Phosphate de la Somme, dosant 40 0/0 de phosphate de chaux tribasique correspondant

à 18,31 0/0 d'acide phosphorique à.	4 05	—
Sulfate d'ammoniaque dosant 20 à 21 0/0 d'azote à.	29 70	—
Chlorure de potassium dosant 50 0/0 de potasse à	23 45	—
Sulfate de fer en petits cristaux à. . . .	6 25	—
Noir animal de raffinerie dosant 19 à 20 0/0 d'acide phosphorique correspondant à 40,33 à 43,66 0/0 de phosphate de chaux à.	12 50	—
Superphosphate de Guano pur dosant 0,25 à 1 0/0 d'azote et 16 à 18 0/0 d'acide phosphorique soluble dans l'eau à.	11 90	—
Phospho-guano organique de Bondy dosant 2 à 3 0/0 d'azote et 8 à 10 d'acide phosphorique à.	9 »	—
Plâtre tamisé en vrac, cru.	0 70	—
— — cuit.	1 »	—

Le plâtre cru ne sera fourni qu'en vrac.

Pour le plâtre cuit logé, sacs en location à rendre dans le délai de 15 jours, 0,20 en plus par 100 kilos.

Ces prix s'entendent pour marchandises rendues franco dans toutes les gares de la Mayenne et celles qui desservent le département, par wagons complets de 5,000 kil. sauf pour le plâtre, le superphosphate de guano et le phospho organique de Bondy, dont les frais de transport restent à la charge de l'acheteur.

Paiement à 30 jours sous 2 0/0 d'escompte ou à 90 jours sans escompte.

Nous rappelons quelques remarques faites dans le bulletin de juillet, par M. Léizour.

« Afin d'éviter toute confusion, les divers entrepôts ne tiendront à la disposition des syndiqués que du *phosphate fossile des Ardennes dosant au minimum 39 0/0 de phosphate de chaux tribasique*. Pour avoir ces engrais avec un autre dosage il faudra nous le commander directement. »

Il en sera de même pour les phosphates de la somme et de l'Oise ; les entrepôts n'en seront pas approvisionnés.

« *En raison des deux modes de paiement des engrais, il ne faut jamais oublier d'indiquer celui que l'on entend appliquer, lorsqu'on adresse une demande de wagon complet.*

Il est rappelé à MM. les membres du Syndicat que les entrepositaires ne sont tenus de livrer les engrais qui leur sont demandés par quantités de 1,000 kilos ou plus qu'à la condition d'avoir été avisés au moins *huit jours à l'avance* (Bull. n° 39, décembre 1891).

GRAINES. — Les prix des principales graines sont les suivants par kilo.

Trèfle violet, gros grains épuré, n°.	2 50
Trèfle blanc d°	2 55
Trèfle hybride	2 55
Luzerne du Poitou.	1 70
— de Provence	1 98
Minette	0 91
Vesce de printemps.	0 28
Betteraves diverses.	0 80
Carottes fouragères.	1 65
Chou branchu du Poitou	1 25

Chou moëllier blanc. 2 15
— moëllier rouge. 2 75
Rutabagas. 1 50
Navets. 1 50

Ces prix s'entendent pour marchandises prises sur wagon gare de départ. Dans les entrepôts ils seront majorés des frais de transport et de magasinage.

Les entrepôts habituels seront approvisionnés des graines ci-dessus, sauf les vesces, que nous ferons venir directement de chez le fournisseur, pour ceux qui nous en feront la commande, ainsi que les graines pour prairies naturelles.

G. PEYRAS.

Syndicat agricole de l'arrondissement de Chartres

FOURNITURES DE PRINTEMPS 1893

Résultats des adjudications des 17 décembre 1892 et 7 janvier 1893

Le Secrétaire du Syndicat donne avis que MM. les Membres de l'Association peuvent, jusqu'au **1er Juin 1893**, se procurer aux prix ci après les substances qui leur sont nécessaires.

Il est expressément recommandé d'envoyer les échantillons dans la huitaine de la prise de livraison.

La Chambre Syndicale, sise à Chartres, rue Régnier, n° 11 (café BORDIER, près des Halles), est ouverte au public tous les samedis, de 3 à 6 h. du soir.

	PRIX DES 100 KILOS	
	par 5 000 kil. et au-dessus.	au-dessous de 5.000 kil.
§ I. — Prix :		
1. *Superphosphates d'os.* — Le vendeur garantit qu'ils sont d'os pur, exempts de phosphates précipités ou de superphosphates minéraux. — Azote 1/2 à 1 0/0 ; acide phosphorique soluble à l'eau et au citrate 16 à 18 0/0, dont les 2/3 au moins solubles à l'eau	11 49	11 99
Adjudicataire : M. Linet.		
2. *Superphosphate minéral, soluble à l'eau et au citrate.* — Acide phosphorique soluble à l'eau et au citrate 14 à 16 0/0.	7 69	8 19
Adjudicataire : M. Linet.		
3. *Superphosphate minéral soluble à l'eau.* — Acide phosphorique soluble dans l'eau 14 à 16 0/0.	8 34	8 84
Adjudicataire : M. Linet.		
4. *Nitrate de soude.* — 15 à 16 0/0 d'azote. En sacs d'origine, poids brut pr net. .	25 45	25 95
Nota. Il ne sera pas fourni de sacs réglés à 100 k. net.		
Adjudicataire : M. Linet.		

5. *Sulfate d'ammoniaque.* — Exempt de cyanures, sulfocyanures, et sulfate de protoxyde de fer. — Azote ammoniacal 20 à 21 0[0	28 95	29 45
Adjudicataire : M. Lefebvre-Duhordel.		
6. *Phosphates de la Somme.* — 18 à 20 0[0 d'acide phosphorique. — Mouture impalpable	3 70	4 20
Adjudicataire : M. Linet.		
7. *Phosphates des grès verts (Ardennes-Meuse).* — 18 à 20 0[0 d'acide phosphorique. — Mouture impalpable.	5 25	5 95
Adjudicataire : Mme Vve Paul Desailly.		
8. *Scories de déphosphoration.* — Poudre impalpable. 16 à 18 0[0 d'acide phosphorique	5 35	5 85
Adjudicataire : M. Bompart.		
9. *Chlorure de potassium.* — Exempt de chlorure de magnésium. — Potasse 50 0[0.	22 85	23 35
Adjudicataire : M. Foucher.		
10. *Kaïnit.* — Dosant au moins 12 0[0 de potasse.	6 80	7 30
Adjudicataire : M. Lefebvre-Duhordel.		
11. *Sang desséché pur.* — 13 à 15 0[0 d'azote garanti exempt de toute matière azotée étrangère.	21 75	22 25
Adjudicataire : M. Bompart.		
12. *Corne torréfiée.* — 14 à 15 0[0 d'azote	22 »	22 50
Adjudicataire : M. Hurel.		
13. *Phospho-guano ordinaire.* — Dosant 3 0[0 d'azote nitrique et 12 à 14 0[0 d'acide phosphorique soluble dans le citrate. . .	14 70	14 40
Adjudicataire : M. Lefebvre-Duhordel.		
14. *Phospho guano surazoté.* Dosant 5 0[0 d'azote nitrique et 10 0[0 d'acide phosphorique soluble au citrate	13 90	14 40
Adjudicataire : M. Lefebvre-Duhordel.		
15. *Sulfate de fer.* — Menus sels . . .	6 70	6 95
Adjudicataires : MM. Monod et Voisin.		
16. *Sulfate de cuivre.* 98-99 0[0 de pur.	»	43 50
Adjudicataire : M. Lefebvre-Duhordel.		
17. *Sel dénaturé aux tourteaux pour bestiaux* (1)	5 »	5 75
Adjudicataire : M. Graziani.		

Nota. — Les paiements auront lieu à 60 jours de la date d'expédition et sans escompte, pour le sel dénaturé.

(1) Les demandes de sel dénaturé ne seront délivrées que sur la production d'un certificat demandé par la douane et ainsi conçu :

CERTIFICAT

—

SELS
POUR
L'AGRICULTURE
—

Nous, soussigné, maire de la commune d canton d arrondissement d département d certifie que M est cultivateur dans cette commune et que son exploitation agricole comporte l'emploi de kilog. de sel.

A le 189

Cachet de la Mairie : Sign. de M. le Maire :

AVIS IMPORTANT

Un dépôt ayant été créé à Chartres pour satisfaire aux oublis et aux commandes tardives, les engrais ci-dessus pourront à l'avenir être délivrés immédiatement, contre paiement comptant et avec une faible majoration pour frais de magasinage, en s'adressant à M. Mercier, comptable du Syndicat, tous les jours de la semaine (dimanches et fêtes exceptés et le samedi avant midi).

§ II. — **Tourteaux alimentaires.**

Le Syndicat se charge de la fourniture des différents tourteaux alimentaires, aux prix suivants sur wagons Marseille et par wagons complets de 5 000 kil. au moins :

Lin pur première qualité	18 15	les 100 kil.
Arachide décortiquée (1er choix pr nourriture).	16 10	—
Sésame blanc du Levant	14 25	—
Sésame blanc de l'Inde	13 25	—
Coprah pour vaches laitières, Ceylan.	14 75	—
id. 1re qualité.	13 25	—
id. qualité ordin.	12 50	—

Ces prix sont valables jusqu'au 30 juin 1893.

Adjudicataire : M. Boëry-Allier.

Paiements : à 30 jours 1 0[0 d'escompte, — à 60 jours 1[2 0[0 d'escompte, — à 90 jours sans escompte.

Plusieurs syndiqués peuvent se réunir pour la formation d'un wagon, de même qu'un wagon peut être composé de plusieurs espèces de tourteaux.

Pour les petites commandes, les membres du Syndicat pourront s'adresser tous les jours (les dimanches et fêtes exceptés et le samedi avant midi), chez M. Mercier, 4, place St-Michel, qui leur fournira au dépôt, la quantité de tourteaux qu'ils désireront, contre paiement comptant et aux prix fixés pour le détail. Des tourteaux broyés pourront être livrés au dépôt, aux personnes qui en feront la demande 8 jours à l'avance et qui enverront des sacs (1 sac par 100 k.). A défaut de sacs, il en sera fourni et leur prix sera ajouté à celui des tourteaux. Toutefois, ces sacs pourront être prêtés en location. à la condition qu'ils soient rendus sous huitaine.

§ III. — **Graines.**

Trèfle violet extra de pays	2 40	le kilog.
Trèfle blanc de pays.	2 45	—
Trèfle hybride de pays.	2 45	—
Trèfle jaune des sables.	1 79	—
Luzerne de pays, très rustique, gros grains, épur.	1 65	—
Luzerne de Provence, vraie, de couleur naturelle, épurée	1 90	—
Minette de pays	0 85	—

Betteraves. — Mammouth, ovoïde des Barres, champêtre, globe jaune, Tankard, de Vauriac, d'Allemagne, corne de bœuf . . . . 0 80 —
Carrotte fourragère. — Blanche collet vert . . . 1 50 —
Améliorée d'Orthe . . . . 1 60 —
Des Vosges. . . . . 1 60 —
Fourragère rouge longue, collet vert . . . 1 80 —

Transport à la charge de l'acheteur, de Paris en gare destinataire. Emballlage facturé au prix coûtant. Paiement à 30 jours.

Le Syndicat peut également fournir toutes graines pour prairies (graminées et autres) ; les prix en seront donnés sur demande adressée à M. Mercier, agent comptable du Syndicat.

Toutes les graines ci-dessus sont garanties absolument exemptes de cuscute (teigne).

AVIS TRÈS IMPORTANT. — La récolte d'un grand nombre d'espèces de graines étant limitée et inférieure à la demande, il peut arriver avant la fin de la saison que certaines graines soient épuisées et introuvables chez les producteurs sérieux ; c'est pourquoi les graines ci-dessus ne seront livrées que jusqu'à épuisement des approvisionnements.

Il est donc très à propos de ne pas attendre au dernier moment pour faire les demandes.

SYNDICAT DE CHARTRES

SAISON DE PRINTEMPS DE 1893

VINS

Le Syndicat donne avis qu'il peut, pendant la prochaine saison, fournir aux prix ci-dessous les vins naturels, garantis purs raisins frais, des provenances ci-après :

1° Vins d'Algérie

1° Vin rouge de Bône, à 42 fr. l'hectolitre.

2° Vin blanc de Bône, à 43 fr. l'hectolitre.

3° Vin rouge d'Aïn-Beda d'Oran, à 115 fr. la pièce de 220 à 225 litres. Recommandé. (Pour cette espèce, il n'y a pas de demi-pièce).

NOTA. — Tous ces prix s'entendent franco gare de l'acheteur; fût perdu, paiement à 90 jours de l'expédition.

Les vins d'Algérie seront livrés jusqu'au 1er avril seulement, à cause des chaleurs, sauf épuisement avant cette date.

Les commandes sont reçues dès maintenant.

2° Vins Français

VINS ROUGES DU GARD

	Récolte 1891		Récolte 1892	
	a pièce	la demi pièce	la pièce	la demi-pièce
1° Ordinaire....	95 fr.	50 fr. »	90 fr.	47 fr. 50
2° Montagne....	105	55 »	100	52 50
3° Saint-Gilles..	110	57 50	105	55 »
4° Costière extra	120	62 50	115	60 »

	Récolte 1890	
	la pièce	la demi-pièce
Saint-Gilles.	120 fr.	62 fr. 50
Qualité St-Georges	130	67 50

Vins blancs du Gard

Vin blanc sec nouveau 1892, la pièce 100 fr. ; la demi-pièce 52 fr. 50.

Vin blanc Picpoul 1891-1892, la pièce 130 fr. ; la demi-pièce 67 fr. 50.

Contenance de la pièce 220 à 225 litres, de la demi-pièce 110 à 112 litre, le tout franco gare de l'acheteur, fût perdu, paiement à 90 jours.

Vins rouges de Bordeaux

1° Bonnes côtes de Bordeaux, 1er choix, 1892. 140-160 fr. ; 1891 180-200 fr. la pièce de 225 à 228 litres.

(Prière de bien indiquer le prix qu'on a choisi).

2° Fronsac, 1er cru.	1890, 230 fr.	
3° Côte St-Christophe de St-Emilion.	1890, 250	1889, 300 fr.
4° Sables de Saint-Emilion	1890, 300	1889, 350
5° Saint-Estèphe.	1890, 350	1889, 400
6° Saint-Emilion et Haut Pomerol . .	1889, 400	1887, 500
id.	1887, 600	1884, 700

Vins blancs de Bordeaux

1° Petites Graves, la barrique de 225 à 228 litres,		1892, 130 140
id.		1891, 160
id.		1890, 180
2° Graves, 1er cru.	1891, 200.	1890, 230
3° Preignac-Sauternes.	1890, 250.	1889, 300
4° Barsac-Sauternes.	189[illegible], 350.	189[illegible], 400
5° Haut-Sauternes, 1890 450 ; 1889 500	1887, 600.	1884, 700

Le tout franco gare de l'acheteur, paiement à 30 jours 3 0/0 ou à 90 jours sans escompte. — Par 1/2 pièce et 1/4 de pièce, 5 fr. en plus pour logement.

3° Eaux-de-vie du Gard

Eaux-de-vie, type Béziers, 50 degrés.	0 fr. 80	le litre.
— de Marc, —	1 »	—
— pur vin. extra —	1 20	—

Le tout pris sur place, logé, en bonbonnes d'au moins 10 litres ou en fûts d'au moins 20 à 25 litres.

NOTA. — Les droits et le transport, environ 90 centimes par litre, sont à la charge de l'acheteur.

AGENDAS

Nous avons reçu l'agenda du *Progrès agricole* ainsi que celui de *Vermorel* pour l'année 1893.

Ces élégants carnets de poche, rédigés avec le concours de nombreux professeurs d'agriculture et de praticiens, contiennent beaucoup de renseignements précieux pour les cultivateurs, notamment sur :

Les surfaces, les cubes, les intérêts, sur la mécanique, la physique et la chimie, la géologie, sur les terrains, les engrais et amendements, sur la vigne, etc. Des renseignements généraux sur les postes et télégraphes, chemins de fer, secours en cas d'accident, etc.

Enfin l'agenda proprement dit avec date, mois et jours.

Le *Vermorel* est vendu 2 fr. 75 franco, à Villefranche (Rhône). Celui du *Progrès agricole* (agenda à deux jours la page) et calendrier du bon cultivateur, prix 2 fr. 25, à Amiens (Somme.)

Le Gérant, E. MOREAU.

Laval, Imp. L. Moreau.

6e Année Février 1893.  No 53

Ce Bulletin paraît le 15 de chaque mois.

BULLETIN AGRICOLE DE L'OUEST

Organe des Syndicats Agricoles
des départements du Finistère, des Côtes-du-Nord, du Morbihan, de la Loire-Inférieure, d'Ille-et-Vilaine, de la Manche, de la Mayenne, de Maine-et-Loire, de la Sarthe, de l'Orne, du Calvados, de l'Eure, d'Eure-et-Loir et de la Seine-Inférieure.

Publié sous la direction de :

H. LÉIZOUR, (✲ M. A.) (♀ A.)
Professeur départemental d'Agriculture de la Mayenne, Directeur du Laboratoire agronomique, Président du Syndicat des Agriculteurs de la Mayenne,

GAROLA, (O. ✲ M. A.) (♀ A.)
Professeur départemental d'Agriculture d'Eure-et-Loir, Directeur de la Station agronomique de Chartres.

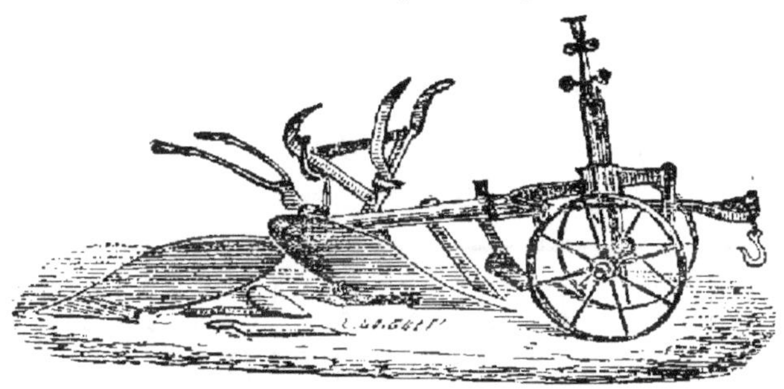

ABONNEMENTS

Les membres des syndicats adhérents sont abonnés gratuitement par leurs bureaux. — Pour les étrangers aux syndicats : **6 fr.** par an.

ANNONCES

De 1 à 4 annonces.	» **50c** la ligne.		De 8 à 12 annonces	» **30c** la ligne	
De 4 à 8 —	» **40c**	—	Au-delà de 12.	» **20c**	—

Le bulletin publiera gratuitement les offres et demandes des Syndicats abonnés.

AVIS. — Tout ce qui concerne la rédaction, les Annonces et les Abonnements, doit être adressé à M. LÉIZOUR, rue de la Filature, 1, à Laval.

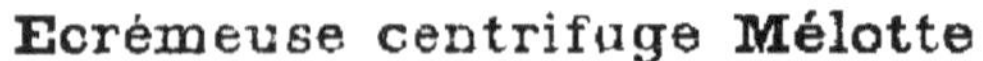

Ecrémeuse centrifuge Mélotte

200 à 300 *litres à l'heure. Force : une femme*

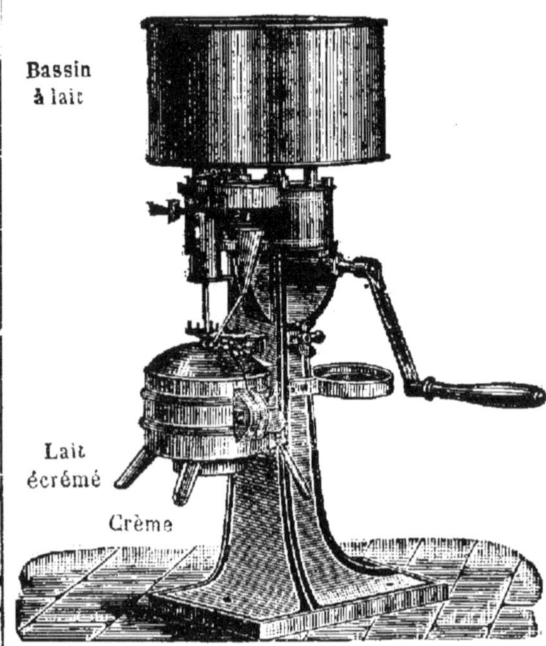

NOUVEAUX PERFECTIONNEMENTS

La plus légère, la plus facile à conduire, la plus puissante et la seule écrémeuse à **bras** pouvant réellement débiter **300 litres** avec le meilleur écrémage.

EDM. GARIN

Ingénieur Construct^r Mécanicien

(A CAMBRAI NORD)

SPÉCIALITÉ
d'installation complète de laiteries

ÉCRÉMEUSES CENTRIFUGES
à bras et à moteur

BARATTES, MALAXEURS

Pasteurisateurs centrifuges

BARATTES AÉROGÈNES
(Récente invention)

Machines à Vapeur

PRIX :

N° 1. . . . .
2. A bras, 200 lit^res à l'heure. 550 f.
2 *bis*. A bras, 300 lit^res à l'heure. 650
A moteur, en plus 26
3. A moteur, 320 lit^res à l'heure. 750
4. A moteur, 400 lit^res à l'heure. 950
4 *bis*. A moteur, 700 à 800 litres à l'heure . . . 1200

OFFICE DE LA VACHERIE

LAPORTE ET LEFRANC

PARIS — 93, boulevard Sébastopol, 93 — **PARIS**

VINGT-TROISIÈME ANNÉE

Choix de Vacherie dans Paris et banlieue depuis 5,000 francs jusqu'a 100,000 francs

Seule maison recommandée par les Chambres syndicales des laitiers-nourrisseurs

VACHERIE à céder **Paris, plein centre, après fortune,** maison ancienne, **situation exceptionnelle**, affaire facile à mener, **28 vaches**, premier choix, 1 seule voiture ; 450 litres vendus presque tout 50 centimes. Bénéfice an, 18.000 francs, justifiés par livres. On traitera avec 25,000 francs argent ou garanties.

Ecrire à MM. Laporte et Lefranc.

Tous les renseignements et démarches sont gratuits pour l'acquéreur

BULLETIN AGRICOLE DE L'OUEST

Syndicat des agriculteurs de la Mayenne

L'Assemblée générale du syndicat des agriculteurs de la Mayenne a eu lieu le samedi 21 janvier 1893, sous la présidence de M. Léizour Président.

Après lecture et adoption du procès-verbal de la dernière assemblée générale, le Président donne lecture de son rapport annuel sur la marche du syndicat.

Il rappelle les difficultés qu'il y avait à vaincre et le chiffre d'affaires de la 4e année (1888) qui s'élevait à 259.900 fr.

Pendant les quatre dernières années, dit-il, nos opérations se sont régulièrement accrues, malgré l'inclémence des saisons et les grandes misères qu'elle a engendrées et nous clôturons en 1892 par l'achat de 3.815.900 kilos d'engrais et tourteaux, ayant coûté 377.400 fr. Soit une augmentation moyenne annuelle de plus de 500.000 kil. dans les achats, correspondant à un chiffre d'affaires de 29.375 fr.

Les adhésions deviennent de plus en plus nombreuses, elles ont été de 319 en 1892. Malgré ces beaux résultats, il reste encore beaucoup à faire. Un grand nombre de cultivateurs ignorent encore notre existence, c'est à chacun de nous, dit M. le Président, à travailler pour l'œuvre commune, en recrutant de nouveaux syndiqués. Il invite également les membres à ne pas désertor le syndicat, ne serait-ce que momentanément, sous le prétexte illusoire d'un gain de quelques centimes par sac, car ils s'exposent toujours à avoir des engrais fraudés, à faire disparaître le syndicat et à se retrouver à la discrétion des marchands.

Après quelques mots sur la situation financière, M. le Président donne le compte-rendu de l'entrepôt central dont le chiffre d'affaires a été de 106.611 fr. 95 en 1892.

M. Fontaine Trésorier, donne lecture de son compte-rendu pour l'année 1892, d'où il ressort que la situation est prospère.

M. Léizour donne lecture du rapport de la commission chargée de la vérification des comptes du Trésorier et de ceux de l'entrepôt Central. Ce rapport établit la régularité des comptes et la réunion les approuve.

Concours départemental agricole. — En l'absence du Président du concours, M. Léizour, qui en était le secrétaire général donne un compte-rendu des travaux de la commission d'organisation.

Il expose les raisons qui ont fait que, malgré le succès que tout le monde a reconnu, ce concours n'a pas été ce qu'il aurait pu être. La commission a été amenée avec regret, à éliminer du programme, d'une part, les étalons et, d'autrepart, les catégories dans lesquelles les propriétaires eussent été admis à exposer des croisements durham et des animaux de races du pays.

L'absence de ces catégories a évidemment enlevé au concours une partie de son éclat. D'un autre côté, il sera peut-être nécessaire de modifier la date un peu tardive à laquelle il a eu lieu.

La biennalité et le déplacement du concours n'avaient pas été prévus par la commission et bien des dispositions déjà établies devront être modifiées, si le Conseil général ne consent à revenir sur sa décision.

Malgré les hésitations et l'époque tardive à laquelle le programme du concours a pu être publié, les exposants étaient au nombre de 194.

Après quelques mots de l'installation matérielle, du choix des membres des différents jurys, de quelques omissions de détail qui se sont produites, du nombre considérable des visiteurs du concours, M. Léizour termine par l'exposé des dépenses faites : argent distribué en primes, achat de médailles et de livres, frais d'installation, etc.

Il ajoute que les comptes de M. Peyras, trésorier du concours, ont été approuvés, après examen par la commission.

M. Rezé, vice-Président du syndicat propose le vœu suivant :

« La réunion :

« Considérant que le concours départemental de 1892 « a été très suivi, ce qui montre que les cultivateurs du « département sont disposés à profiter de ses enseigne- « ments :

« Considérant que le déplacement du concours pour- « rait être de nature à en diminuer l'importance, en

« l'écartant successivement des deux extrémités du dé-
« partement et en rendant par suite son accès plus diffi-
« cile :

« Emet le vœu que le concours soit annuel et, confor-
« mément à la demande d'un grand nombre d'exposants,
« qu'il soit maintenu à Laval ».

A la demande de quelques membres, il est procédé au vote séparé des deux propositions du vœu. La première, demandant que le concours soit annuel, est votée à l'unanimité. La seconde demandant que le concours ait toujours lieu à Laval, est adoptée à l'unanimité moins deux voix.

M. le Président du syndicat propose la nomination des membres de la commission du concours pour 1893. La question mise aux voix est adoptée. Sont élus : pour l'arrondissement de Laval : MM. Boissel, Perrot, Fontaine, Berthelot et Léizour, membres sortants.

Pour l'arrondissement de Château-Gontier : MM. Duboys Fresney, Rezé, Anquetil-Delisle, fils, Belsœur, membres sortants, M. Léonce Doisneau.

Pour l'arrondissement de Mayenne : MM. Gustave Denis, Bidault, Lambert, Coignard, membres sortants, M. le Duc d'Abrantès.

MM. Peyras, Méry et Masseron sont adjoints à cette commission.

L'assemblée procède ensuite au renouvellement des membres du bureau du syndicat : MM. Léizour, président, Perrot, secrétaire, Anquetil-Delisle fils et Lambert, vice-secrétaires sont réélus.

M. Léizour propose ensuite à l'assemblée l'admission des 319 nouveaux membres qui ont envoyé leur adhésion en 1892. A l'unanimité, l'Assemblée prononce leur admission.

M. de Robien propose à l'assemblée d'émettre le vœu suivant :

« Le syndicat des agriculteurs de la Mayenne émet
« le vœu que le Sénat, en votant la loi de finances, réser-
« ve le privilège des bouilleurs de cru, privilège qui inté-
« resse à un haut degré les producteurs de cidre de la
« Mayenne ».

M. Léizour dit que, persuadé que ce privilège a pour conséquence de propager l'ivrognerie dans les campagnes, il ne s'associera pas à ce vœu.

Le vœu mis aux voix est adopté.

Le rapporteur,
P. MASSERON.

Calcul des rations

Nous avons dit précédemment que la ration devait varier avec l'espèce et l'âge des animaux, et suivant le but que l'on poursuit.

Nous ne pouvons examiner tous les cas qui peuvent se présenter, il suffira de donner des exemples pour ceux qui sont les plus communs et d'indiquer la marche à suivre pour les autres.

Mais afin d'abréger les explications, il nous faut tout d'abord expliquer ce qu'il faut entendre par l'expression *relation nutritive* qui va revenir fréquemment sous notre plume.

Lorsqu'on rapproche la quantité de protéine contenue dans le lait avec celle des matières non azotées (crème et sucre de lait), on voit de suite qu'il y en a moitié moins, ou encore que pour 1 de protéine, il y a 2 de matière non azotée.

Le rapport 1/2 exprime si l'on veut la richesse relative du lait.

C'est ce rapport que nous baptisons du nom de *relation nutritive.*

Si donc nous constatons d'après les tables que la relation nutritive de l'herbe verte est 1/3, cela veut dire que l'herbe verte ne contient que 1 de matière azotée pour 3 de matière non azotée.

En opérant de même pour le foin nous trouverions que la relation nutritive serait 1/5.

Il suffit par conséquent de connaître la relation nutritive d'un aliment ou d'une ration pour savoir si cet aliment et si cette ration sont riches ou pauvres.

La relation 1/2 indiquera une ration riche, celle qui convient aux jeunes ; la relation 1/5, une ration pauvre, bonne pour les animaux adultes.

Ceci posé, nous pouvons maintenant donner quelques cas de rationnement.

1° *Rationnement des jeunes animaux. — Précocité.*

Lorsque les grands animaux domestiques vivent à l'état de nature, ce qui n'est pas rare, ils n'arrivent normalement à l'état adulte qu'à 5 ans. Autrement dit il leur faut 5 ans pour acquérir tout leur développement.

Ils consomment donc en pure perte pendant 5 ans l'aliment essentiel d'entretien. Si l'on chiffrait cette perte en argent, on en serait bien certainement effrayé.

Aussi les cultivateurs anglais ont-ils cherché à la diminuer dans la mesure du possible, en réalisant la précocité, c'est-à-dire en amenant leurs animaux au maximum de développement dans l'espace de 36 à 40 mois.

Par quels procédés? Tout simplement par une alimentation rationnellement composée dès le moment de la naissance.

Ration du jeune jusqu'à 6 mois.

La ration du jeune jusqu'à 6 mois, c'est normalement le lait de la mère tel qu'il sort de la mamelle. Aussi peut-on dire qu'avec une bonne laitière, jument ou vache, la réussite du jeune est assurée.

Mais dans notre pays, il est une considération dont il faut tenir compte : c'est celle du prix de revient.

Il est bien peu de cultivateurs qui aient à ce sujet fait des comptes suffisamment précis pour justifier leur manière de faire. Mais comme cette manière de faire est presque générale, il n'y a pas à aller contre. Elle consiste à ne donner aux veaux jusqu'à leur cinquième ou sixième mois que du lait écrémé.

Lorsque le beurre se vend cher, il est à croire que l'opération est suffisamment fructueuse pour qu'elle mérite d'être conservée avec une simple correction. Lorsqu'au contraire le beurre est à vil prix, il y aurait lieu d'examiner s'il ne serait pas plus fructueux d'écrémer moins. Lorsqu'il s'agit de faire des reproducteurs de choix, nous n'hésitons pas à dire que cela vaudrait certainement mieux.

Dans tous les cas, il est certain que le lait écrémé ne constitue pas pour les veaux une bonne nourriture. L'équilibre est rompu entre les éléments nutritifs.

Il n'est qu'un moyen de le rétablir : c'est d'ajouter au lait de la farine de lin, ou encore du tourteau de lin assez finement pour qu'il puisse faire bouillie.

De cette façon on peut ramener à 1/2 la relation nutritive de la ration. Nous avons vu que cette relation était celle du lait pur.

Sevrage.

Lorsque le jeune arrive à 5 mois, sa dentition est suffisamment avancée pour qu'il puisse brouter l'herbe verte.

La relation nutritive de l'herbe de prairie est de 1/3. Elle est donc voisine de celle du lait. Dans un mois à six semaines, le sevrage peut donc se faire très facilement et par transition insensible, sans pour ainsi dire que le jeune s'en aperçoive.

A défaut d'herbe, il faut donner au jeune un peu de foin, augmenter la dose de tourteau et adjoindre un peu de son.

Pour 100 kilos de poids vif, il faudrait à peu près :

750 grammes de bon foin.
3.000 — de betteraves ou carottes.
1.000 — de tourteau de lin, de colza, de germes de maïs.
500 — de son.

Avec cette ration, le jeune bovide ne cessera pas de grossir pendant l'hiver et sera en excellente condition pour profiter de la pousse de l'herbe au printemps.

Il va sans dire qu'il ne faudrait pas vendre un veau nourri dans ces conditions à un petit éleveur qui n'aurait que du foin à lui donner; il ne manquerait pas de dépérir bien certainement.

Comparez au contraire le veau ainsi nourri avec celui du petit éleveur voisin à l'âge de 2 ans ; il en est un qui vaudra le double de l'autre.

S'agit-il d'un jeune poulain. Au tourteau on devra substituer l'avoine, tout au moins pour les chevaux de sang, et y ajouter un aliment encore plus riche : des fèverolles concassées.

La ration pour 100 kilos de poids vif devrait donc ainsi s'établir :

750 grammes de foin.
2.500 — d'avoine.
600 — de fèverolle.

Pour les chevaux de trait, il n'y aurait pas d'inconvénient à remplacer 1,500 grammes d'avoine par un kilo de tourteau de germes de maïs et à supprimer la fèverolle.

Ces deux exemples de ration ne sont donnés qu'à titre d'indication. Suivant les ressources de la ferme, ou les cours du marché, on pourra faire toutes les substitutions qu'on voudra pourvu qu'on ne transgresse pas les principes que nous avons posés dans un précédent article sur l'équivalence des aliments.

Au fur et à mesure que le jeune animal avance en âge, il n'a plus besoin d'une nourriture aussi substantielle. La relation nutritive de la ration doit passer progressivement de 1/3 à 1/4.

On peut donc augmenter la proportion de foin et de racines, et au contraire diminuer celle des farineux.

Ration de vache laitière.

Le lait contenant une forte proportion d'eau, pour obtenir une abondante lactation, il faut absolument procurer une ration fortement aqueuse.

L'herbe verte de prairie remplit parfaitement cette condition. Elle possède en outre l'avantage d'avoir une relation nutritive étroite, voisine de 1/3. Elle est donc très nourrissante, et par cela même convient tout particulièrement aux mères qui n'ont pas atteint l'âge adulte.

A l'étable une ration de foin sec ne remplirait aucune de ces conditions; elle ne serait ni assez riche, ni assez aqueuse.

Il n'est qu'un moyen d'y introduire de l'eau en quantité suffisante, c'est de substituer à une partie du foin, soit des betteraves, soit des navets, des rutabagas ou des pommes de terre.

Cette substitution aura par contre l'inconvénient de la rendre encore moins nourrissante, la relation nutritive de 1/5 tomberait en effet à 1/6 ou 1/7.

Pour y remédier il est indispensable d'y ajouter un aliment fortement concentré. Le son, surtout les tourteaux de germes de maïs, de coton d'Amérique, d'œillette, sont tous indiqués.

Par 100 kilos de poids vif, il faudrait donc donner :

5 k.	»	de betteraves hachées et fermentées.
0	800	de trèfle ou de foin de prairie.
0	500	de paille de blé, ou de balles.
1	»	de son.
0	500	de tourteau de germes de maïs.

Pour une génisse pleine de 18 mois ou 2 ans, il y aurait avantage à remplacer le tourteau de germes de maïs par celui de coton d'Amérique qui est plus riche, ou encore de ne pas donner du tout de son, et de le remplacer par du tourteau de germes de maïs.

Exemple de Ration d'engraissement.

Par 500 k. de poids vif au début de l'engraissement.
5 k. » de foin de pré.
30 » de betteraves.
4 » de balles d'avoine.
2 500 de tourteau de colza.
0 350 de graine de lin.

A mesure que l'engraissement s'avance, la ration doit contenir une plus forte proportion de matières grasses; l'appétit d'ailleurs diminue. On ne donnera plus que 30 k. puis 25 k. de betteraves, et l'on portera la dose de tourteau à 3 k., puis 4 k., et on ajoutera même à la fin 1 k. de son.

Les tourteaux de lin et d'arachide peuvent remplacer celui de colza, si leur prix est plus avantageux.

Il resterait encore bien des détails à traiter pour terminer cette question si importante de l'alimentation du bétail, nous avons simplement voulu dans cette série d'articles donner les principes. Nous aurons occasion de revenir sur les questions que nous avons dû négliger pour ne pas être trop long.

G. Langlais.

(*Bulletin du syndicat de l'Orne*).

Culture du blé noir. (*Polygonum fagopyrum*).

Par E. VALLET, professeur départemental d'agriculture des Côtes-du-Nord.

Le *polygonum fagopyrum* tient de ses congénères, le *polygonum persicaria* et le *polygonum aviculare*, par ses exigences au point de vue climatérique d'une part, et sa rusticité, d'autre part. Sa semaille tardive (fin mai au 24 juin), son développement rapide, avec tige creuse et feuilles larges, spongieuses et étalées, sont les causes déterminantes d'une grande évaporation, d'où l'impérieux besoin d'un climat brumeux et pluvieux.

Ses racines fasciculées, nombreuses et puissantes, utilisent le peu d'engrais qu'elles trouvent dans les sols les plus ingrats.

Ces propriétés essentielles en font la plante qui symbolise la conquête des landes immenses de la Bretagne par la charrue.

Sa culture a décuplé depuis un demi-siècle, grâce à l'utilisation du noir animal d'abord, et ensuite à la découverte des gisements de phosphates minéraux. — L'aire de cette culture embrasse en Bretagne une surface de 328,220 hectares, dont 70.220 hectares pour les Côtes-du-Nord.

Le *polygonum fagopyrum* est classé dans le groupe des céréales comprenant les plantes granifères destinées à l'alimentation de l'homme. Cette classification, juste à ce point de vue, donne lieu à une comparaison préjudiciable à la culture du blé noir, en faisant oublier son rôle principal dans l'assolement ; en effet, cette culture s'intercale généralement entre deux blés ou un seigle et une avoine pour remplacer avantageusement la jachère morte (le guéret blanc), en permettant la destruction des mauvaises herbes et en favorisant la nitrification du sol tout en donnant une récolte rémunératrice avec un simple apport d'engrais phosphatés.

Si cette classification avait un véritable sens agricole, la question se poserait ainsi : Dans quelles conditions doit-on remplacer le blé noir par le seigle, le blé ou l'avoine ? — Or, lorsqu'on songe à supprimer une sole de blé noir, c'est pour étendre la culture fourragère soit par un trèfle, soit par des plantes sarclées, quelquefois par ces deux productions.

Il est même des cas où le blé noir ne peut être remplacé par aucune autre plante, parce qu'aucune ne répond aux facilités qu'il procure comme culture préparatoire économique du blé.

S'agit-il d'un défrichement de *lande* ou de *pâture*, quelle est la plante qui, comme le blé noir, permettra la préparation du sol jusqu'en juin, en donnant une récolte trois mois plus tard, récolte réellement rémunératrice ? Quelle est celle qui n'exigera à l'hectare, comme semence et engrais, que la modique somme de 40 francs au maximum ? Sans tenir compte de ces considérations, inutile même de songer au trèfle, cette légumineuse régénératrice de la fertilité du sol, sans laquelle l'épuisement devient inévitable ; sa culture ne peut être que le résultat d'une bonne préparation dûe à la culture préalable du blé noir suivi d'un chaulage ou d'une sérieuse application d'engrais calcaires marins. Dans l'ordre des plantes sarclées, les crucifères seules auraient quelques chances de réussir : rutabagas, navets, choux, par l'addition d'une généreuse fumure. Or, cette fumure manque toujours, la culture actuelle des racines fourragères étant déjà limitée par la production restreinte des fumiers. D'où, sur défrichement, tout assolement débute et débutera par la production du blé noir.

En culture courante le blé noir devient également indispensable dans l'assolement en sols granitiques de moyenne fertilité, que cet assolement soit triennal ou sexennal avec sole de trèfle. Dans le premier cas, il ne pourrait être remplacé que par la jachère pour le nettoiement des terres, ce qui serait une faute économique ; dans le second, son utilité se présente pour le même motif en s'intercallant entre deux céréales graminées, et en même temps, il permet d'établir une rotation assez longue pour le renouvellement de la culture du trèfle pour en assurer la réussite.

Il ne faut pas oublier que la substitution du blé noir par les plantes-racines ne peut s'effectuer qu'en créant un excédant de fumure, le blé noir n'exigeant que quelques sacs de phosphates, tandis que les plantes-racines ne peuvent donner de produits réellement rémunérateurs que par les fortes fumures. Cet excédent de fumure ne peut se créer dans la ferme que par l'accroissement de la sole de trèfle, par l'apport annuel d'une plus grande quantité de calcaire, but que poursuivent avec discernement tous les cultivateurs peu éloignés de la mer ou d'une gare, comme on peut le constater dans les cantons de Quintin, d'Usel, etc., où les cultures du trèfle et du rutabaga ont pris une extension considérable ; mais, il ne s'en suit pas que le blé noir ait disparu et doive disparaître ; ces plantes fournissent des excédents fourragers qui permettent aussitôt le défrichement des landes et des pâtures restées incultes jusqu'à ce jour faute d'une fertilité suffisante pour leur mise en culture, et le blé noir s'en empare pour maintenir la production des grains exportables dont la vente immédiate permet le paiement régulier du fermage, ce qui n'a pas lieu immédiatement par l'extension des cultures fourragères, dont la réalisation en espèces sonnantes est toujours à plus long terme.

En jetant un coup d'œil sur l'état actuel de la culture du Centre-Bretagne, il est facile d'entrevoir quels sont les progrès à réaliser avant de songer à réduire l'aire du blé noir. Je prends pour exemple une ferme moyenne étendue, aux environs de Moncontour (Côtes-du-Nord), en sol léger, de fertilité peu homogène, c'est-à-dire présentant comme toute cette contrée quelques champs assez bons et le reste médiocre. Cette ferme de 17 hectares se décompose comme suit : 3 hectares 1/2 soumis à l'assolement suivant (ce sont les meilleures terres) :

Rutabagas,	50 ares.	avec fumure.
Orge et trèfle,	50 —	avec 15,000k de tangue.
Trèfle (d'un an),	50 —	
— (de 2 ans),	50 —	
Blé,	50 —	
Vesces et chanvre,	50 —	avec fumure,
Avoine,	50 —	

Les terres moins fertiles (6 hectares) ne recevant pas de calcaire, mais simplement phosphatées, ne peuvent porter de trèfle et sont soumises à l'assolement suivant :

Guéret,	1 hectare.	
Blé,	1 —	fumure.
Blé noir,	1 —	phosphate.
Blé,	1 —	fumure.
Blé noir,	1 —	cendres.
Avoine,	1 —	sans engrais.

Ces assolements sont soutenus par 1 hectare de bonne prairie, 0 hectare 70 de médiocre, 1 hectare 1/2 d'ajoncs et 2 hectares de friches-pâtures ; enfin 1 hectare de choux, difficile à placer dans l'assolement, revient pendant une assez longue période sur le même sol. Ce total est complété par les cours, chemins, jardins, haies et forrières. Cette ferme représente donc bien la moyenne de la culture de cette immense contrée, où le blé noir figure pour une surface égale à celle du froment.

Le premier assolement représente l'agriculture progressive avec accroissement de fertilité par la production du trèfle ; le second maintient le *statu quo* désespérant des landes et des friches.

Pour transformer ce dernier assolement il suffit de défricher un hectare de pâture, puis de remplacer une sole de blé noir par un trèfle, avec le concours de calcaire appliqué à la culture du blé. Cette sole de blé noir sera transportée sur le défrichement, d'où aucune réduction de cette culture par l'introduction du trèfle, qui pourra même être conservé un an de plus pour créer un excellent pâturage, en défrichant, l'année suivante, le dernier hectare de friche restant, pour ne causer aucune modification dans les autres cultures. Pour réaliser cette heureuse transformation, il suffit d'introduire chaque année dans la ferme une nouvelle dose de calcaire, soit : 40 hectolitres de chaux ou 20 mètres cubes de sable coquiller ou 40,000 hectolitres de vase de mer (tangue), le choix dépendant des frais de transport causés par l'éloignement de la ferme à la grève ou de la gare la plus proche. Enfin, la troisième ou quatrième année de cette transformation, dès que ces excédents de fourrages auront fourni un stock suffisant d'engrais pour la production des racines fourragères, l'hectare de guéret disparaîtra à son tour pour faire place au rutabaga.

Lorsque ce problème agricole, qui a pour but la production progressive et simultanée du blé et des animaux, sera résolu dans toute la Bretagne, ce qui demandera un bon siècle, le blé noir sera encore loin de disparaître, vu les services qu'il rend dans l'alimentation de la ferme et comme plante exportable. Enfin, sa production ne peut-elle pas être augmentée ou rester stationnaire, même en diminuant les surfaces par le perfectionnement cultural et le choix judicieux des engrais ?

En effet, cette céréale n'est-elle pas la plus économique de l'alimentation de l'homme ? Sa farine ne demande que quelques heures de préparation et pour tout ustensile une jatte de bois ; sa panification, sous forme de galettes, n'exige qu'un galetier et quelques brindilles d'ajoncs. Un peu de lait complète cette nourriture, qui forme la base de l'alimentation de la ferme. Quoi de plus frugal ? Le blé noir ne disparaîtra qu'avec le dernier des descendants des Celtes, c'est-à-dire jamais.

N'oublions pas non plus que sa fleur, avant de former le grain tant désiré, nourrit pendant près de deux mois l'infatigable abeille, dont les 72,000 ruches donnent un produit annuel de 356,000 kilos de miel et 95.000 kilos de cire, soit pour le département des Côtes-du-Nord une valeur de 720.000 francs, dont un tiers doit être porté à l'actif de cette culture.

Le blé noir donne lieu à une exportation considérable, non-seulement vers Paris, pour la nourriture de la volaille, mais vers la Hollande, où l'industrie en extrait un alcool bien supérieur à celui de la betterave. Il est évident que si ces distilleries existaient en Bretagne, elles auraient l'avantage de soutenir les prix qui descendent souvent très bas, et de fournir pour l'engraissement du bœuf un complément de nourriture économique. Cette industrie est lucrative tant que les prix n'atteignent pas 14 francs les 100 kilos, mais il est reconnu que ce prix atteint (ce qui est la moyenne depuis vingt ans, la drèche devient le seul bénéfice net. Une distillerie de moyenne importance peut utiliser par jour 4.000 kilos de blé noir fournissant de 12 à 13 hectolitres d'alcool et 210 hectolitres de drèche. Cette drèche se vend 0 fr. 50 c. l'hectolitre dans le Nord.

Les variations des prix ont seules arrêté tous les projets de création d'usines en Bretagne, les oscillations ayant varié entre 10 et 20 francs les 100 kilos, suivant les années. Il y a peu d'espoir que cette situation se modifie, que les prix s'immobilisent comme ceux du blé, par la raison que cette culture est tout-à-fait armoricaine et non universelle, c'est-à-dire relativement restreinte ; cependant, le seigle peut venir au secours du blé noir dans les mauvaises années et éviter un chômage désastreux.

Il faut encourager la culture du blé noir, non pour en augmenter ou en maintenir la surface, cette culture s'imposant en Bretagne d'une façon indiscutable, comme nous venons de le démontrer, mais en lui assurant un rendement plus élevé, par :

1° Une préparation rationnelle ; 2° un choix judicieux de la semence ; 3° des engrais appropriés à cette culture.

A. Le mode de labour le plus répandu pour la préparation du blé noir est le billon de 4 raies, formant une convexité peu accusée. Le travail est lent, minutieux, généralement excellent au point de vue du nettoiement du sol. Son défaut est d'exiger beaucoup de bras, mais la main d'œuvre disponible à l'époque fixée pour cette préparation (mai), ne manque pas dans la ferme. Voici toute la série de travaux exigés par cette culture :

a. — Labour en février ou mars, c'est-à-dire dès que l'état du sol le permet. Ce labour consiste en un guéret de billons de 4 raies.

b. — Fermeture du labour *au croc*, en hachant les plus grosses mottes et recouvrant les parties enherbées pour qu'elles meurent le plus possible. Ce travail se fait quelquefois à la herse.

c. — Décharruage en mai. Ce travail consiste à faire des joints de deux raies.

d. — Houtage. C'est-à-dire pulvérisation à la houe à

main de ces joints et du frayon laissé pour couvre-joints, et rejet à la surface de toutes les mauvaises herbes triées à la main. — Si le temps est au sec, ces herbes meurent ; si le temps est pluvieux, il est souvent impossible, malgré les coups de grippe (rateau) répétés, de les préserver de toute reprise due au contact du sol humide. — Les agrostis, la renoncule, l'achilée-millefeuilles se dessèchent rapidement ; mais il est une plante adventice de nos terres légères dont les stolons sont très résistants, c'est la *corde* (houlque molle) qui demande toute une période de temps sec avant d'avoir perdu toute faculté de reprise. Par ce procédé, on réussit à réduire les mauvaises herbes, à les purger à tout jamais du sol, mais on a une chance d'insuccès qui, malheureusement, se répète trop souvent. Vaudrait mieux mettre ces mauvaises herbes en tas pour en faire un compost dont la chaux enlèverait toute vitalité.

e. — Epandage des engrais, cendres, phosphates ou scories à la volée, ainsi que la semence.

f. — Recouvrement des *joints* par deux traits de charrue, refendant en sens opposé le *frayon*, et formant de légers couvre-joints, recouvrant semence, engrais et mauvaises herbes desséchées destinées à servir d'engrais.

g. — Coup de grippe (rateau) pour régulariser les couvre-joints.

Ce procédé de culture est modifié dans certaines fermes par l'emploi du brabant double (labours à plats) avec emploi du semoir en lignes, répartissant engrais et semence. Nous l'avons vu réussir dans le canton de La Chèze. Il est en usage dans la commune de Plumieux, grâce à l'initiative d'un agronome distingué, le fermier de Kéranna, lauréat du concours régional de Saint-Brieuc, en 1891. Le travail est plus rapide, l'engrais mieux réparti, les tiges du blé noir mieux éclairées, d'où plus fortes, plus résistantes, et fructification plus assurée.

Enfin, un nouveau mode d'opérer, expérimenté par M. Limon dans notre champ d'expériences de Malabri, en Saint-Brandan (Côtes-du-Nord), nous a fourni une végétation remarquable. Le travail préparatoire fourni par trois labours suivis de hersage est complété finalement par un roulage ; l'épandage des engrais phosphatés (550 kil. de scories, 15/17 pho⁵) et la semaille (30 kil. à l'hect.) viennent ensuite, et le recouvrement très léger

(0^m03), est exécuté au moyen de la déchaumeuse Bajac, à 4 corps. Ce procédé offre l'avantage de supprimer la main-d'œuvre et d'enfouir régulièrement la semence à la même profondeur, comme avec le semoir, et, en outre, par le roulage, de présenter une terre comprimée au-dessous de la semence, ce qui active la capilarité et favorise la levée ; enfin, au-dessus, comme couverture, une légère couche de terre bien meuble, servant de modérateur à l'évaporation pour conserver la fraicheur du sol. — Ce procédé est donc une amélioration sensible à introduire dans cette culture.

B. — Le choix de la semence ne préoccupe pas assez le cultivateur qui, trop souvent, se contente de ce qu'il a sous la main. Cependant, ce choix peut déterminer une vraie révolution, comme nous pouvons le prouver par un fait qui mérite d'être signalé :

Depuis vingt ans, dans les Côtes-du-Nord, la production s'est modifiée par l'introduction d'une variété à grain arrondi, à rendement plus élevé que l'ancienne, connue sous le nom de blé noir de Conlie (blé noir argenté). Son apparition et sa vulgarisation sont dues à l'intelligente perspicacité d'un mobilisé des environs de Quintin, de retour du fameux camp de Conlie en 1871. La recherche des meilleures variétés de blé noir n'est-elle pas à encourager ?

C. — Si l'on recherche l'action des engrais employés, on reconnaitra que les engrais azotés ne sont favorables qu'à la production de la paille, et déterminent généralement la verse. La nitrification du sol produite pendant tout le printemps étant suffisante pour fournir l'azote nécessaire à la récolte, inutile donc d'employer les engrais de ferme ou les engrais chimiques azotés. — La chaux, sans être nuisible, n'est pas favorable à la production du grain, pas plus que les engrais potassiques. Il suffit de se reporter aux résultats obtenus dans nos champs d'expériences pour s'en convaincre, exemple les expériences faites aux Châtelets l'an dernier. — Les résultats obtenus cette année à Malabri, où nous expérimentons les calcaires, chaux, tangue, sable coquiller et les phosphates, ont été même négatifs à leur endroit, les rendements étant moindres que dans la parcelle témoin. Cette diminution peut être attribuée, il est vrai, non aux calcaires, mais à une tempête qui, au moment de la floraison, a ployé toutes les récoltes par le milieu, d'où un arrêt d'autant plus préjudiciable que la tige était plus tendre, plus grasse, comme le présentaient les parcelles amendées par le calcaire. — Voici, du reste, les résultats :

Parcelle témoin,	grain	2.608 k.
Sur sable coquiller,	—	1.953
Sur vase de mer,	—	2.368
Sur chaux,	—	2.123
Sur phosphates,	—	2.283

L'acide phosphorique, au contraire, est d'une nécessité absolue, l'expérience faite aux Châtelets, en Ploufragan, en 1890, précise son action et la quantité nécessaire pour obtenir un maximum : Sur défrichement d'une lande séculaire, nous avons obtenu les résultats suivants :

Parcelle témoin,	grain	372 k.	à l'hectare.
Avec 200 k. de phosphates,	—	2.464	—
— 400 —	—	2.912	—
— 600 —	—	3.986	—

Avec 800, 1.000, 1.200 et 1.400 k., verse plus ou moins accusée et diminution de récolte.

D'où, 100 à 120 k. d'acide phosphorique tribasique ou phosphate des Ardennes suffisent dans ces terres humifères pour produire un maximum de récolte de blé noir. Cette quantité peut être abaissée si cet acide phosphorique se trouve sous un état plus assimilable, comme dans les superphosphates et phosphates métallurgiques Thomas, 60 à 70 kilos ; elle doit être augmentée au contraire, si l'acide phosphorique devient moins assimilable, soit par le fait d'une mouture imparfaite, soit d'une constitution cristalline (phosphate de la Somme), ou de la présence du carbonate de chaux comme matière complémentaire du phosphate (phosphate de l'Oise). La valeur commerciale de l'acide phosphorique est donc basée sur le pouvoir d'assimilabilité plus ou moins prompte des phosphates. — Cependant, sa valeur agricole est loin de suivre cette loi dans les terres nouvellement défrichées ou très riches en humus, qui en réalité deviennent un puissant réactif, favorisant l'assimilabilité des phosphates réputés les plus réfractaires. Cette assimilabilité est en outre secondée par la puissance des racines du blé noir, d'une avidité extrême pour les phosphates, ce qui s'explique par la richesse de la paille en acide phosphorique (trois fois celle de la paille de blé), exigence qui doit être satisfaite pour que la fleur soit dans les conditions les plus favorables à sa fructification. On sait, d'autre part, que les superphosphates, comme les cendres végétales, hâtent la maturation. Ces engrais devront être préférés pour les semailles *tardives* dont la maturité peut être compromise par les *gelées précoces* d'automne dans tout le Centre-Bretagne.

L'action des phosphates se fait sentir, non-seulement sur la quantité, mais également sur le poids du grain, c'est-à-dire la qualité. Ainsi, dans l'expérience de Malabri, citée plus haut, le poids de l'hectolitre est plus élevé dans la parcelle phosphatée à haute dose au début de notre assolement, il y a 6 ans, quoique toutes les parcelles aient reçu cette année une dose de 550 kilos de scories 15/20, à l'hectare, dose assez forte pour déterminer l'accident dont nous avons parlé, par l'effet d'un développement exagéré de végétation ; c'est ce qu'il y a toujours à craindre avec les phosphates de scories, employés dans les sols très riches en humus, et ce qui explique que les phosphates moins assimilables, comme ceux des Ardennes, voire même ceux de la Somme, tout en donnant moins de paille, produisent finalement dans ces terres des rendements quelquefois supérieurs. — L'hectolitre pesait :

Sur parcelle témoin,	65k.346
— sable coquiller,	64 934
— vase de mer,	65 346
— chaux,	65 346
— phosphates,	65 758

L'action bienfaisante des phosphatages précédents se fait donc sentir d'une manière éclatante.

La culture du blé noir doit être encouragée dans sa production pour en élever le produit. Elle ne peut diminuer ou disparaître que dans les fermes de faible étendue, où la culture intensive poussée à l'extrême a pour dominante la culture des racines fourragères, ce qui est et sera malheureusement toujours l'exception. L'accroissement de rendement progressif de cette polygonée est dû surtout à la création de nos syndicats, qui ont permis l'achat d'excellents engrais phosphatés à des prix de plus en plus réduits. Il est fâcheux de voir encore nombre de propriétaires fonciers se désintéresser de cette question d'association, laisser dans l'isolement leurs fermiers au lieu de les grouper, croyant avoir rempli tous leurs devoirs de *maîtres* dès qu'ils ont touché leurs fermages. S'ils ne sont pas toujours bien payés, à qui la faute ? Nous sommes tentés de dire : *C'est bien fait.*

Le sol et le sous-sol.

La science agrologique qui étudie les propriétés des terres arables distingue assez confusément les deux couches appelées sol et sous-sol, conventionnellement séparées pour des raisons démonstratives. Les plantes moins méthodiques, ne connaissent guère cette ligne de démarcation théorique ; elles puisent alternativement ou simultanément dans l'un et dans l'autre, suivant les circonstances, les matériaux nécessaires à leur existence. La profondeur à laquelle pénètrent les racines de nos plantes cultivées dépasse de beaucoup celle qu'on pourrait supposer ; c'est ainsi que des agronomes distingués ont constaté que la betterave, dans une terre meuble, envoyait ses racines jusqu'à 2^{m}50 de profondeur, la luzerne à 2^{m}65 et le blé à 1^{m}09.

On ne saurait donc nier toute l'importance du sous-sol au point de vue cultural, bien qu'il échappe au travail, aux fumures et autres améliorations qui peuvent être apportées au sol proprement dit par le cultivateur. Le sous-sol ne renferme pas seulement les engrais du sol entraînés par les eaux, tels que les nitrates, les sels de chaux ; ont doit surtout le considérer comme étant le grand réservoir de l'eau nécessaire à la végétation pendant la saison chaude et sèche ; les expériences de MM. Lawes et Gilbert, à Rothamsted, ont démontré la véracité de ce fait. Les terres profondes, qui ont un sous-sol épais et perméable, sont donc capables plus que toutes les autres, d'entretenir une bonne végétation pendant les moments de sécheresse.

La qualité d'un sol, on le voit, est intimement liée à la nature et à la profondeur de son sous-sol. Une terre légère sur sous-sol imperméable demandera à être améliorée par le drainage à moins que la déclivité du terrain ne permette un écoulement naturel des eaux ; la nécessité du drainage s'imposera même d'une façon évidente si au lieu d'une terre légère on a une terre forte sur ce même sous-sol imperméable. Si, par contre, on a affaire à un sous-sol perméable sur lequel repose un sol léger on devra craindre les années sèches ; mais si, au lieu d'être léger, ce même sol est froid, on a une terre qui réunit les conditions les plus avantageuses et qui possède la qualité des prairies normandes où l'excès d'humidité disparaît en même temps qu'il est apte à conserver la fraicheur désirable pour le maintien d'une bonne végétation.

Les sols arables renferment principalement en des proportions variables, trois éléments minéraux qui sont : l'*argile*, le *sable* et le *calcaire ;* on y rencontre en plus une certaine quantité d'*humus* ou matière organique qui provient de la décomposition de débris végétaux ou animaux. Suivant que l'un de ces éléments joue un rôle prédominant sur les autres on a des terres argileuses, sableuses, calcaires ou humifères qui participent aux avantages et aux inconvénients de la matière en excès. On regarde la terre franche comme étant la plus parfaite ; elle renferme 20 à 30 p. 100 d'argile, 50 à 70 p. de sable, 5 à 10 p. 100 de calcaire pulvérulent et 5 à 10 p. 100 d'humus. C'est par les amendements qu'il sera possible de corriger le défaut des sols qui contiendraient un de ces éléments en moindre quantité par l'apport de la substance manquante.

Il est certaines propriétés importantes des terres que le cultivateur ne doit pas ignorer car elles sont, pour la plupart, capables de maintenir la fertilité. Une des premières, est celle qui consiste à la maintenir homogène dans sa composition malgré l'action de l'eau ; sans elle les matériaux constitutifs se superposeraient par ordre de densité et l'équilibre des éléments qui doit exister dans toute terre serait rompu et la fertilité diminuée. Une seconde propriété de la terre arable a été désignée sous le nom de *pouvoir absorbant*. C'est elle qui fait que la terre retient pour les garder les substances contenues et dissoutes dans l'eau qu'elle laisse filtrer ; les engrais principalement retenus ainsi, sont : l'ammoniaque, l'acide phosphorique et la potasse, qui sont des éléments de fertilité par excellence. Certains cependant ne sont point retenus ainsi, tels sont : les composés de l'acide nitrique et les sels de chaux qu'on retrouve dans les eaux de drainage. C'est pour cette raison que les nitrates et la chaux ne doivent être administrés comme engrais qu'au moment de la période active de la végétation.

Achille Magnien,

Chef des cultures horticoles à l'École nationale d'Agriculture de Grignon.

Encore un nom nouveau. — Les voleurs continuent.

Il s'agit aujourd'hui d'une substance fantaisiste dont l'historique serait bien triste à rappeler devant un assez grand nombre de personnes de notre région. Qu'est-ce encore que cette matière! Que peut bien être ce produit-là? vont se dire une partie de nos lecteurs. Nous croyons prudent de taire ici son nom pour ne pas nous attirer de désagréments, car nous sommes en présence d'une bande noire composée de gens rusés qui savent voler les cultivateurs tout en s'ingéniant à rester inattaquables [1].

Mais si nous ne pouvons donner le nom par écrit, on ne nous empêchera jamais de dire ce que nous pensons de tels produits à nous autres cultivateurs, qui n'avons pas le moyen de faire de fausses manœuvres.

Ce que disent les vendeurs. — Ils abordent toujours indirectement la question, parlent de la pluie et du beau temps, des misères de l'agriculture, font des compliments et des flatteries à ceux qui les écoutent. Puis simulant un départ, reviennent en disant : Ah! j'ai quelque chose à vous offrir, écoutez-moi mes amis, c'est une substance merveilleuse pour la santé, pour l'*hygiène* et l'engraissement. Distribuée aux animaux à raison d'une petite poignée (ils indiquent des quantités précises, un gramme pour une poule) régulièrement à chaque repas fait changer leur aspect à vue d'œil. Les chevaux ont plus de force, les vaches ont plus de lait, les bœufs, porcs, moutons, volailles engraissent d'une façon surprenante. Enfin c'est la force, la vigueur et la prospérité à la ferme. Tout le monde devrait en avoir! — (A les entendre les animaux pourraient vivre et grossir avec cette petite poignée et... presque rien avec).

Qu'est-ce qu'il coûte ce produit merveilleux? Ah dame, c'est un peu cher, mais songez donc... c'est si bon et malgré tous les avantages que possède notre produit on ne le vend que *quatre francs le kilog.* (en paquets soignés comme en pharmacie).

1. Nous croyons savoir qu'à ce sujet un procès est intenté à Laval et nous espérons bien qu'une condamnation sévère sera le résultat de tels exploits.

Avant de croire sur parole ces messieurs d'aspect charmant et généreux à l'occasion, la réflexion est une bonne chose. Il est des cultivateurs qui n'ont pas besoin de réfléchir pour remercier leurs offres... de service, ceux-là ont raison, mais il en est encore trop confiants et inquiétés par la pénurie des fourrages, qui s'y laissent prendre, ou qui pourraient s'y laisser prendre, c'est à ces derniers que nous conseillons de méditer sur les points suivants :

Y a-t-il une matière, fût-ce de l'azote en bâtons, qui vaille 4 fr. le kil. pour la nourriture rationnelle des animaux? Non il n'y en a pas! La C.... (j'allais dire son nom) loin d'être aussi riche en azote, produirait de la viande à 20 fr. le kil. pour la vendre 1 fr. 20, du lait à 3 fr. le litre pour le vendre 3 sous, où serait le bénéfice?

Pour s'en convaincre il suffit de jeter les yeux sur l'analyse suivante faite sur la demande de braves gens attrapés. Nous donnons simplement les *matières nutritives*, celles que l'animal est susceptible de digérer et de s'assimiler pour produire soit travail, lait ou viande. Ce ne sont pas des paroles flatteuses qu'il faut pour cela, la balance du chimiste ne leur trouve pas de valeur alimentaire. — Nous donnons en outre comme comparaison un dosage de tourteau soit par exemple le coprah, que tout le monde connait.

Matières nutritives.	Dosage de la précieuse substance vendue 400 fr. les 100 kil.	Dosage du tourteau de Coprah valant 16 fr. les 100 kil.
Matières azotées.	9,37 0/0	24,02 0/0
Graisse brute.	4,20 »	9,44 »
Phosphate de chaux.	1,40 »	2,45 »

C'est donc un simple mélange farineux, possédant à peu près la richesse du son, qui ne saurait avoir tant de propriétés merveilleuses et ce qui ressort de plus clair de cette analyse comparative, c'est que 1 kil. du tourteau valant *0 fr. 16* produira sensiblement le même effet que 2 kil. 500 du produit en question qui reviendraient à *Dix francs*; c'est en conséquence une matière vendue plus de *soixante-deux fois sa valeur* alimentaire. Elle contient bien du sel. Elle est salée, même très salée (17 0/0) la C... ! C'est une bonne substance que le sel pour les animaux : mais enfin on peut se procurer le sel dénaturé à 6 fr. les 100 kil.

Disons en terminant que ceux qui ont des ouvrages vétérinaires peuvent trouver à la fin de ces livres dans la pharmacopée vétérinaire, des formules de *Provendes* et *Condiments* nourrissants, excitants, raffraichissants, etc., qu'ils pourraient faire eux-même, ça leur coûterait moins cher qu'en les achetant aux chevaliers d'industrie qui les copient plus ou moins et les font passer pour des merveilles à coups de grosse caisse.

P. MASSERON.

Les bestiaux tuberculés.

M. Nocard, professeur à l'Ecole vétérinaire d'Alfort, poursuit avec un zèle infiniment louable des recherches sur la tuberculose des animaux de l'espèce bovine ; il signale les progrès dangereux de cette affection, et la nécessité d'en recourir aux moyens de la prévenir, nous ne disons pas de la guérir.

Il n'y a d'autre remède que l'immolation des animaux atteints.

D'après M. Nocard, la tuberculose sévit gravement sur les bestiaux, dans tous les états du nord de l'Europe, et on a recours aux mesures les plus énergiques pour la combattre. En France, la tuberculose fait des ravages très redoutables dans plusieurs régions, notamment en Bretagne, en Champagne, dans la Nièvre, dans le Béarn, en Haute-Garonne, etc. A Toulouse, notamment sur 13 mille animaux abattus en 1890, près du dixième étaient tuberculeux et la plupart des animaux tuberculeux étaient abattus dans les villages d'alentour pour échapper à la surveillance du service vétérinaire.

La tuberculose ne tue pas toujours les animaux, mais elle les fait maigrir ; elle tarit le lait des vaches laitières et elle les rend stériles, ou infecte de son virus leur progéniture.

Il est donc d'un intérêt général de premier ordre de s'attacher aux mesures préventives à prendre pour combattre ce fléau.

M. Nocard, on le sait, propose comme le seul moyen efficace connu, l'*inoculation* des bêtes bovines avec la *malléine*. Cette inoculation n'est pas un remède curatif ; elle sert à discerner les animaux atteints, avant l'apparition de tout signe extérieur, et à les séquestrer pour préserver les autres.

Tous les éleveurs sont vivement intéressés à défendre leur bétail et leurs chevaux contre un tel fléau.

Nous engageons nos lecteurs à faire leur profit des indications de M. Nocard.

Les épizooties en France

Le ministère de l'agriculture vient de publier le bulletin sanitaire du service des épizooties pour le mois de novembre 1892.

Treize départements, d'après les rapports des vétérinaires délégués, n'ont eu aucun cas de maladie.

La péripneumonie contagieuse a été signalée dans cinq départements : Le Nord, le Pas-de-Calais, la Somme, la Seine et la Loire. 49 étables ont été contaminées. Le Nombre des animaux abattus comme atteints est de 134 ; celui des animaux inoculés comme contaminés est de 429. Le département de la Seine (étable des nourrissons) figure pour 102 animaux abattus et 290 contaminés.

La fièvre aphteuse continue ses ravages. On signale 2.248 étables contaminées.

La Seine-Inférieure vient en tête avec 448 étables réparties entre 116 communes ; le Nord vient ensuite avec 336 étables réparties entre 137 communes ; le Pas-de-Calais, la Somme, les Ardennes, la Meuse, Meurthe-et-Moselle viennent ensuite avec un nombre d'étables contaminées supérieur à 100.

La gale du mouton n'a été signalée que sur 13 troupeaux. La clavelée sur 20 troupeaux de la région méridionale. La fièvre charbonneuse a été signalée sur 55 écuries, étables ou paturages. Le charbon symptomatique a été signalé dans 76 étables. 90 chevaux ont été abattus pour morve ou farcin.

Des cas de rage ont été signalés dans 85 communes appartenant à 30 départements. 138 chiens et un chat ont été abattus ainsi que 7 bêtes bovines.

G. M.

Usage du sel pour les animaux

Les Anglais font énormément consommer de sel à leurs bestiaux.

Voici les rations habituelles :

170 gr. par jour pour un cheval.
180 — un bœuf à l'engrais.
115 — une vache à l'engrais.
85 — un veau d'un an.
25 — un veau de six mois.
14 — un mouton.
35 — un porc.

Une autre méthode pour les animaux à l'étable ou à l'écurie est de mettre à leur portée un morceau de sel gemme ou du sel dans un sac de toile pas trop serrée.

La conservation des pommes de terre

Réponse à M. P. D.

Nous arrivons à l'époque où la conservation des pommes de terre devient un problème ardu.

Par un phénomène physiologique qui se manifeste à une époque plus ou moins avancée, suivant les conditions de température, de lumière et d'humidité, les bourgeons partent, se développent aux dépens de la substance du tubercule et ne s'arrètent dans leur croissance qu'après avoir complètement épuisé cette réserve. Dès que les germes ont atteint quelques centimètres de longueur, la pomme de terre se ride, s'amollit et prend un goût sucré qui la rend peu propre à la consommation. De là des pertes souvent fort sensibles. Comment les éviter ?

Pour cela, deux moyens se présentent : 1° mettre obstacle à la germination des pommes de terre en les plaçant dans un milieu défavorable au développement des bourgeons ; 2° détruire les yeux par un procédé mécanique ou chimique. Dans le premier cas, rien n'empêche les tubercules conservés d'être employés ultérieurement comme semences ; dans le second cas, au contraire, ils deviennent nécessairement impropres à cet usage puisqu'on les prive entièrement de leurs organes de multiplication.

Léon Bussard.

Extrait de « l'Agriculture Nouvelle. »

(A suivre.)

CHEMINS DE FER DE L'OUEST

Paiement d'Intérêts et Escompte de ce paiement

OBLIGATIONS DE L'ANCIENNE COMPAGNIE DU HAVRE

Echéance du 1er mars 1893

Emprunt 1845, *coupon n°* 91. — *Emprunt* 1847. *coupon n°* 92.

Le Conseil d'administration a l'honneur de prévenir MM. les porteurs des obligations de l'ancienne compagnie du Havre (emprunts 1845-1847) de la mise en paiement, le 1er mars prochain, avec faculté d'escompte un mois avant, de l'intérêt semestriel à échoir, à cette date, sur les dites obligations.

Cet intérêt, sous déduction des impôts établis par les lois de finances, s'élève :

pour les titres nominatifs, à.... 24 »
pour les titres au porteur, à.... 22 741

Les dépôts de coupons et de titres nominatifs seront reçus en vue de ce paiement :

Quinze jours avant l'échéance

à Paris, au siége de la Compagnie, et dans les gares désignées des réseaux de l'Ouest, de P. L. M., d'Orléans et de l'Est ;

Vingt jours avant l'échéance

dans les gares désignées de la Compagnie du Midi.

Voyage circulaire en Bretagne

BILLETS D'EXCURSIONS DÉLIVRÉS TOUTE L'ANNÉE

(1re classe 65 francs. — 2e classe 50 francs).

Les Compagnies de l'Ouest et d'Orléans délivrent, depuis le 15 août 1892, aux prix très réduits de 65 francs en 1re classe et 50 francs en 2e classe, des billets circulaires valables 30 jours, comprenant le tour de la presqu'île bretonne, savoir : Rennes, Saint-Malo, Dinard, Saint Brieuc, Lannion, Morlaix, Roscoff, Brest, Quimper, Douarnenez, Pont l'Abbé, Concarneau, Lorient, Auray, Quiberon, Vannes, Savenay, Le Croisic, Guérande, Saint Nazaire, Pont-Château, Redon et Rennes.

Ces billets pourront être prolongés trois fois d'une période de dix jours moyennant le paiement, pour chaque prolongation, d'un supplément de 10 0|0 du prix primitif.

Le voyageur partant d'un point quelconque des réseaux de l'Ouest et d'Orléans pour aller rejoindre cet itinéraire, peut obtenir, sur demande faite à la gare de départ, 4 jours au moins à l'avance, en même temps que son billet d'excursion, un billet de parcours complémentaire comportant une réduction de 40 0|0, sous condition d'un parcours minimum de 150 kilomètres ou payant comme pour 150 kilomètres.

La même réduction lui est accordée après l'accomplissement du voyage circulaire, soit pour revenir à son point de départ initial, soit pour se rendre sur tel autre point des deux réseaux qu'il a choisi.

SYNDICAT DE CHARTRES

Marchandises en dépôt

Marchandises actuellement en dépôt :
Superphosphate minéral soluble au Citrate.
Phosphoguano ordinaire.
Phosphoguano surazoté.
Nitrate de soude.
Scories de déphosphoration.
Sulfate de cuivre.
Sulfate de fer.
Carbonate de soude.
Tourteaux de lin pour engraissement.
— de sésame blanc du Levant pour engraissement.
— de Coprah, Ceylan, pour vaches laitières.

Huile d'olive surfine, à 1 fr. 90 le kilog. (Après épuisement de la provision existant au dépôt, les prix seront augmentés par suite du manque de production en 189).
Huile de sésame fine, à 1 fr. 11 le kilog.
Savon bleu à 0 fr. 50.
Savon blanc à 0 fr. 55 le kilog.

Les huiles sont fournies en bonbonnes de verre, cachetées et plombées par les expéditeurs, et par quantités de 25 kilog. environ.

Elles sont garanties absolument pures.

Les savons sont livrés en caisse de 25 à 30 kilog. également.

Enfin le dépôt contient également de l'huile minérale russe, (Ragosine) excellente et avantageuse pour le graissage des machines agricoles, au prix de 0 fr. 50 le kilog. (non logé), et de l'huile à brûler, double épuration à 0 fr. 80 le kilo. (logée), le tout en bonbonnes d'environ 25 kilog.

Toutes les substances ci-dessus sont fournies immédiatement contre paiement comptant, en s'adressant chez M. Mercier, comptable du syndicat, 4, place Saint-Michel, tous les jours de la semaine (dimanches et fêtes exceptés et le samedi avant midi).

Elles peuvent également être expédiées par chemin de fer transport à la charge de l'acheteur.

Le syndicat peut encore faire fournir à ses adhérents, et à des conditions très avantageuses :

1° Des ardoises provenant des mines d'Angers ;
2° Des tuiles ordinaires et des tuiles Muller.
3° De la chaux et du plâtre pour constructions ;
4° Enfin toutes machines agricoles provenant des meilleurs fabriques, notamment des Trieurs Marot et des Tarares Denis.

Pour tous renseignements, s'adresser à l'Agent-Comptable.

SYNDICAT DE CHARTRES

SAISON DE PRINTEMPS DE 1893

VINS

Le Syndicat donne avis qu'il peut fournir aux prix ci-dessous les vins naturels, garantis purs raisins frais, des provenances ci-après :

1° Vins d'Algérie

Vin rouge d'Aïn-Beda d'Oran, à 115 fr. la pièce de 220 à 225 litres. Recommandé. (Il n'y a pas de demi-pièce).

NOTA. — Tous ces prix s'entendent franco gare de l'acheteur; fût perdu, paiement à 90 jours de l'expédition.

Les vins d'Algérie seront livrés jusqu'au 1er avril seulement, à cause des chaleurs, sauf épuisement avant cette date.

Les commandes sont reçues dès maintenant.

2° Vins Français

Vins rouges du Gard

	Récolte 1891			Récolte 1892		
	la pièce	la demi pièce		la pièce	la demi-pièce	
1° Ordinaire....	95 fr.	50 fr.	»	90 fr.	47 fr.	50
2° Montagne....	105	55	»	100	52	50
3° Saint-Gilles..	110	57	50	105	55	»
4° Costière extra	120	62	50	115	60	»

	Récolte 1890		
	la pièce	la demi-pièce	
Saint-Gilles.....	120 fr.	62 fr.	50
Qualité St-Georges	130	67	50

Vins blancs du Gard

Vin blanc sec nouveau 1892, la pièce 100 fr. ; la demi-pièce 52 fr. 50.

Vin blanc Picpoul 1891-1892, la pièce 130 fr. ; la demi-pièce 67 fr. 50.

Contenance de la pièce 220 à 225 litres, de la demi-pièce 110 à 112 litre, le tout franco gare de l'acheteur, fût perdu, paiement à 90 jours.

Vins rouges de Bordeaux

1° Bonnes côtes de Bordeaux, 1er choix, 1892. 140-160 fr. ; 1891 180-200 fr. la pièce de 225 à 228 litres.

(Prière de bien indiquer le prix qu'on a choisi).

2° Fronsac, 1er cru...............	1890, 230 fr.	
3° Côte St-Christophe de St-Emilion.	1890, 250	1889, 300 fr.
4° Sables de Saint-Emilion	1890, 300	1889, 350
5° Saint-Estèphe..................	1890, 350	1889, 400
6° Saint-Emilion et Haut Pomerol ..	1889, 400	1887, 500
id.	1887, 600	1884, 700

Vins blancs de Bordeaux

1° Petites Graves, la barrique de 225 à 228 litres,		1892, 130 140
id.		1891, 160
id.		1890, 180
2° Graves, 1er cru.................	1891, 200.	1890, 230
3° Preignac-Sauternes..............	1890, 250.	1889, 300
4° Barsac-Sauternes...............	1890, 350.	1890, 400
5° Haut-Sauternes, 1890 450; 1889 500	1887, 600.	1884, 700

Le tout franco gare de l'acheteur, paiement à 30 jours 3 0/0 ou à 90 jours sans escompte. — Par 1/2 pièce et 1/4 de pièce, 5 fr. en plus pour logement.

3° Eaux-de-vie du Gard

Eaux-de-vie, type Béziers, 50 degrés .... 0 fr. 80 le litre.
— de Marc, — .... 1 » —
— pur vin extra — .... 1 20 —

Le tout pris sur place, logé, en bonbonnes d'au moins 10 litres ou en fûts d'au moins 20 à 25 litres.

NOTA. — Les droits et le transport, environ 90 centimes par litre, sont à la charge de l'acheteur.

A VENDRE

Menue paille de blé et d'avoine, fraîche battue.
Betteraves et carottes fourragères.
S'adresser à M. Madlène, cultivateur à Oucrray, commune d'Amilly, par Chartres.

OFFRE

Blé de mai, garanti nouveau et absolument nature, 20 ans de pratique, se semant dans le courant d'avril, du 10 au 20 de préférence, en remplacement de l'orge et rapportant moitié plus ; très avantageux surtout pour remplacer les blés qui auraient souffert de l'hiver ou qui n'auraient pu être semés à l'automne. Rendu en gare, prix à débattre.

S'adresser à M. POIRIER, agriculteur au Goulet, commune de la Gaudaine, par Nogent-le-Rotrou (Eure-et-Loir).

A VENDRE 10.000 kilos environ de fourrages. — Luzerne et sainfoin. Sainfoin dominant à 70 fr. les 500 kilos, gare de départ Gault, Saint-Denis, Voves ou Teuville. — S'adresser à M. Mercier, comptable du syndicat, 4, place Saint-Michel, à Chartres.

M. Jules LELASSEUX, ferme des Cotterets, à Roz-sur-Couesnon (Ille-et-Vilaine), offre :

1° Pomme de terre Reine des Polders 10 fr. les 100 kilos.
2° — Éléphant blanc 8 fr. —
3° Avoine noire de Brie à 20 fr. les 100 kilos.
4° — grise de Beauce 20 fr. —

Ces prix s'entendent sur wagon Pontorson (Manche), toiles à facturer en plus.

Gelousière-F.-L., par Gorron. — **Métairie** de 11 hect. environ **à affermer** et prendre ; — **Dix mille** environ excellent **foin de pré**, logé en fenil, **à vendre**, livrable sur place.
E. MILLET, fils.

M. LALOY, route d'Oisseau, à Mayenne, offre :
Œufs à couver de :
1° **Dorckings**, poids des adultes 4 kilos environ, bonnes pondeuses, couveuses extra, chair extra-fine ;
2° **Mantes**, race de Houdan, perfectionnée, très-bonne pondeuse, bonne couveuse, poule de ferme par excellence ;

3° **Crèvecœurs**, sujets magnifiques ;
4° **La Flèche**, reproducteurs irréprochables ;
5° **Padoue** doré, volaille d'agrément ;
La douzaine d'œufs, bien emballés, 6 francs, rendus franco à domicile.

Lapins béliers gris, au sevrage, 5 francs la couple, poids des adultes 5 à 6 kilos.

Un cultivateur des environs de Laval demande à louer, pour la Toussaint, **une ferme** de 15 à 20 h. environ, à prix d'argent.

S'adresser à l'entrepôt central du Syndicat, à Laval.

Vacherie à céder pour cause de décès du maître, 25 vaches, un seul cheval, 2 voitures, vente journalière sur place 320 litres de lait au prix moyen de 40 centimes le litre. Bénéfice net par an 10.000 fr. Loyer tout compris. Habitation, cour, étables, greniers, laiterie 1.800 fr. par an. Occasion à enlever de suite. Se presser. On traitera avec 10.000 fr. ou sans argent avec garanties.

Ecrire ou voir M. DAGORY, 149, rue Lafayette, Paris.

TERRE DE LA MOTTE-DAUDIER

Commune de Niafles, par Craon (télégraphe, chemin de fer à 3 kilomètres) département de la Mayenne.

250 reproducteurs mâles et femelles de la race Durham pure, des tribus Gwynne, Beeswing, Catherine, Zemima, Niblet, Portia, Rosalind.

Les Durhams de M. le comte de Quatrebarbes ont remporté à Vannes et à Tours un 2e et un 3e prix, deux prix supplémentaires, une mention et une médaille d'or de la Société des Agriculteurs de France.

Moutons Dislhey et Southdown importés.

Mâles et femelles de la race porcine craonnaise pure.

Blés d'espèces améliorées à grand rendement pour semences, Dattel et autres.

S'adresser toute l'année à M. Gendry, régisseur.

VINS DE BORDEAUX

Garantis naturels. — Médaillés à l'Exposition universelle de 1889.

VINS ROUGES		VINS BLANCS	
La pièce de 225 litres :		La pièce de 225 litres :	
2mes Côtes 1890	100 f.	Entre 2 Mers 1890....	110 f.
Paluds 1890	115	Petites Graves 1890..	125
1res Côtes 1890.......	125	Graves 1889	150
Côtes supér. 1889.....	150	1res Côtes Soupiac 1888	200
Graves Portets 1889 ..	200	Barsac, sec 1888......	250
Graves La Brède 1889	250	Ht Barsac, liquor, 1887	350
Médoc Cussac 1889 ..	350	Sauternes, liquor. 1887	500

Double fût : 5 francs en sus.

Livraison en gare de départ. — Paiement à 90 jours net, ou à 30 jours avec 2 0[0 d'escompte.

S'adresser à M. G. BORD, secrétaire général du Syndicat agricole de CADILLAC (Gironde).

SYNDICAT DE LA MAYENNE

Entrepôts d'engrais

Pré-en-Pail. . . .	MM. GUERRE, maître d'hôtel.
Villaines-la-Juhel. .	GESLIN, cafetier à la Gare.
Couptrain	DÉCOSSE, négociant.
Mayenne.	ROMAGNÉ PRIOLET, nég^t
St-Denis-de-Gastines.	HAMON fils, propriétaire.
Montaudin	THIRARD, quincaillier.
Ernée	PIOGET, négociant.
Ambrières	RAVÉ, négociant.
Evron	THOUMIN, négociant.
Montsûrs	ANGOT-COULON, négoc^t.
Cossé-le-Vivien . .	FOUCAULT, négociant.
Craon	GOUSSE, négociant.
Château-Gontier . .	RAGARU, propriétaire.
Grez-en-Bouère . .	HIVERT, négociant.

Entrepôts de graines

Mayenne. . . .	Mlle LE BROC, place du marché.
Craon. . . .	M. GOUSSÉ.
Château-Gontier	M. RAGARU, (Hôt^l du Cheval-Blanc).
Ambrières . .	M. RAVÉ.

LAVAL : Entrepôt central, tenu par M. PEYRAS, agent principal du syndicat, qui est chargé de la réception et de la transmission des commandes aux fournisseurs.

Outre les engrais et les graines, l'entrepôt central tient toujours à la disposition des membres du syndicat, des tourteaux et du sel pour l'alimentation des animaux, et divers instruments perfectionnés : notamment des charrues Brabant-Doubles, des herses, des tarares, coupe-racines, hache-paille, pompes à purin, etc.

☞ Bulletin agricole de l'Ouest

Chaque membre du Syndicat reçoit gratuitement, le 15 de chaque mois, *le Bulletin agricole de l'Ouest*, spécialement écrit pour les cultivateurs de la région.

Les membres du syndicat peuvent user de ce *bulletin* pour annoncer les produits qu'ils ont à vendre et demander ceux dont ils désirent faire l'acquisition. Ces annonces sont insérées gratuitement une fois.

Le Gérant, E. MOREAU.

Laval, Imp. L. Moreau.

Moreau

6e Année Mars 1893. N° 54

Ce Bulletin paraît le 15 de chaque mois.

BULLETIN AGRICOLE DE L'OUEST

Organe des Syndicats Agricoles
des départements du Finistère, des Côtes-du-Nord,
du Morbihan, de la Loire-Inférieure, d'Ille-et-Vilaine, de la
Manche, de la Mayenne, de Maine-et-Loire, de la Sarthe,
de l'Orne, du Calvados, de l'Eure, d'Eure-et-Loir
et de la Seine-Inférieure.

Publié sous la direction de :

H. LÉIZOUR, (✻ M. A.) (Q A.)
Professeur départemental d'Agriculture de la Mayenne, Directeur du Laboratoire agronomique, Président du Syndicat des Agriculteurs de la Mayenne,

GAROLA, (O. ✻ M. A.) (Q A.)
Professeur départemental d'Agriculture d'Eure-et-Loir,
Directeur de la Station agronomique de Chartres.

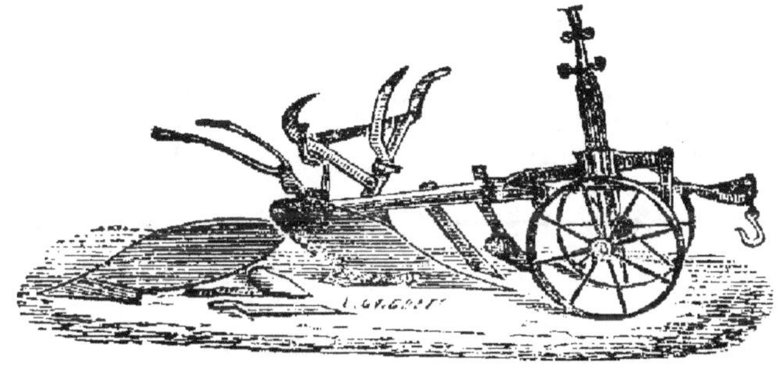

ABONNEMENTS

Les membres des syndicats adhérents sont abonnés gratuitement par leurs bureaux. — Pour les étrangers aux syndicats : **6 fr.** par an.

ANNONCES

De 1 à 4 annonces.	» **50c** la ligne.	De 8 à 12 annonces	» **30c** la ligne
De 4 à 8 —	» **40c** —	Au-delà de 12.	» **20c** —

Le bulletin publiera gratuitement les offres et demandes des Syndicats abonnés.

AVIS. — Tout ce qui concerne la rédaction, les Annonces et les Abonnements, doit être adressé à M. LÉIZOUR, rue de la Filature, 1, à Laval.

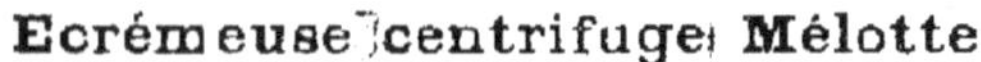

BULLETIN AGRICOLE DE L'OUEST

A propos d'engrais.

Sous ce titre, l'*Avenir de la Mayenne* publiait dans son numéro du 26 février une note déplorant ce qui se passe dans le commerce des engrais et demandant au Syndicat des agriculteurs de la Mayenne de faire afficher et publier dans chaque commune le prix courant des engrais.

L'idée est évidemment d'un ami des agriculteurs qui ne sauraient être que reconnaissants à celui qui l'a émise. Malheureusement elle n'est pas pratique, car les affiches, pour être toujours exactes, devraient être renouvelées chaque fois que le cours d'un engrais viendrait à être modifié, c'est-à-dire tellement souvent qu'elles entraîneraient une dépense considérable. Si encore on pouvait supposer que les intéressés les liraient et y ajouteraient foi, mais on sait le sort réservé aux affiches en général et il est peu probable que celles-là y échapperaient. Il y a d'ailleurs, dans chaque commune du département, mieux qu'une affiche à la disposition de tous les cultivateurs : c'est le *Bulletin agricole de l'Ouest*, spécialement écrit pour eux, que le Syndicat envoie régulièrement à tous les instituteurs du département, dont le zèle est connu de tous et qui ne demandent pas mieux, en le mettant à la disposition de chacun, que de le commenter et d'en faire tirer tout le parti possible.

Ce bulletin contient deux fois par an, dans ses numéros d'août et de janvier, les prix auxquels le Syndicat obtient ses engrais et ses semences. En le consultant chaque cultivateur saurait, par conséquent, à quel prix il lui serait facile d'obtenir l'engrais dont il aurait besoin, libre à lui de l'acheter où bon lui semblerait. Il n'aurait qu'à veiller, à la livraison, à ce que le dosage garanti soit atteint, ce que le laboratoire de chimie agricole de la Mayenne lui dira **gratuitement**, à la condition de lui envoyer un échantillon d'environ 100 grammes de l'engrais livré.

Bien que le Syndicat se charge de fournir à ses membres toutes les natures d'engrais qu'ils désirent et à n'importe quel dosage, on conçoit aisément qu'il ne passe pas de marchés pour tous les engrais connus. Par suite il se pourrait qu'on ne trouve pas au *Bulletin* le prix de celui qu'on désire acheter, mais rien ne sera plus facile que de le déterminer et voici comment : on choisira parmi ceux dont le prix est donné celui dont la composition garantie comprendra les mêmes éléments fertilisants, dans le même état de combinaison que celui dont on veut faire l'acquisition ; quelquefois on devra même avoir recours à deux engrais cotés pour calculer la valeur du troisième.

Cela fait on déterminera le prix que coûte chaque unité de chacun des éléments utiles de l'engrais, en divisant son prix par son dosage : Exemple : le superphosphate minéral garanti à 14 0/0 au minimum d'acide phosphorique soluble dans le citrate d'ammoniaque à froid, coûte 8 fr. 45 les 100 kilogrammes ; d'où il résulte que, dans cet engrais, le kilogramme d'acide phosphorique coûte 8 fr. 45 : 14 =0 fr. 60. Du superphosphate dosant 13 0/0 vaudrait donc 0.60 × 13 = 7 fr. 80 ; s'il ne dosait que 10 0/0 il ne vaudrait que 6 fr. et s'il dosait 16 0/0 il vaudrait 0,60 × 16 = 9 fr. 60, etc.

Pour calculer la valeur d'un engrais renfermant de l'azote nitrique ou de l'azote ammoniacal, on prendra de même, ou le nitrate de soude, ou le sulfate d'ammoniaque, dont les prix se trouvent toujours sur le *Bulletin*, et on fera exactement les mêmes calculs. De même pour tous les autres engrais.

Rien ne serait donc plus facile aux cultivateurs de la Mayenne que de trouver un terme de comparaison pour déterminer la valeur, au moins très approximative, des engrais qu'on leur propose, si ces engrais avaient toujours des noms et une composition garantie compréhensibles pour eux. Malheureusement il n'en est pas ainsi et la question se complique pour eux de leur manque de connaissances chimiques et même du manque d'habitude d'employer les engrais minéraux. Il y en a encore bien peu qui connaissent la valeur des termes dont se servent, souvent à dessein, les marchands d'engrais, pour désigner leur engrais ou en dissimuler la valeur réelle. Et la loi du 4 février 1888, édictée pour empêcher, soi-disant, la fraude dans le commerce des engrais, reste sans application. Cependant cette loi, qui défend aux marchands de vendre et de livrer aucun engrais sans garantir *par écrit*, sa composition à l'état normal, tel qu'il est livré, et l'état de combinaison dans lequel s'y trouve chaque élément fertilisant, cette loi disons-nous, mettrait le cultivateur à l'abri, s'il savait s'en servir. Combien y en a-t-il à exiger la garantie écrite ordonnée ? Combien y en a-t-il qui essaient de se rendre compte de la valeur réelle de l'engrais acheté, lorsqu'ils en connaissent la composition ?

Il y a d'ailleurs bien peu de cultivateurs qui croient qu'une petite partie seulement du contenu d'un sac d'engrais ait de la valeur. Ils n'admettent pas, par exemple, que dans 100 kilos de superphosphates à 14 0/0 d'acide phosphorique soluble, il n'y ait que ces 14 kilos d'utiles. Or, pendant qu'il en sera ainsi, pendant qu'il ne verra et ne voudra voir dans un sac d'engrais que de l'*engrais*, sans essayer de se rendre compte des seules matières utiles qu'il contient, le cultivateur sera toujours trompé et paiera ses engrais un prix plus ou moins supérieur à leur valeur réelle, à moins d'avoir recours aux syndicats, ce que font d'ailleurs, de plus en plus, les agriculteurs mayennais, aussi bien que ceux des autres départements.

Pour faire partie du Syndicat des agriculteurs de la Mayenne, il suffit d'en faire la demande écrite, en la faisant appuyer par deux présentateurs déjà membres du Syndicat. La cotisation annuelle est de deux francs et tous les membres du Syndicat reçoivent *gratuitement* le Bulletin agricole de l'Ouest.

D'ailleurs, pour leurs achats d'engrais, comme pour tous les renseignements qu'ils veulent bien lui demander, le professeur départemental d'agriculture est toujours heureux de se mettre à la disposition de tous les agriculteurs, syndiqués ou non.

H. LÉIZOUR.

L'approfondissement des labours.

Si, à n'importe quel cultivateur de notre pays, quelqu'un venait offrir gratuitement, à titre de cadeau, une surface égale à celle qu'il cultive, sans lui demander ni fermage, ni même de payer les impôts, qu'arriverait-il ? Il arriverait indubitablement que non-seulement celui-ci s'empresserait d'accepter, mais encore, quelle que soit sa situation, qu'il s'ingénierait pour profiter immédiatement de ce qu'il considérerait comme une bonne fortune. S'il n'avait pas les attelages nécessaires, il en achèterait ou il en louerait ; s'il lui manquait des instruments, il s'en procurerait ; du fumier, il en trouverait ; de l'argent, il en emprunterait... En un mot, il ferait tout plutôt que de renoncer à l'espoir de doubler, à si bon compte, ses revenus. En attendant, il doublerait ses labours, ses ensemencements, ses hersages ; il se préparerait à doubler ses dépenses de moisson... bref, il doublerait tous ses frais.

Or, combien existe-t-il de cultivateurs auxquels, non pas quelqu'un, mais leur terre elle-même propose depuis longtemps, à très peu de choses près, ce que je viens de supposer ? C'est-à-dire combien y en a-t-il qui se trouvent dans des conditions telles de sol et de sous-sol qu'ils pourraient très facilement doubler l'étendue de leur exploitation, non pas en surface, c'est vrai, mais en profondeur, ce qui vaut souvent mieux ?

Je dis que cela vaut souvent mieux, parce que, si l'on sait s'y prendre, doubler l'épaisseur de la couche arabe peut équivaloir souvent à doubler sa capacité productive, mais que cela n'entraîne pas du tout, comme une augmentation de surface, à doubler les frais. Et pourtant, que d'objections ! On n'a pas les animaux nécessaires ; il faudrait plus de fumier, et il manque ; ou c'est le temps qui fait défaut.

Je conçois que ceux qui ont à faire à un sous-sol ingrat, froid, stérile, hésitent avant de s'engager dans les dépenses d'approfondissement, qui peuvent parfois conduire plus loin qu'on ne le supposait et dont les résultats n'apparaissent pas comme suffisamment certains ou comme immédiats, mais ceux qui cultivent des terres profondes, que redoutent-ils ?

Pourquoi tant de leurs propriétaires s'obstinent-ils à les écorcher et n'en retirer que des demi-récoltes, alors qu'ils pourraient en avoir d'entières, en même temps que de plus assurées, en augmentant l'épaisseur de leurs labours, et, là où il faudrait, en apportant un peu plus d'engrais ? Très certainement pourtant ils se conduiraient comme je l'ai dit plus haut, si l'occasion que j'ai supposée ne se présentait jamais ! Ils sauraient, dans ce cas, trouver réponse à toutes les objections, et il n'en est point qu'ils n'imaginent quand on leur parle de labourer profondément.

Ils devraient comprendre cependant qu'en augmentant l'épaisseur *active* de la couche arable, ils augmenteront d'autant le cube de terre mis à la disposition des racines ; or, c'est bien plus en raison du volume du sol où ils peuvent puiser, que de sa surface, que les végétaux s'accroissent et profitent, surtout serrés comme nous les cultivons. Les céréales talleront davantage et deviendront plus belles et plus hautes : les racines pouvant mieux pivoter et s'étendre acquerront une taille plus forte. Toutes, en outre, souffriront moins de l'humidité et du froid, en hiver et au printemps, et résisteront mieux à la sécheresse en été. Donc, je le répète, plus et de plus belles récoltes et des récoltes plus assurées.

Et ces résultats auront été atteints grâce à la mise en valeur d'une couche de terre qui sera, pour son tenancier, comme un véritable cadeau et pour laquelle il n'aura à payer ni location ni impôts. De plus, si, de ce fait, il aura eu à rapporter une augmentation de dépenses : celles-ci seront bien loin d'avoir été doublées, car n'auront été doublés ni les labours, ni les semences, ni les hersages, ni les frais de récolte.

En résumé, on voit qu'accroître l'importance d'une exploitation dans le sens vertical est souvent plus avantageux que de l'étendre horizontalement. C'est aussi plus à la portée du plus grand nombre. Cependant tous ne le comprennent pas, puisque tous ceux qui pourraient le faire ne le font pas ! Et j'avoue que cela me surprend quand je vois ramasser quinze hectolitres de blé dans les alluvions que l'on gratte, alors que l'on en récolterait vingt-cinq si on les labourait convenablement.

BATTANCHON,
Professeur départemental d'agriculture de Saône-et-Loire.

(Extrait du journal *La Presse Agricole*).

Nouveau procédé de multiplication de la pomme de terre.

Il y a une douzaine d'années que MM. Vilmorin-Andrieux et Cie mirent en vente pour la première fois la pomme de terre « Eléphant blanc » au prix de 1 fr. 20 le tubercule. Dans le supplément de leur catalogue de 1893 ils donnent la description de trois nouvelles variétés de pomme de terre.

1° La pomme de terre à feuille panachée de blanc et de jaune sur fond vert au prix de 1 fr. 20 le tubercule ;

2° La pomme de terre Géante sans pareille au prix de 1 fr. 30 le kilogr. ;

3° La pomme de terre Reine des Polders au prix de 1 fr. 10 le kilog.

Malgré la grosseur énorme, la belle forme, la qualité et le rendement considérable de la pomme de terre Géante et de la Reine des Polders, on hésitera à acheter en grandes quantités des variétés aussi chères. Néanmoins, à cause des avantages qu'elles offrent, on peut résoudre économiquement le problème en procédant comme il suit :

Acheter un kilogr. de pomme de terre de chaque variété et le moment venu, planter dans une terre bien fumée et bien ameublie les tubercules entiers, quelque gros qu'ils soient, debout, les yeux tournés vers le ciel et recouverts de 5 à 6 centimètres de terre seulement. Les yeux étant bien placés se développeront tous également bien. Lorsqu'ils auront atteint une longueur de 10 à 15 centimètres hors de terre, d'un coup de bêche arracher la pomme de terre, plonger le tubercule dans l'eau en le tenant par les bourgeons pris en une poignée pour faire tomber toute la terre puis détacher un à un, avec soin, tous les bourgeons qui à ce moment sont munis de nombreuses racines et de productions rigides jaunâtres, courtes et assez cassantes ; ces dernières sont les futures pommes de terre, aussi doit-on faire attention pour ne pas les casser. Prendre ensuite chaque bourgeon enraciné, que l'on plante dans une rigole profonde de 8 à 10 centimètres en ayant soin de bien étaler les racines que l'on recouvre de terre meuble. Les bourgeons racinés doivent être plantés à 60 centimètres les uns des autres dans une terre fertile.

Après la plantation arroser pour faciliter la reprise et pendant la végétation biner pour tenir la terre propre et meuble, supprimer toutes les fleurs qui, si on les laissait produire de la graine, nuiraient au grossissement des tubercules. Récolter lorsque les tiges des pommes de terre seront sèches.

En procédant ainsi l'on constatera que chaque bourgeon raciné donnera un poids de tubercules au moins égal à celui qu'aurait donné un pied mère si on ne lui avait supprimé aucun bourgeon, que tous les tubercules sont gros ou très gros et que leur maturité au lieu d'être retardée est avancée de plus d'un mois.

C'est en employant ce procédé, que le plus pur hasard me fit découvrir en 1880, qu'avec deux tubercules de la variété « Eléphant blanc » pesant ensemble 150 grammes j'obtins un rendement de 22 kilogrammes.

Cette expérience répétée pendant plusieurs années a toujours confirmé les résultats du premier essai ; aussi nous la recommandons pour multiplier à peu de frais les nouvelles bonnes variétés dont la semence coûte toujours très cher.

Frédérick d'André,
Professeur départemental d'agriculture
des Pyrénées-Orientales.

Les Porcs Yorkshires.

Les porcs Yorkshires sont des métis provenant de la fusion de trois races bien distinctes.

Ce furent les Anglais qui, dans le comté d'York, formèrent cette prétendue race en accouplant des verrats métis de Tonkinois et de Napolitains, connus actuellement et inscrits sur tous les catalogues de concours sous le nom de Berkshires, avec des truies appartenant à la race celtique qui habite les contrées de l'ouest et dont les variétés sont la Craonnaise, la Mancelle, la Vendéenne, la Poitevine et la Bretonne. (*Traité de zootechnie*, par A. Santon, tome V).

C'est avec des truies appartenant à l'une quelconque de ces variétés qu'ils accouplèrent leurs verrats Berkshires.

Au moyen d'une sélection suivie et attentive des reproducteurs ils sont parvenus à créer un type qui, sauf des cas assez rares de réversion, reproduit ses caractères dans toute leur intégralité.

La conformation de ce métis est identique à celle du porc tonkinois : la tête est courte, large avec un angle très prononcé à la racine du nez, les oreilles sont petites, pointues et dressées ; c'est la plus grande exception quand elles sont tombantes, faisant dans ce cas retour à la race celtique.

Le corps est cylindrique, les membres sont courts, l'ossature est fine, c'est la conformation par excellence de l'animal de boucherie.

Sa couleur est rosée, absolument la même que celle de la race celtique, les races tonkinoises et napolitaines étant toutes deux de couleur noire.

La race tonkinoise produit une chair d'un goût fade et de fortes proportions de graisse ; elle montre, ainsi que la race napolitaine, les plus grandes dispositions à l'engraissement.

La conformation de cette dernière a beaucoup de rapport avec celle de la précédente race, ce qui les différencie cependant à première vue, c'est la forme de la tête qu'elle a plus allongée, avec des oreilles plus larges et plus longues.

Elle est supérieure à la race tonkinoise par la qualité de sa chair qui est d'un goût beaucoup plus agréable.

Le résultat de ce croisement n'a donné dans la qualité de la chair qu'une amélioration bien faible, et c'est dans le but de la rendre meilleure qu'on a croisé ces premiers métis avec la race celtique.

Cette race que tout le monde connaît et qu'il est inutile de décrire en détail, se distingue des deux autres, d'abord par sa tête forte, aux oreilles larges et longues lui tombant sur les yeux ; ensuite par sa couleur rosée. Elle se fait remarquer aussi par sa taille élevée, due principalement à la hauteur de ses membres. C'est surtout chez les variétés les moins améliorées que sa taille atteint les plus fortes dimensions.

Si l'ensemble de la population qui n'est pas soumise aux méthodes zootechniques laisse à désirer au point de vue des formes, elle produit en revanche une chair fine et délicate, qui sur les marchés lui font donner la préférence aux autres races.

La chair des yorkshires, quoique valant beaucoup mieux que celle des berkshires, est loin de valoir celle des porcs celtiques ; la preuve la meilleure qu'on en puisse donner, c'est que sur les marchés les bouchers ne les achètent que quand ils ne trouvent plus de porcs du pays, et encore les payent-ils à des prix bien inférieurs.

Ils sont rustiques, s'engraissent avec facilité et ne sont pas sous ce rapport de beaucoup supérieurs à la race celtique, comme beaucoup d'éleveurs sont tentés de le croire.

Dans une porcherie de la Loire-Inférieure située à quelques lieues de Nantes et dirigée avec une grande habileté, des expériences ont été faites à plusieurs reprises sur des porcs yorkshires et craonnais. Les résultats ont souvent été en faveur des craonnais.

Nous nous contentons de soumettre aux lecteurs du *Bulletin agricole de l'Ouest* la dernière expérience faite du 5 mars au 11 avril 1892. Elle portait sur deux groupes de porcelets craonnais et deux groupes de yorkshires. Chaque groupe était composé de 4 individus.

Constatation de l'augmentation de poids de chaque groupe pendant la durée de l'expérience :

I. — Craonnais

		Poids.
1er groupe . . .	au 5 mars. . .	300 kil.
— . . .	au 11 avril. . .	420 kil.
	Augmentation .	120 kil.
2e groupe. . . .	au 5 mars. . .	311 kil.
— . . .	au 11 avril. . .	427 kil.
	Augmentation.	116 kil.

II. — yorkshires

1er groupe . . .	au 5 mars. . .	300 kil.
— . . .	au 11 avril. . .	429 kil.
	Augmentation .	129 kil.
2e groupe. . . .	au 5 mars. . .	254 kil.
— . . .	au 11 avril. . .	364 kil.
	Augmentation .	110 kil.

Il en résulte un poids de 3 kilogrammes en faveur des yorkshires.

Comme on le voit, la différence d'augmentation de poids en faveur des porcelets anglais est extrêmement faible. Mais serait-elle encore bien plus forte, elle ne justifierait point la préférence en leur faveur, pour la raison simple qu'ils sont moins demandés sur le marché et payés à des prix inférieurs aux autres.

E. Jobard,
Professeur d'agriculture.

Les tourteaux dans l'alimentation du bétail.

Est-il besoin d'insister cette année sur l'utilité des matières alimentaires que les cultivateurs peuvent tirer du commerce ? La disette fourragère, malgré toutes les précautions prises, a été telle que dans la majeure partie des fermes on se demande encore comment faire vivre les animaux jusqu'aux fourrages fauchables du printemps et à quelle substance avoir recours. Les tourteaux ont rendu et rendent encore à ceux qui ont su les employer des services tels que leur usage se généralisera certainement, même dans les années où les autres fourrages feront le moins défaut.

Dans les pays grands producteurs d'animaux comme le nôtre, il est évident que le cultivateur doit s'attacher à produire économiquement sur sa ferme la plus grande partie des fourrages dont il a besoin, mais quoi qu'il fasse, d'ici longtemps, il éprouvera des difficultés sérieuses à établir pour ses divers animaux, des rations d'hiver bien appropriées, sans avoir recours aux aliments concentrés, aux déchets industriels. Un grand nombre de bons éleveurs, complètent déjà une partie des rations de quelques-uns de leurs animaux à l'aide de farineux, de menus grains, qu'ils pourraient le plus souvent livrer au commerce, mais la plupart d'entre eux ne se rendent pas un compte suffisant du résultat qu'ils obtiennent ainsi. Ils ne le comparent pas à celui qu'ils obtiendraient en remplaçant ces mêmes grains par des tourteaux de même valeur argent.

Notre savant collaborateur et ami, M. Garola, professeur départemental d'agriculture d'Eure-et-Loir, directeur de la station agronomique de Chartres, vient de publier une étude remarquable sur la composition, la valeur alimentaire et l'emploi pratique d'un grand nombre de tourteaux. Les agriculteurs trouveront dans ce travail des indications précises sur le rationnement de leurs animaux, indications basées sur diverses expériences dont les résultats, exposés méthodiquement et avec la plus grande clarté, leur montreront les bénéfices réalisables par une alimentation rationnelle.

Les « *Contributions à l'étude des tourteaux alimentaires,* » de M. Garola, sont en vente à la station argronomique de Chartres au prix de 10 francs.

H. Léizour.

A VENDRE : Pomme de terre Richters-Imperator, pure et authentique, à 6 fr. les 100 kilogram., 7 wagons paille de blé, première qualité, à 68 fr. les 1.144 kilogr. sur wagon, rayon Chartres.

S'adresser à M. MERCIER, comptable du Syndicat, 4, place Saint-Michel, à Chartres.

M. DORDOIGNE, Eugène, à Bray, par Nogent-le-Rotrou (Eure-et-Loir), **offre pour semence** du blé de mai garanti de printemps, passé au trieur Marot, se sème du 15 au 30 avril, réussissant très bien, ne rouillant jamais, se semant clair, il talle comme de l'orge, au prix de 25 fr. les cent kilogr. sur wagon Nogent-le-Rotrou, toile perdue.

SYNDICAT DE CHARTRES

Marchandises en dépôt

Marchandises actuellement en dépôt :

Superphosphate minéral soluble au Citrate.

Phosphoguano ordinaire.

Phosphoguano surazoté.

Nitrate de soude.

Scories de déphosphoration.

Sulfate de cuivre.

Sulfate de fer.

Carbonate de soude.

Tourteaux de lin pour engraissement.

— de sésame blanc du Levant pour engraissement.

— de Coprah, Ceylan, pour vaches laitières.

Huile d'olive surfine, à 1 fr. 90 le kilog. (Après épuisement de la provision existant au dépôt, les prix seront augmentés par suite du manque de production en 1892).

Huile de sésame fine, à 1 fr. 11 le kilog.

Savon bleu à 0 fr. 50.

Savon blanc à 0 fr. 55 le kilog.

Les huiles sont fournies en bonbonnes de verre, cachetées et plombées par les expéditeurs, et par quantités de 25 kilog. environ.

Elles sont garanties absolument pures.

Les savons sont livrés en caisse de 25 à 30 kilog. également.

Enfin le dépôt contient également de l'huile minérale russe, (Ragosine) excellente et avantageuse pour le graissage des machines agricoles, au prix de 0 fr. 50 le kilog. (non logé), et de l'huile à brûler, double épuration à 0 fr. 80 le kilo. (logée), le tout en bonbonnes d'environ 25 kilog.

Toutes les substances ci-dessus sont fournies immédiatement contre paiement comptant, en s'adressant chez M. Mercier, comptable du syndicat, 4, place Saint-Michel, tous les jours de la semaine (dimanches et fêtes exceptés et le samedi avant midi).

Elles peuvent également être expédiées par chemin de fer transport à la charge de l'acheteur.

Le syndicat peut encore faire fournir à ses adhérents, et à des conditions très avantageuses :

1° Des ardoises provenant des mines d'Angers ;

2° Des tuiles ordinaires et des tuiles Muller.

3° De la chaux et du plâtre pour constructions ;

4° Enfin toutes machines agricoles provenant des meilleurs fabriques, notamment des Trieurs Marot et des Tarares Denis.

Pour tous renseignements, s'adresser à l'Agent-Comptable.

SYNDICAT DE CHARTRES

SAISON DE PRINTEMPS DE 1893

VINS

Le Syndicat donne avis qu'il peut fournir aux prix ci-dessous les vins naturels, garantis purs raisins frais, des provenances ci-après :

1° Vins d'Algérie

Vin rouge d'Aïn-Beda d'Oran, à 115 fr. la pièce de 220 à 225 litres. Recommandé. (Il n'y a pas de demi-pièce).

NOTA. — Tous ces prix s'entendent franco gare de l'acheteur; fût perdu, paiement à 90 jours de l'expédition.

Les vins d'Algérie seront livrés jusqu'au 1er avril seulement, à cause des chaleurs, sauf épuisement avant cette date.

Les commandes sont reçues dès maintenant.

2° Vins Français

VINS ROUGES DU GARD

	Récolte 1891		Récolte 1892	
	la pièce	la demi-pièce	la pièce	la demi-pièce
1° Aramon supérieur			80 fr.	42 fr. 50
2° Ordinaire....	95 fr.	50 fr. »	90 fr.	47 fr. 50
3° Montagne....	105	55 »	100	52 50
4° Saint-Gilles..	110	57 50	105	55 »
5° Costière extra	120	62 50	115	60 »

	Récolte 1890	
	la pièce	la demi-pièce
Saint-Gilles.....	120 fr.	62 fr. 50
Qualité St-Georges	130	67 50

Vins blancs du Gard

Vin blanc sec nouveau 1892, la pièce 1C0 fr. ; la demi-pièce 52 fr. 50.

Vin blanc Picpoul 1891-1892, la pièce 130 fr. ; la demi-pièce 67 fr. 50.

Contenance de la pièce 220 à 225 litres, de la demi-pièce 110 à 112 litre, le tout franco gare de l'acheteur, fût perdu, paiement à 90 jours.

Vins rouges de Bordeaux

1° Bonnes côtes de Bordeaux, 1er choix, 1892. 140-160 fr. ; 1891 180-200 fr. la pièce de 225 à 228 litres.

(Prière de bien indiquer le prix qu'on a choisi).

2° Fronsac, 1er cru	1890, 230 fr.	
3° Côte St-Christophe de St-Emilion.	1890, 250	1889, 300 fr.
4° Sables de Saint-Emilion	1890, 300	1889, 350
5° Saint-Estèphe	1890, 350	1889, 400
6° Saint-Emilion et Haut Pomerol	1889, 400	1887, 500
id.	1887, 600	1884, 700

Vins blancs de Bordeaux

1° Petites Graves, la barrique de 225 à 228 litres,		1892, 130 140
id.		1891, 160
id.		1890, 180
2° Graves, 1er cru	1891, 200.	1890, 230
3° Preignac-Sauternes	1890, 250.	1889, 300
4° Barsac-Sauternes	1890, 350.	1890, 400
5° Haut-Sauternes, 1890 450; 1889 500	1887, 600.	1884, 700

Le tout franco gare de l'acheteur, paiement à 30 jours 3 0/0 ou à 90 jours sans escompte. — Par 1/2 pièce et 1/4 de pièce, 5 fr. en plus pour logement.

3° Eaux-de-vie du Gard

Eaux-de-vie, type Béziers,	50 degrés	0 fr. 80	le litre.
— de Marc,	—	1 »	—
— pur vin, extra	—	1 20	—

Le tout pris sur place, logé, en bonbonnes d'au moins 10 litres ou en fûts d'au moins 20 à 25 litres.

NOTA. — Les droits et le transport, environ 90 centimes par litre, sont à la charge de l'acheteur.

A VENDRE 20 sacs de blé de mars et de mai, pour semence, au prix de 32 fr. les 120 kil., nu. S'adresser à M. MADLÈNE, cultivateur à Ouerray, commune d'Amilly, par Chartres.

M. MOREUL, propriétaire rue des Chevaux, 9, à Laval, offre Pommes de terre Richeters Impérator à 7 fr. les 100 kilos, gare Laval, toiles de l'acheteur.

A VENDRE un très beau taureau, demi-sang Durham-Normand, âgé de 11 mois.

S'adresser à M. Goyet, à Saint-Aubin-Fosse-Louvain, par Gorron (Mayenne).

M. GUILLAUMIN, à Barry-Douy, près Châteaudun (Eure-et-Loir), offre un lot de graine de luzerne de Provence, récolté chez lui.

PROPRIÉTAIRE, habitant en France, possédant Vignoble en Algérie, n'étant soumis ni à la licence ni à la patente et ne pouvant ainsi vendre que le produit de sa récolte.

Offre vins rouges, récolte 1891, franco toutes gares de France, paiement 60 jours net, fût de 220 litres, aux prix de 95 et 110 francs.

Les vins expédiés en France aussitôt après la récolte y sont soignés pendant un an avant d'être livrés à la consommation.

Envoi échantillons colis postal contre 1,50 timbres.

D. Robert, président du Syndicat, Loudun (Vienne).

Vacherie à céder pour cause de décès du maître, 25 vaches, un seul cheval, 2 voitures, vente journalière sur place 320 litres de lait au prix moyen de 40 centimes le litre. Bénéfice net par an 10.000 fr. Loyer tout compris. Habitation, cour, étables, greniers, laiterie 1.800 fr. par an. Occasion à enlever de suite. Se presser. On traitera avec 10.000 fr. ou sans argent avec garanties.

Ecrire ou voir M. DAGORY, 149, rue Lafayette, Paris.

TERRE DE LA MOTTE-DAUDIER

Commune de Niafles, par Craon (télégraphe, chemin de fer à 3 kilomètres) département de la Mayenne.

250 reproducteurs mâles et femelles de la race Durham pure, des tribus Gwynne, Beeswing, Catherine, Zemima, Niblet, Portia, Rosalind.

Les Durhams de M. le comte de Quatrebarbes ont remporté à Vannes et à Tours un 2e et un 3e prix, deux prix supplémentaires, une mention et une médaille d'or de la Société des Agriculteurs de France.

Moutons Dislhey et Southdown importés.

Mâles et femelles de la race porcine craonnaise pure.

Blés d'espèces améliorées à grand rendement pour semences, Dattel et autres.

S'adresser toute l'année à M. Gendry, régisseur.

VINS DE BORDEAUX

Garantis naturels. — Médaillés à l'Exposition universelle de 1889.

VINS ROUGES		VINS BLANCS	
La pièce de 225 litres :		La pièce de 225 litres :	
2mes Côtes 1890	100 f.	Entre 2 Mers 1890....	110 f.
Paluds 1890	115	Petites Graves 1890 .	125
1res Côtes 1890.......	125	Graves 1889	150
Côtes supér. 1889.....	150	1res Côtes Soupiac 1888	200
Graves Portets 1889 ..	200	Barsac, sec 1888......	250
Graves La Brède 1889	250	Ht Barsac, liquor, 1887	350
Médoc Cussac 1889 ..	350	Sauternes, liquor. 1887	500

Double fût : 5 francs en sus.

Livraison en gare de départ. — Paiement à 90 jours net, ou à 30 jours avec 2 0/0 d'escompte.

S'adresser à M. G. BORD, secrétaire général du Syndicat agricole de CADILLAC (Gironde).

Le Gérant, H. LEROUX.

Laval, Imp. H. Leroux.

H. Leroux

6e Année — Avril 1893. — N° 55

Ce Bulletin paraît le 15 de chaque mois.

BULLETIN AGRICOLE
DE L'OUEST

Organe des Syndicats Agricoles
des départements du Finistère, des Côtes-du-Nord,
du Morbihan, de la Loire-Inférieure, d'Ille-et-Vilaine, de la Manche, de la Mayenne, de Maine-et-Loire, de la Sarthe, de l'Orne, du Calvados, de l'Eure, d'Eure-et-Loir
et de la Seine-Inférieure.

Publié sous la direction de :

H. LÉIZOUR, (✻ M. A.) (Q A.)
Professeur départemental d'Agriculture de la Mayenne, Directeur du Laboratoire agronomique, Président du Syndicat des Agriculteurs de la Mayenne.

GAROLA, (O. ✻ M. A.) (Q A.)
Professeur départemental d'Agriculture d'Eure-et-Loir,
Directeur de la Station agronomique de Chartres.

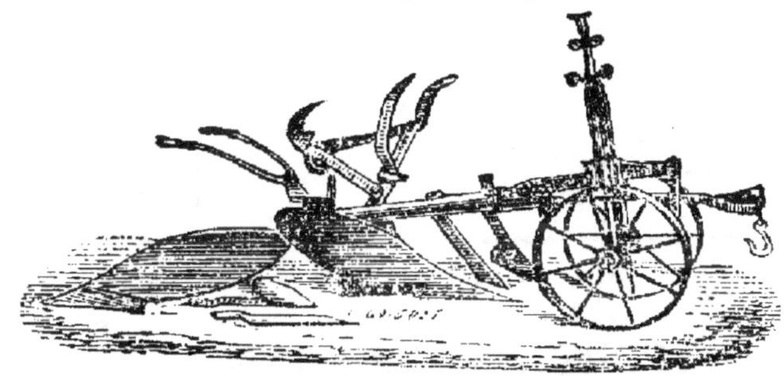

ABONNEMENTS

Les membres des syndicats adhérents sont abonnés gratuitement par leurs bureaux. — Pour les étrangers aux syndicats : 6 fr. par an.

ANNONCES

De 1 à 4 annonces.	» 50c	la ligne.	De 8 à 12 annonces	» 30c	la ligne
De 4 à 8 —	» 40c	—	Au-delà de 12.	» 20c	—

Le bulletin publiera gratuitement les offres et demandes des Syndicats abonnés.

AVIS. — Tout ce qui concerne la rédaction, les Annonces et les Abonnements, doit être adressé à M. LÉIZOUR, rue de la Filature, 1, à Laval.

BULLETIN AGRICOLE DE L'OUEST

Destruction des hannetons par le Botrytis tenella

La destruction des hannetons par le *Botrytis tenella* est très simple et doit être effectuée de la façon suivante :

On met dans un sceau ordinaire :

1° Cinq ou six litres d'eau ordinaire, froide :

2° Autant de blancs d'œufs que de litres d'eau :

3° Le contenu d'un tube de culture du champignon.

Puis on fouette le tout énergiquement, afin de bien disséminer les spores du champignon dans le liquide. L'opération doit être faite à l'abri du vent, qui emporterait une grande quantité de spores. On peut, d'ailleurs, le tube étant débouché, le plonger dans l'eau pour le vider. Le liquide étant ainsi préparé, il n'y a qu'à y plonger les hannetons, par poignées et à les y laisser pendant quelques minutes. Ceux qui ne parviendraient pas à en sortir d'eux-mêmes seraient pris à la main et déposés sur le sol, d'où ils ne tarderont pas à s'envoler.

Chaque insecte n'emportant qu'une très petite quantité de liquide, on peut en tremper un très grand nombre dans la préparation sus-indiquée, qui peut servir, dès lors, pour un territoire très étendu.

Les spores du champignon, une fois mouillées, pouvant germer rapidement, surtout par les temps chauds, il convient de ne préparer le liquide qu'au moment de son emploi et de ne le conserver que deux ou trois jours au plus.

Le *Botrytis tenella* ne peut faire aucun mal ni aux personnes qui le manipulent, ni à aucun des animaux de la ferme. Il ne s'attaque qu'aux hannetons, aux vers blancs et à quelques autres insectes du même genre. Il n'a aucun effet sur les plantes, et les récoltes poussent d'autant mieux qu'il a plus complètement détruit les vers blancs.

H. LÉIZOUR.

CONCOURS AGRICOLE DÉPARTEMENTAL

Les Agriculteurs de la Mayenne sont informés que le Conseil général vient de décider que le Concours agricole départemental aura lieu tous les ans, et que celui de 1893 aura lieu à MAYENNE. Avis aux intéressés.

Etude de Me WATRIN, avoué à Chartres, rue du Grand-Cerf, n° 42, (près la place des Epars).

Extrait d'un Jugement correctionnel

D'un jugement contradictoirement rendu par le tribunal correctionnel de Chartres, le vingt-sept juillet mil huit cent quatre-vingt-douze, enregistré et confirmé par arrêt de la Cour d'appel de Paris, en date du seize novembre mil huit cent quatre-vingt-douze, enregistré ;

Entre :

1° M. le Procureur de la République près le tribunal correctionnel de Chartres, demandeur et poursuivant,

D'une part ;

2° Le Syndicat agricole de l'arrondissement de Chartres, dont le siège est à Chartres, poursuites et diligences de M. Vinet, sénateur, son président,

Partie civile en cause, aux termes d'un acte au greffe en date du quatre juin mil huit cent quatre-vingt-douze,

Comparaissant par Me WATRIN, avoué à Chartres, son Conseil,

D'une part ;

3ent. 1° François-Désiré-Alfred Meslin, cultivateur, demeurant à Senarmont, commune de Bailleau-l'Evêque ; 2° le sieur Dauvilliers, cultivateur, demeurant à Gros-Four, commune de Saint-Denis-des-Puits ; 3° le sieur Mazurier, cultivateur, demeurant à Soulaire ; 4° le sieur Roch, cultivateur, demeurant à la Certellerie, commune de Vieuvicq ; 5° le sieur Lesourd, cultivateur, demeurant à Challet ; 6° le sieur Masson, cultivateur, demeurant à Pannes, commune d'Houville ; 7° le sieur Corbière, propriétaire, demeurant à Maintenon ; 8° le sieur Ferrand, cultivateur, demeurant à Saint-Georges-sur-Eure ;

Intervenant comme parties civiles dans la cause,

Comparaissant par Me WATRIN, avoué à Chartres, leur conseil,

D'une autre part ;

Et Charles-Alexandre-Louis Delmotte, fils de Jean-Baptiste et de Joséphine Delaunay, âgé de trente-un ans, né le vingt août mil huit cent soixante, à Doignies, arrondisement de Cambrai (Nord), négociant en engrais, demeurant à Rethel (Ardennes),

Défendeur comparant, assisté de Me DUPARC, avoué à Chartres, son défenseur,

D'autre part ;

Il a été extrait littéralement ce qui suit :

Le Tribunal,

Après en avoir délibéré conformément à la loi, jugeant en audience publique de police correctionnelle et en premier ressort ;

Attendu que par conventions en date du dix-neuf décembre mil huit cent quatre-vingt-onze, Delmotte s'est engagé à fournir aux adhérents du Syndicat agricole de Chartres des nitrates de soude titrant de quinze à seize pour cent d'azote, au prix de vingt-six francs les cent kilogrammes pour la campagne mil huit cent quatre-vingt-onze-mil huit cent quatre-vingt-douze. Que le prévenu fit alors d'assez nombreuses livraisons à des cultivateurs beaucerons, notamment aux sieurs Meslin, Dauvilliers, Mazurier, Roch, Lesourd, Masson, Corbière et Ferrand, aujourd'hui parties civiles au procès ;

Attendu que les premières livraisous ne provoquèrent aucune réclamation, mais que les intéressés ne tardèrent pas à soupçonner une altération des produits qui leur étaient livrés, et que, d'accord avec le syndicat, il fut procédé, par les soins de celui-ci, à une expertise qui révéla la fraude ;

Attendu qu'une instruction fut ouverte contre le nommé Delmotte, et qu'une nouvelle expertise, confiée à un chimiste éminent permit de constater que les échantillons prélevés sur les expéditions faites par Delmotte présentaient un déficit de deux et demi à trois pour cent d'azote (treize et demi au lieu de quinze à seize pour cent) et qu'en outre ces échantillons contenaient du sable blanc, substance inerte et sans valeur, dans la proportion de vingt deux à vingt-cinq pour cent du poids total ;

Attendu que Delmotte interpellé à cet égard par le représentant du Syndicat soutint d'abord qu'il était étranger à cette altération, dont il affirma n'avoir pas eu connaissance, et qu'il essaya même de faire porter les soupçons sur un autre industriel, mais que la fausseté de cette imputation fut bientôt reconnue ;

Attendu qu'une perquisition opérée chez Delmotte dans le but de rechercher s'il possédait du sable blanc n'amena aucun résultat, sauf que Delmotte en remettant un faible échantillon de sable déclara que c'était tout ce qu'il possédait.

Mais que quelques jours après le magistrat instructeur acquit la preuve que quarante-cinq mille kilogrammes de sable blanc avaient été furtivement enlevés de l'usine de Delmotte quelque temps auparavant et conduit chez un de ses ouvriers à qui il prétendit en avoir fait don ;

Attendu que l'enlèvement du sable opéré depuis le dépôt de la plainte rapproché de l'attitude de Delmotte et de ses dénégations lors de la visite domiciliaire démontre jusqu'à l'évidence sa culpabilité ;

Qu'au surplus, il a dû finir par reconnaître que cette quantité de sable déjà considérable n'était que le reste de cinquante mille kilogrammes, dont il avait fait emploi, mais seulement, disait-il, pour atténuer le titre trop riche des phosphates et des chlorures ; qu'il n'y a pas lieu de s'arrêter à cette allégation faite en désespoir de cause, et sans que Delmotte ait fourni le moyen d'en contrôler l'exactitude.

Attendu enfin que le prévenu, en raison de ses connaissances spéciales en matière de fabrication, ne saurait arguer d'ignorance, alors qu'il lui eût été facile, à l'aide d'expériences très simples, de se rendre compte de la véritable composition de l'engrais qu'il expédiait ;

Attendu que ces agissements constituent une fraude particulièrement grave et que l'intérêt de l'agriculture nationale exige qu'elle soit sévèrement réprimée ;

Sur les conclusions des parties civiles :

Attendu que si la plupart des cultivateurs lésés ne réclament qu'un franc de dommages-intérêts, l'un d'eux le sieur Meslin a demandé cinq cents francs, et le Syndicat agricole de Chartres mille francs.

Attendu que pour Meslin l'existence d'un préjudice est certaine, mais qu'à raison de l'impossibilité d'en déterminer actuellement le quantum, il y a lieu de le mettre sur le même pied que les autres cultivateurs ;

En ce qui concerne le Syndicat agricole :

Attendu que le procès, loin de lui causer un préjudice, a contribué à mettre en lumière le zèle qu'il apporte à défendre les intérêts de ses adhérents ;

Par ces motifs :

Vu la loi du 4 février 1888, art. 1 et 2, lus en audience publique par M. le Président et ainsi conçus :

Article 1er. — Seront punis d'un emprisonnement de six jours à un mois et d'une amende de cinquante francs à deux mille francs ou de l'une de ces deux peines seulement, ceux qui en vendant ou en mettant en vente des engrais ou amendements auront trompé ou tenté de tromper l'acheteur soit sur leur nature, leur composition ou le dosage des éléments utiles qu'ils contiennent, soit sur leur provenance, soit par l'emploi, pour les désigner ou les qualifier d'un nom qui, d'après l'usage est donné à d'autres substances fertilisantes.

En cas de récidive dans les trois ans qui ont suivi la dernière condamnation, la peine pourra être élevée à deux mois de prison et quatre mille francs d'amende.

Le tout sans préjudice de l'application du § 3 de l'article 1er de la loi du vingt-sept mars mil huit cent cinquante, relatif aux fraudes sur la quantité des choses livrées, et des articles 7, 8 et 9 de la loi du vingt trois juin mil huit cent cinquante-sept, concernant la marque de fabrique et de commerce.

Article 2. — Dans les cas prévus à l'article précédent, les tribunaux peuvent, en outre des peines ci-dessus portées, ordonner que les jugements de condamnation seront, par extraits ou intégralement, publiés dans des journaux qu'ils détermineront, et affichés sur les portes de la maison et des ateliers ou magasins du vendeur et sur celles des mairies de son domicile et de celui de l'acheteur.

En cas de récidive, dans les cinq ans, ces publications et affiches seront toujours prescrits.

Condamne Delmotte à un mois d'emprisonnement, cinq cents francs d'amende.

Ordonne l'insertion in-extenso du présent jugement dans le *Journal de Chartres*, dans le journal *L'Union Agricole* et dans le journal *Le Progrès d'Eure-et Loir*, publiés à Chartres.

Condamne Delmotte à payer à chacun des sieurs Meslin, Dauvilliers, Mazurier, Roch, Lesourd, Masson, Corbière et Ferrand, parties civiles en cause, un franc à titre de dommages intérêts.

Condamne les parties civiles aux dépens envers le Trésor, sauf leur recours contre Delmotte, définitivement condamné en tous les dépens de première instance et d'appel.

Et conformément aux articles 9 de la loi du vingt-deux juillet mil huit cent soixante-sept, 1 et 2 de la loi du dix-neuf décembre mil huit cent soixante-et-onze, fixe à quatre mois la durée de la contrainte par corps à exercer, s'il y a lieu, pour le recouvrement tant de l'amende et des dépens que des dommages intérêts.

Fait et ainsi jugé, etc.

Pour insertion,

(*Signé*) H. WATRIN.

La culture du lin et du chanvre.

Le *Journal officiel* du 29 mars publie un décret en date du 18 mars, relativement aux encouragements à la culture du lin et du chanvre :

Article premier. — Les articles 1, 3 et 5 du décret du 13 avril 1892 sont remplacés par les dispositions suivantes :

« Article premier. — Tout cultivateur de lin ou de chanvre qui veut bénéficier de la prime accordée par la loi du 13 janvier 1892 doit en faire la déclaration au plus tard le 1er juin de chaque année pour les cultures de lin, et le 1er juillet pour les cultures de chanvre.

« La prime n'est due qu'autant que la superficie, cultivée en lin ou en chanvre est de 10 ares au moins.

« Art. 3. — Le maire fait afficher, le 10 juillet au plus tard, à la porte de la mairie, un état indiquant les noms des cultivateurs réclamant la prime et mentionnant les numéros des parcelles cultivées en lin ou en chanvre, ainsi que leurs superficies.

« Pendant un délai de quinze jours, un registre est ouvert à la mairie pour recevoir les observations.

« Art. 5. — Le Préfet choisit parmi les agents de l'Etat ou du département, les délégués chargés de vérifier, dans chaque commune, l'exactitude des déclarations des cultivateurs réclamant la prime. A l'issue de la vérification, le délégué dresse un procès-verbal de ses opérations et le transmet sans retard au Préfet. »

Art. 2. — Le Ministre de l'agriculture est chargé de l'exécution du présent décret qui sera inséré au *Bulletin des lois* et au *Journal officiel*.

Les mesures indiquées dans ce décret ont été prises en conformité des promesses faites par M. Viger, ministre de l'agriculture, lors de la discussion du budget devant la Chambre des députés et devant le Sénat.

Concours de la prime d'honneur et des prix culturaux

Le Ministre de l'agriculture,

Vu l'arrêté du 28 décembre 1880 réglant les conditions pour l'attribution de la prime d'honneur, des prix culturaux et des prix de spécialités ;

Vu l'arrêté du 9 mars 1882 réglant les concours d'irrigation ;

Vu l'arrêté du 31 octobre 1885 relatif aux primes d'honneur de la petite culture, de l'horticulture et de l'arboriculture. aux prix à décerner aux journaliers ruraux et aux serviteurs à gages ;

Vu l'arrêté du 5 juillet 1892 réduisant à cinq par an le nombre des concours régionaux ;

Sur la proposition du Conseiller d'Etat, directeur de l'Agriculture, — Arrête :

Art. 1er. — Les concours de la prime d'honneur, des prix culturaux, d'irrigation et de spécialités de la grande et de la moyenne culture, de l'horticulture et de l'arboriculture, des prix réservés aux journaliers ruraux et aux serviteurs à gages auront lieu de 1894 à 1899, dans l'ordre et les départements ci-après :

1894 — Maine-et-Loire, Marne, Puy-de-Dôme, Haute-Garonne, Isère.

1895 — Eure-et-Loire, Aisne, Allier, Lot-et-Garonne, Hérault.

1896 — Ille-et-Vilaine, Haute-Saône, Cher, Gironde, Drôme

1897 — Orne, Ardennes, Haute-Vienne, Hautes-Pyrénées, Rhône.

1898 — Vienne, Somme, Côte-d'Or, Aude, Bouches-du-Rhône.

1899 — Loire-Inférieure, Vosges, Indre, Tarn-et-Garonne, Alpes-Maritimes.

Art. 2. — Les récompenses seront décernées à la distribution solennelle des prix du Concours régional qui aura lieu l'année suivante dans les mêmes départements.

Art. 3. — Les déclarations devront être établies en double exemplaire, d'après les spécimens déposés dans les préfectures où les candidats pourront s'en faire délivrer.

Elles devront être adressés à la Préfecture avant le 1er mars de l'année où a lieu le concours. Ce délai est de rigueur absolue. Toute demande parvenue postérieurement à cette date sera refusée.

Art. 4. — Le Conseiller d'Etat, directeur de l'agriculture, et les préfets, dans leurs départements respectifs, sont chargés de l'exécution du présent arrêté.

Fait à Paris, le 4 mars 1893.

VIGER.

Les engrais en couverture

Aujourd'hui plus que jamais, les cultivateurs doivent rechercher les moyens les plus propres à augmenter les rendements de leurs récoltes de céréales, et principalement du blé.

Au nombre de ces moyens, l'un des plus efficaces est certainement la pratique des engrais en couverture.

C'est avec l'introduction des engrais chimiques dans la culture, que cette pratique est née ; elle est basée sur l'extrême solubilité de ces engrais qui, presque aussitôt déposés dans le sol ou même simplement à sa surface, peuvent, sous l'action d'une humidité, même légère, céder aux plantes les éléments de nutrition qu'ils contiennent. Ces engrais produisent, par suite, des effets très rapides, et par leur moyen on peut, suivant la dose employée, fournir aux récoltes, en telle quantité que l'on veut, une nourriture immédiatement assimilable. On voit qu'ils doivent être, et ils sont en effet, un puissant moyen d'augmenter le rendement des récoltes.

Les engrais qui conviennent aux céréales sont, dans l'ordre de leur importance, ceux qui peuvent donner l'azote, puis l'acide phosphorique et enfin la potasse. Nous ne citons cette dernière que pour mémoire, attendu que, en général, nos sols en contiennent, soit par eux-mêmes, en raison de leur formation géologique, soit par les fumures qu'ils ont reçues, suffisamment pour les besoins des plantes dont nous nous occupons.

L'azote, dans le froment et dans la plupart des céréales, est l'élément qui se montre le plus abondant. On conçoit donc que ce sera principalement de la quantité d'azote prête à être assimilée que ces plantes trouveront dans le sol, que dépendra l'abondance de la récolte. L'azote est l'élément que, pour cette raison, quelques chimistes ont appelé la dominante des récoltes.

Ceci ne veut pas dire, toutefois, qu'il suffit de donner au sol de l'azote pour en obtenir un grand produit. Cet élément excitera, il est vrai, la végétation herbacée d'autant plus vigoureusement, qu'il sera plus abondant, mais le résultat final ne donnera pleine satisfaction, qu'à la condition que le sol soit en même temps pourvu des autres éléments nécessaires en proportion correspondante : autrement il serait en excès. La végétation prenant, sous son action, un développement trop luxuriant, détruirait l'équilibre qui doit exister dans les parties intimes de la plante : celle-ci éprouverait un ramollissement qui conduirait directement à la verse.

Pour obvier à cet inconvénient, il est nécessaire que le

sol contienne une certaine quantité d'acide phosphorique ou qu'on le lui fournisse. Cet élément est tellement indispensable à toutes les plantes, qu'en son absence, elles mourraient après avoir germé ; c'est lui qui contribue le plus à donner la rigidité à la paille des céréales et à nourrir leurs grains.

C'est par alliance de l'azote et de l'acide phosphorique, que nous pouvons nous procurer le maximum des rendements.

ENGRAIS AZOTÉS APPLICABLES EN COUVERTURES

Ces engrais sont : Le sulfate d'ammoniaque, le nitrate de soude et le nitrate de potasse.

Considéré uniquement comme source d'azote, le dernier de ces sels fournit l'azote à un prix bien plus élevé que les deux autres ; son emploi n'est donc à indiquer que si l'on veut, en même temps que l'azote, donner de la potasse au sol. Nous le négligerons, en ce moment.

Le sulfate d'ammoniaque et le nitrate de soude ont des propriétés communes. Il sont également facile à répandre, ils sont solubles au même degré et, à la faveur de l'humidité, pénètrent également bien dans le sol ; enfin, leurs effets sur la végétation semblent se produire avec la même rapidité. Mais ils ont aussi les propriétés spéciales. Le sulfate d'ammoniaque contient de 20 à 21 kilos d'azote pour 100 kilos de son poids, à l'état d'ammoniaque combiné à de l'acide sulfurique.

L'azote ammoniacal, jusqu'à ces derniers temps, était considéré comme entièrement assimilable et absorbable par les plantes ; ceci est maintenant contesté, et, d'après une théorie nouvelle, il devrait au préalable se nitrifier, c'est-à-dire se transformer en acide nitrique. Mais quelle que soit la valeur des études réccentes sur ce point, il n'en reste pas moins acquis que l'action du sulfate d'ammoniaque est des plus rapides.

Ce sel se diffuse bien dans le sol, sans sy perdre ; restant à la surface, il convient bien aux plantes à racines superficielles, comme les céréales. Lorsqu'il est appliqué en proportion convenable, les céréales mûrissent bien et donnent un grain bien nourri. De plus, dans la décomposition qu'il subit, l'acide sulfurique étant mis en liberté, s'attaque aux bases alcalines du sol, et par suite à la potasse qu'il contribuerait à rendre assimilable.

Le nitrate de soude contient moins d'azote, 15 à 16 kilos seulement pour 100 kilos, sous la forme nitrique associée à la soude. L'azote serait ici, suivant la théorie nouvelle, plus directement absorbable et n'aurait besoin d'aucune transformation. Mais cet azote, en se diffusant dans le sol, tend à y descendre et se laisse facilement entrainer par les pluies. Dans les terres légères, il est donc exposé à descendre hors de la portée des racines des céréales ; dans les terres argileuses, cet effet serait moins à craindre. L'expérience a prouvé aussi que, sous son action, la céréale reste plus longtemps à l'état herbacé, mûrit plus tardivement et craint davantage l'échaudage ; le grain est bien moins nourri qu'avec le sulfate d'ammoniaque.

Ces défauts, pour être corrigés, nécessisteraient une proportion plus forte d'acide phosphorique ; quant à la soude qu'il contient, elle n'a qu'une action nulle et n'est, pour les céréales, d'aucune utilité.

Lequel de ces deux sels devra être préféré ?

D'après ce qui vient dit, il semble que ce doit être le sulfate d'ammoniaque. Toutefois, le prix de revient de l'azote, dans chacun de ces deux sels, devra être pris en considération. Peut-être serait-il encore meilleur de faire un mé ange des deux sels, pour équilibrer les uns par les autres, leurs défauts et leurs qualités. Chacun suivra, à cet égard, son goût et ses convenances.

ENGRAIS PHOSPHATÉS

Quand aux engrais phosphatés, ils doivent, pour contenir leur acide phosphorique à l'état soluble et devenir aptes à l'emploi en couverture, avoir été transformés en superphosphates ou en phosphates dits précipités. Cette transformation s'obtient en faisant agir sur les phosphates, soit l'acide sulfurique, soit l'acide chlorydrique, pour modifier leur composition. Par une simple opération chimique, on obtient ainsi, en quelques instants, un résultat qui ne se produirait que lentement dans le sol. Pour les effets à obtenir, il n'y a pas de différence à établir entre les superphosphates et les phosphates précipités, mais on emploie de préférence les premiers, qui sont d'une fabrication plus courante et qui sont en général, moins chers. Leur dosage est variable, suivant le degré de pureté des matières premières avec lesquelles ils ont été fabriqués. Dans la quantité à employer, on devra donc avoir égard au dosage d'acide phosphorique déclaré soluble qu'ils contiendront. Quoique très soluble dans cet engrais, l'acide phosphorique paraît offrir une assimilabilité un peu moins rapide que l'azote des sels azotés ; il conviendra donc d'en augmenter un peu la quantité indiquée par la théorie ; on sera, par là, plus assuré d'éviter les mécomptes.

L'excès de cet élément, au reste, ne sera jamais à craindre et ne portera aucun tort à la végétation ou au rendement en grains ; la plante ne prend que ce qui lui est nécessaire et n'en absorbe jamais à outrance, comme elle le ferait de l'azote ; ce qu'elle ne prend pas, reste en réserve dans le sol et ne constitue même pas une dépense inutile.

QUANTITÉ D'AZOTE ET D'ACIDE PHOSPHORIQUE A APPLIQUER

Pour la déterminer, il faudrait connaître les réserves assimilables du sol, en vue du résultat que l'on vise, afin de pouvoir au besoin les compléter. Nous entrons ici dans la région des hypothèses et des tâtonnements ; ce n'est que par les expériences renouvelées et par l'analyse, que chacun arrivera à connaître parfaitement les besoins de son sol. Essayons cependant de puiser, dans les travaux des savants, quelques renseignements propres à guider les premiers essais.

D'après les tables de Wolff, qui a analysé un grand nombre de plantes en vue de déterminer leur composition et la nature de la proportion des engrais qui leur sont nécessaires, une récolte de trente hectolitres de blé lui aurait accusé, tant dans les grains que dans la paille, 67 kil. d'azote et 31 kil. d'acide phosphorique ; d'où il résulte que, par hectolitre récolté, il a été assimilé 2 k. 25 d'azote et 1 kil. d'acide phosphorique. Il s'en suivrait, comme conséquence, que l'on ne peut pas espérer augmenter une récolte de blé d'un hectolitre, sans lui procurer la quantité d'azote et d'acide phosphorique ci-dessus. Mais ce n'est encore qu'un minimum, car, suivant d'autres savants, la somme des éléments utiles trouvés dans la récolte à sa maturité, est loin de donner une idée exacte des besoins de la plante. La matière sèche contenue, paraît-il, dans le froment, s'accroît jusqu'au moment de la floraison, pour décroître ensuite jusqu'à la récolte, et tous les éléments de la plante subissent cette loi, l'azote comme l'acide phosphorique.

On se tromperait donc en espérant récolter autant d'hectolitres que l'on aurait ajouté de fois les doses citées plus haut. L'analyse de Wolff est précieuse, surtout en ce qu'elle établit le rapport de l'acide phosphorique à l'azote, de $\frac{\text{1 kil.}}{\text{2 k. 25.}}$, et ce rapport devra être tout au moins rigousement observé dans nos mélanges.

CAS OÙ L'EMPLOI DES ENGRAIS EN COUVERTURE EST INDIQUÉ

Il est facile, à l'inspection d'un champ de blé, de savoir si la couverture est nécessaire ou seulement utile, le blé qui, à la fin de l'hiver, présente une belle teinte vert foncé, des feuilles larges et des tales vigoureuses, n'a besoin de rien ; on ne pourrait donc avoir pour but, en lui donnant un supplément d'engrais, que d'en augmenter le rendement. C'est alors qu'il faudrait craindre l'excès d'azote : on ne saurait, dans ce cas, lui associer trop d'acide phosphorique.

Quand au blé qui ne présente, au contraire, que des tiges et des feuilles grêles et une teinte pâle se rapprochant du jaune, on peut, sans hésitation, lui appliquer une couverture de 100 à 150 kil. de sulfate d'ammoniaque ou 150 à 200 kil. de nitrate de soude, par hectare, soit de 20 à 30 kil. d'azote associés à autant d'acide phosphorique, au moyen de superphosphates. En quelques jours, si la végétation a repris sa marche, cette couverture rendra à la récolte un meilleur aspect et suffira à l'assurer. De même, une récolte semée tardivement, et qui a eu à souffrir de circonstances défavorables, reprendra une vigueur nouvelle et regagnera le temps perdu.

Il est inutile d'ajouter que, si l'on croit le sol pourvu d'une réserve suffisante d'acide phosphorique, cet élément pourra être supprimé dans la couverture, qui ne se composera plus alors que d'engrais azotés.

ÉPANDAGE DES ENGRAIS EN COUVERTURE

C'est au moment où la végétation commence à se manifester, qu'il doit avoir lieu. Il faut choisir, pour l'opérer, un temps calme et assez sec pour que les feuilles ne soient pas mouillées et ne retiennent pas la poudre fertilisante, qui exercerait sur elles un effet nuisible. On donne ensuite un coup de herse, si c'est possible. Si l'on peut faire l'opération par un temps qui annonce une pluie prochaine, elle n'en sera que meilleure, car si l'eau tombe immédiatement après, on est sûr d'obtenir de l'engrais le maximum d'effet utile.

Les agriculteurs habiles parviendront, après quelques essais, à tirer un parti avantageux de ce mode d'emploi des engrais chimiques. Mais au début, nous leur conseillerons une grande prudence, afin de ne pas dépasser le but et de ne pas s'exposer à des mécomptes.

De Lambilly.

Extrait du « Progrès agricole »

CHEMINS DE FER DE L'OUEST

—

Paiement du Dividende (Exercice 1892).

Le Conseil d'administration a l'honneur de prévenir MM. les actionnaires que le coupon de dividende de l'exercice 1892,

(n° 76), pour les actions de capital,

(n° 28), pour les actions de jouissance,

fixé à 21 francs par l'Assemblée générale, est payable, à partir du 1er avril :

1° A présentation, à la Caisse de la Compagnie, à Paris, gare

Saint-Lazare (bureau des titres), de dix heures du matin à deux heures de l'après-midi, les dimanches et fêtes exceptés ;

2° Sous un délai de quinze jours, à dater du dépôt des coupons ou des titres nominatifs ne donnant pas lieu à d'autres opérations que celles de la vérification :

dans les gares du réseau de l'Ouest désignées pour ce service,

dans toutes les gares du réseau français de la Compagnie de Paris-Lyon-Méditerranée, et à ses bureaux des titres de Lyon, de Marseille et d'Alger,

dans toutes les gares du réseau d'Orléans,

dans les principales gares du réseau de l'Est ;

3° Sous un délai de vingt jours, dans les principales gares du réseau du Midi (Bordeaux excepté) ;

4° Sans frais ni commission, mais sous réserve de délais, à tous les guichets :

de la Société Générale,

de la Société générale alsacienne de Banque,

du Crédit Lyonnais,

du Crédit industriel et commercial et chez tous ses correspondants de province ;

5° A tous les guichets de la Banque de France, dans les délais et conditions d'usage.

Par suite des impôts établis par les lois de finances, le montant de ce coupon est de :

TITRES NOMINATIFS	
Actions de capital et de jouissance.	20 fr. 160
TITRES AU PORTEUR	
Actions de capital.	19 fr. 102
Actions de jouissance.	19 fr. 025

SYNDICAT DE CHARTRES

Marchandises en dépôt

Marchandises actuellement en dépôt :

Superphosphate minéral soluble au Citrate.

Phosphoguano ordinaire.

Phosphoguano surazoté.

Nitrate de soude.

Sulfate de cuivre.

Sulfate de fer.

Carbonate de soude.

Tourteaux de lin pour engraissement.

— de sésame blanc du Levant pour engraissement.

— de Coprah, Ceylan, pour vaches laitières.

Huile d'olive surfine, à 1 fr. 90 le kilog. (Après épuisement de la provision existant au dépôt, les prix seront augmentés par suite du manque de production en 1892).

Huile de sésame fine, à 1 fr. 11 le kilog.

Savon bleu à 0 fr. 50.

Savon blanc à 0 fr. 55 le kilog.

Les huiles sont fournies en bonbonnes de verre, cachetées et plombées par les expéditeurs, et par quantités de 25 kilog. environ.

Elles sont garanties absolument pures.

Les savons sont livrés en caisse de 25 à 30 kilog. également.

Enfin le dépôt contient également de l'huile minérale russe,

(Ragosine) excellente et avantageuse pour le graissage des machines agricoles, au prix de 0 fr. 50 le kilog. (non logé), et de l'huile à brûler, double épuration à 0 fr. 80 le kilo. (logée), le tout en bonbonnes d'environ 25 kilog.

Toutes les substances ci-dessus sont fournies immédiatement contre paiement comptant, en s'adressant chez M. Mercier, comptable du syndicat, 4, place Saint-Michel, tous les jours de la semaine (dimanches et fêtes exceptés et le samedi avant midi).

Elles peuvent également être expédiées par chemin de fer transport à la charge de l'acheteur.

Le syndicat peut encore faire fournir à ses adhérents, et à des conditions très avantageuses :

1° Des ardoises provenant des mines d'Angers ;
2° Des tuiles ordinaires et des tuiles Muller.
3° De la chaux et du plâtre pour constructions ;
4° Des raisins pour boissons (Corinthe, Thyra, Samos, etc) ;
5° Des ronces artificielles et des grillages métalliques ;
6° Enfin toutes machines agricoles provenant des meilleurs fabriques, notamment des Trieurs Marot et des Tarares Denis.

Pour tous renseignements, s'adresser à l'Agent-Comptable.

Avis très important

Nous recommandons vivement aux Syndiqués qui nous envoient des échantillons d'engrais pour les analyser, de ne pas oublier d'indiquer sur ces échantillons même leur nom et leur adresse sous cette forme :

Envoi de M. *à*

C'est le seul moyen que nous ayons de reconnaître leur provenance. Faute de ces indications, nous avons dû renoncer à analyser divers échantillons qui nous ont été envoyés.

A VENDRE, en barriques, vin blanc de Vouvray, récolté au château des Girardières, en 1892. S'adresser à M. BRULEY, rue Flatters à Laval.

A VENDRE : Pommes de terre Richters-Imperator, *très belles*, 1 fr. le double-décalitre, sur wagon gares Gennes-Longuefuye (Mayenne), emballage gratis. Ecrire à M. GASNOS, Fresnay-sur-Sarthe.

A VENDRE 100 gerbées de seigle. — S'adresser à M. Tardiveau Serge, à Ermenonville-la-Petite, par Illiers (Eure-et-Loire).

A VENDRE : Pomme de terre Richters-Imperator, pure et authentique, à 6 fr. les 100 kilogram., 7 wagons paille de blé, première qualité, à 68 fr. les 1.141 kilogr. sur wagon, rayon Chartres.

S'adresser à M. MERCIER, comptable du Syndicat, 4, place Saint-Michel, à Chartres.

PROPRIÉTAIRE, habitant en France, possédant Vignoble en Algérie, n'étant soumis ni à la licence ni à la patente et ne pouvant ainsi vendre que le produit de sa récolte.

Offre vins rouges, récolte 1891, franco toutes gares de France, paiement 60 jours net, fût de 220 litres, aux prix de 95 et 110 francs.

Les vins expédiés en France aussitôt après la récolte y sont soignés pendant un an avant d'être livrés à la consommation.

Envoi échantillons colis postal contre 1.50 timbres.

D. Robert, président du Syndicat, Loudun (Vienne).

Vacherie à céder après fortune, aux portes de Paris, 25 hectares de terre, prairies et culture, 50 vaches, chevaux, voitures et tout le matériel. Vente journalière 600 litres de lait à 50 et 40 centimes le litre. Bénéfice net garanti 18.000 fr. Grande et belle installation, pavillon d'habitation de 10 pièces. On traitera avec 30.000 francs ou des garanties. S'adresser à M. DAGORY, 149, rue Lafayette, Paris. Grand choix d'autres commerces à céder dans Paris ou aux environs. Renseignements gratuits.

TERRE DE LA MOTTE DAUDIER

Commune de Niafles, par Craon (télégraphe, chemin de fer à 3 kilomètres) département de la Mayenne.

250 reproducteurs mâles et femelles de la race Durham pure, des tribus Gwynne, Beeswing, Catherine, Zemima, Niblet, Portia, Rosalind.

Les Durhams de M. le comte de Quatrebarbes ont remporté à Vannes et à Tours un 2e et un 3e prix, deux prix supplémentaires, une mention et une médaille d'or de la Société des Agriculteurs de France.

Moutons Dislhey et Southdown importés.

Mâles et femelles de la race porcine craonnaise pure.

Blés d'espèces améliorées à grand rendement pour semences, Dattel et autres.

S'adresser toute l'année à M. Gendry, régisseur.

VINS DE BORDEAUX

Garantis naturels. — Médaillés à l'Exposition universelle de 1889.

VINS ROUGES La pièce de 225 litres :		VINS BLANCS La pièce de 225 litres :	
2mes Côtes 1890	100 f.	Entre 2 Mers 1890....	110 f.
Paluds 1890	115	Petites Graves 1890 .	125
1res Côtes 1890.......	125	Graves 1889	150
Côtes supér. 1889.....	150	1res Côtes Soupiac 1888	200
Graves Portets 1889 ..	200	Barsac, sec 1888......	250
Graves La Brède 1889	250	Ht Barsac, liquor, 1887	350
Médoc Cussac 1889 ..	350	Sauternes, liquor. 1887	500

Double fût : 5 francs en sus.

Livraison en gare de départ. — Paiement à 90 jours net, ou à 30 jours avec 2 0/0 d'escompte.

S'adresser à M. G. BORD, secrétaire général du Syndicat agricole de CADILLAC (Gironde).

Le Gérant, H. LEROUX.

Laval, Imp. H. Leroux.

6e Année Mai 1893. No 56

Ce Bulletin parait le 15 de chaque mois.

BULLETIN AGRICOLE DE L'OUEST

Organe des Syndicats Agricoles
des départements du Finistère, des Côtes-du-Nord,
du Morbihan, de la Loire-Inférieure, d'Ille-et-Vilaine, de la Manche, de la Mayenne, de Maine-et-Loire, de la Sarthe, de l'Orne, du Calvados, de l'Eure, d'Eure-et-Loir
et de la Seine-Inférieure.

Publié sous la direction de :

H. LÉIZOUR, (✻ M. A.) (◊ A.)
Professeur départemental d'Agriculture de la Mayenne, Directeur du Laboratoire agronomique, Président du Syndicat des Agriculteurs de la Mayenne.

GAROLA, (O. ✻ M. A.) (◊ A.)
Professeur départemental d'Agriculture d'Eure-et-Loir, Directeur de la Station agronomique de Chartres.

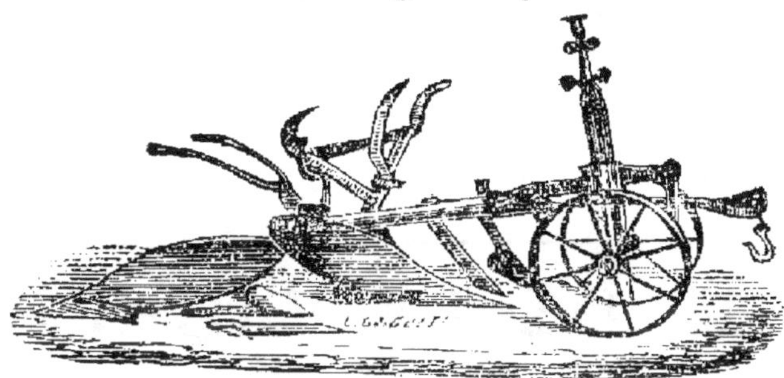

ABONNEMENTS

Les membres des syndicats adhérents sont abonnés gratuitement par leurs bureaux. — Pour les étrangers aux syndicats : **6 fr.** par an.

ANNONCES

De 1 à 4 annonces.	» **50c** la ligne.	De 8 à 12 annonces	» **30c** la ligne
De 4 à 8 —	» **40c** —	Au-delà de 12.	» **20c** —

Le bulletin publiera gratuitement les offres et demandes des Syndicats abonnés.

AVIS. — Tout ce qui concerne la rédaction, les Annonces et les Abonnements, doit être adressé à M. LÉIZOUR, rue de la Filature, 1, à Laval.

202

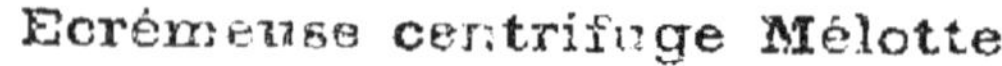

Ecrémeuse centrifuge Mélotte

200 et 300 litres à l'heure. Force : une femme

NOUVEAUX PERFECTIONNEMENTS

La plus légère, la plus facile à conduire, la plus puissante et la seule écrémeuse à **bras** pouvant réellement débiter **300 litres** avec le meilleur écrémage.

EDM. GARIN

Ingénieur Construct^{r} Mécanicien

(A CAMBRAI NORD)

Spécialité d'installations complètes de laiteries

ÉCRÉMEUSES CENTRIFUGES
à bras et à moteur

BARATTES, MALAXEURS

BARATTES ÉTAMÉES
à températeur

Machines à Vapeur

PRIX :

N° 1.	A bras, 100 litres à l'heure.	460 f.
2.	A bras, 200 litres à l'heure.	550
2 *bis*	A bras, 300 litres à l'heure	650
	A moteur, en plus	26
3.	A moteur, 320 litres à l'heure.	750
4.	A moteur, 400 litres à l'heure.	950
4 *bis*.	A moteur, 700 à 800 litres à l'heure . . .	1200

OFFICE DE LA VACHERIE

VINGT-QUATRIÈME ANNÉE

Choix de Vacheries dans Paris et banlieue depuis 5,000 francs jusqu'a 100,000 francs

Seule maison recommandée par les Chambres syndicales des laitiers-nourrisseurs

VACHERIE à céder près **Paris, après fortune,** tenue depuis 25 ans, clientèle bourgeoise, 23 vaches hollandaises premier choix, 300 litres hiver, 400 litres été, vendus 40 et 50 centimes, peu de frais généraux. Bail à volonté, vendeur propriétaire. Bénéfices annuels depuis 2 ans 12.000 francs. On traitera avec 20.000 francs argent ou garanties.

S'adresser à MM. Laporte et Lefranc, 93, boulevard Sébastopol, Paris.

Sont vendues, les vacheries annoncées précédemment.

CONCOURS AGRICOLE DÉPARTEMENTAL DE LA MAYENNE

Le deuxième concours départemental de la Mayenne se tiendra, en 1893, dans la ville de Mayenne, les 21, 22 et 23 Juillet.

Bien que nous ne soyons séparés de cette date que par trois mois à peine et que l'excessive sécheresse de l'année ne soit pas favorable à ces sortes d'exhibitions, nous ne doutons pas que, comme l'an dernier, les agriculteurs du département ne trouvent le moyen d'être prêts en grand nombre à profiter des encouragements que l'Etat, le département et la ville de Mayenne mettent à leur disposition.

Ni la brièveté des délais, ni l'inclémence de la saison, qui d'ailleurs sont les mêmes pour tous, ne doivent écarter les candidats aux diverses récompenses de ce concours. Chacun, au contraire, doit avoir plus à cœur que jamais de faire voir ce qu'on peut faire au milieu de circonstances défavorables et combien on peut compter sur l'énergie des cultivateurs.

Le programme détaillé du concours sera prochainement publié, mais dès aujourd'hui nous devons porter à la connaissance des intéressés ses principales dispositions.

Seront appelés à prendre part au concours de bonne etnue de ferme et d'enseignement agricole, les cultivateurs et les instituteurs des cantons de *Loiron*, *Laval-Ouest*, *Laval-Est*, *Argentré*, *Montsûrs*, *Evron et Sainte-Suzanne*.

Le programme du concours de bonne tenue de ferme est le même qu'en 1892 et comprend *neuf prix*, dont trois pour la confection, la conservation et le mode d'emploi du fumier et l'usage des engrais complémentaires, et *six prix* pour la bonne tenue de ferme.

Des médailles pourront être décernées en outre, pour la bonne tenue de l'intérieur des fermes, aux fermières les plus méritantes et pour plantations de pommiers et soins donnés aux vieux arbres fruitiers.

Les Cultivateurs, propriétaires, fermiers ou métayers des cantons ci-dessus désignés qui

voudront prendre part au concours devront en adresser la demande par écrit, avant le 1er juin prochain, à M. LÉIZOUR, à Laval.

La visite des exploitations aura lieu dans la dernière quinzaine de juin.

Le programme du concours d'enseignement agricole a été adressé à tous les instituteurs intéressés. Il comprend les trois catégories suivantes :

1° Ecoles primaires supérieures et cours complémentaires ;

2° Ecoles comprenant un adjoint ;

3° Ecoles comprenant plus d'un adjoint.

Les instituteurs qui voudront prendre part au concours auront à produire un travail écrit, sur une question agricole qui leur a été indiquée.

Les demandes d'inscription pour le concours devront nous parvenir avant le 1er juin prochain.

En ce qui concerne le concours proprement dit, nous devons signaler dès aujourd'hui les deux modifications suivantes apportées au programme de l'année dernière.

Une section spéciale est créée, dans le concours hippique, pour les étalons de 2 à 3 ans.

Des sous-sections ont été créées dans les deux premières catégories de l'espèce bovine, pour permettre aux propriétaires de concourir dans ces catégories.

Les fermiers et métayers continueront à concourir entre eux, à l'exclusion des propriétaires, dans les premières sous-sections des deux premières catégories ci-dessus, et la somme de 4320 francs prévue au programme de 1892 leur est encore exclusivement réservée.

H. LÉIZOUR.

La sécheresse et l'agriculture

La sécheresse du printemps et de l'été de l'an dernier, aidée par les gelées tardives, avait été désastreuse pour la culture.

Les mêmes phénomènes atmosphériques menacent de l'être encore plus cette année et déjà un grand nombre de cultures sont très compromises.

La végétation des céréales d'automne est arrêtée partout où le sol n'a pas une couche perméable très profonde et les céréales de printemps, semées dans des terres déjà trop sèches, n'ont pas germé, ou n'ont germé que très irrégulièrement et, à moins de pluie à bref délai, leur produit sera nul.

Mais, bien que les céréales aient une très grande importance pour nos pays, c'est la production fourragère qui, dans les circonstances actuelles, préoccupe surtout les agriculteurs, et c'est d'elle que nous allons nous occuper. D'ailleurs, pour les céréales il n'y a désormais rien à faire, si ce n'est de remplacer celles qui menacent de ne rien donner, par une des plantes fourragères dont il va être question plus loin.

Tous les fourrages, y compris la paille des céréales, ayant fait défaut l'année dernière, les anciennes réserves ont été épuisées et la disette fourragère sera encore bien plus terrible cette année, si on ne fait pas tout le possible pour l'atténuer.

Le foin sera nécessairement très rare, car, à l'exception des prairies naturelles arrosées, ou reposant sur un sol profond et riche, l'herbe n'a pas poussé et il est maintenant trop tard, même avec une pluie immédiate, pour qu'elle puisse rattraper le temps perdu. Les trèfles et les luzernes ont très mal réussi l'été dernier, et, là où on les a conservés, ils sont très clair-semés et leur rendement sera très mauvais.

Dans beaucoup d'exploitations la vesce d'hiver a été détruite par les gelées et comme la vesce de printemps ne végète pas, on est fort embarrassée pour l'alimentation des animaux.

Il s'agit donc, à l'heure actuelle, de s'assurer des fourrages le plus promptement possible, pour la consommation immédiate d'une part, et pour l'hiver prochain d'autre part.

La difficulté, pour arriver à ce résultat, n'est pas dans le choix des plantes à cultiver, mais bien dans le moyen de les placer dans des conditions telles qu'elles puissent végéter.

Pour réussir il faut tout d'abord s'adresser, dans chaque exploitation, à la parcelle de terre inoccupée qui a le plus de profondeur, par conséquent le plus de fraîcheur et la fumer aussi abondamment que possible. Comme il est nécessaire d'aller vite et d'obtenir des produits aussi abondants que possible, il conviendra, dans tous les cas, et quelle que soit la quantité de fumier employée, de faire usage de nitrate de soude et de superphospate, qui, en agissant plus rapidement que le fumier, assureront une végétation plus prompte.

Ces engrais ne devront pas être enfouis sous le labour, qui devra être assez profond pour ramener de la terre fraîche à la surface, et qui, par suite, les mettrait hors de portée des premières racines. On les épandra sur le labour, avant le hersage, de façon à les mélanger à la couche superficielle du sol seulement. Les doses à employer varieront selon les circonstances, de 100 à 300 kilos de nitrate de soude, et de 400 à 600 kilos de superphosphate à l'hectare. Pour le maïs et la vesce il conviendra d'ajouter 100 à 150 kilos de chlorure de potassium à l'hectare. La vesce d'automne ne devra pas recevoir de nitrate de soude.

Pour avoir du fourrage fauchable le plus tôt possible, c'est le semis du sarrazin ou blé noir, surtout la variété de Tartarie, qui est indiqué. Dans les bonnes terres et dans celles qui recevront une bonne fumure on devra y mélanger une petite proportion de pois gris, qui améliorera sensiblement le fourrage.

Le sarrazin germe très vite et si on a soin de le semer sur un labour frais, son feuillage couvrira le sol avant qu'il n'ait eu le temps de se dessécher outre mesure. Dans ce cas il faut semer dru, à raison de 150 litres à l'hectare, au moins.

Pour obtenir un bon résultat du pois, il faudra faire tremper préalablement la semence dans l'eau, pendant deux ou trois jours, afin d'en hâter la germination.

Il va sans dire que toutes les graines devront être enterrées plus profondément qu'en temps ordinaire, afin que, d'une part, elles aient des chances de trouver assez d'humidité pour germer et que d'autre part, les jeunes racines se développent au-dessous de la couche de terre directement exposée aux rayons solaires.

En prévision des difficultés qu'on rencontrera dans la culture des racines pour l'hiver, nous engageons à semer un mélange de graines de navet et de rutabaga, (2 kilos de graines de navet et un kilo de graine de rutabaga par hectare) dans le sarrazin, dont le couvert protégera la jeunesse et qui, à la faveur des engrais appliqués, donneront un excellent produit à l'entrée de l'hiver.

Il conviendrait de faire au moins deux semis de sarrasin, à 15 jours d'intervalle afin de s'assurer du fourrage fauchable jusqu'à l'arrivée du maïs.

Par ce temps d'excessive sécheresse, c'est surtout au maïs qu'il faut avoir recours pour l'alimentation des animaux pendant la plus longue période possible.

En semant de suite du maïs précoce, du quarantin par exemple, on peut en avoir de fauchable avant la fin du mois d'août. Le maïs des Landes, semé en même temps, arrivera à la consommation en septembre et octobre.

En vue de l'ensilage pour l'hiver, on peut semer le maïs Caragua en mai, mais si le semis ne peut se faire qu'en juin, il est préférable de semer encore du maïs des Landes, qui demande moins de temps pour sa végétation.

Il ne faut pas oublier surtout que le maïs est une plante très avide d'engrais et que, par suite, si on veut en obtenir de bons rendements il est nécessaire de lui appliquer une forte fumure, composée au moins en partie, d'engrais immédiatement assimilables. Comme pour les pois, la semence devra être trempée préalablement dans l'eau, afin de hâter la germination, et le semis fait sur labour frais, en ayant soin d'enterrer la semence à quatre ou cinq centimètres de profondeur.

Le semis en lignes est tout indiqué dans les circonstances actuelles, afin de permettre les binages, qui sont le meilleur moyen de combattre la dessication du sol.

L'ensilage du maïs est une pratique courante dans un certain nombre d'exploitations de la Mayenne, qui, si nous ne nous trompons, possède dans l'éminent agriculteur de la Grionnière, près Laval, M. Moreul, l'introducteur de l'ensilage en France. C'est une opération très simple, grâce à laquelle on peut conserver pendant longtemps tous les fourrages fauchables. Nous l'étudierons dans un prochain article.

Il va sans dire que les cultures que nous venons de recommander ne devront pas dispenser les cultivateurs de la culture ordinaire des plantes fourragères usuelles. Ces cultures doivent être faites particulièrement en vue du remplacement des fourrages secs qui feront presque complétement défaut l'hiver prochain.

Les cultures de choux, de betteraves, de rutabagas, de carottes, etc., devront, au contraire, être plus étendues et mieux soignées que jamais. Il ne s'agit pas seulement, dans cette question, de trouver le moyen d'éviter la vente en masse des animaux, il faut, en outre, penser à l'avenir. Or, sans fourrages et par suite sans animaux, on ne produit pas de fumier, de sorte qu'une disette fourragère se repercute sur les résultats culturaux de plusieurs années.

H. LÉIZOUR.

Emploi de la terre pour litière

La sécheresse se poursuit impitoyablement et menace d'être encore plus désastreuse que celle de 1892. Les fourrages de printemps, les foins de prairies naturelles et artificielles, ne donneront pas comme première coupe, le quart d'une récolte moyenne. Si favorable que le temps puisse être par la suite, si prévoyant que l'on soit pour s'assurer une forte production en fourrages verts fauchables, en choux et racines diverses, si abondants que puissent-être les paturages divers, le cultivateur ne parviendra pas à combler le vide laissé dans les fenils et les barges, par le manque des fourrages de première coupe.

Les pailles généralement utilisées pour une large part comme litière, devront, pour cette raison, être réservées pour l'alimentation des divers animaux de la ferme, ainsi que les balles, que nous recommandons tout spécialement à l'attention du cultivateur comme valeur alimentaire précieuse, employées en mélange avec des racines.

Les litières feront donc complément défaut, et chacun doit se préoccuper des moyens à employer pour remplacer les pailles, par d'autres matières de nature à être utilisées sous les animaux, afin de s'assurer une certaine production de fumier et d'éviter les déperditions ammoniacales dans les étables, dans la mesure du possible.

A cet effet, les cultivateurs savent tous que les fougères, la bruyère, les ajoncs, les mousses, les feuilles de toutes sortes, etc., sont des matieres qui peuvent être avantageusement employées comme litière. Nous ne nous arrêterons donc pas à les étudier.

Nous allons nous borner à parler d'une autre matière, moins généralement employée et à la portée de tous, de la terre, qui peut et même qui devrait toujours être utilisée dans une certaine proportion comme litière, avec les pailles ou autres matières organiques, à cause de la propriété qu'elle a de condenser la partie la plus riche et la plus volatile des fumiers, l'ammoniaque.

Il n'est pas de cultivateur, qui n'ait éprouvé, surtout le matin, en rentrant dans l'étable ou l'écurie, à l'ouverture des portes, un picotement dans les yeux et les narines. Ce picotement est occasionné par la présence d'un gaz qu'on nomme le *carbonate d'ammoniaque*, qui prend naissance par la décomposition des matières azotées contenues dans les déjections liquides. L'abondance du carbonate d'ammoniaque ainsi dégagé dans les étables, est en raison inverse de la quantité et du degré de porosité des litières. En d'autres termes, moins les litières sont abondantes et absorbantes, plus la perte d'ammoniaque, c'est-à-dire d'azote est grande ; or c'est l'élément qui a le plus de valeur dans les fumiers.

Parmi les litières végétales les pailles des céréales sont considérées comme absorbant l'ammoniaque en plus grande quantité. Or la terre retient l'ammoniaque plus efficacement que les pailles, comme le prouve l'expérience de MM. A. Muntz et A. Ch. Girard, auxquels nous laissons la parole :

« Nous avons fait des expériences comparatives sur « les propriétés absorbantes d'une litière de paille et « d'une litière de terre.

« Un lot de moutons a été placé d'abord sur une litière « de paille d'avoine, donnée dans des conditions normales : « d'autres animaux, en nombre pareil, et recevant une « alimentation identique, ont reçu une litière de terre « légère contenant une proportion moyenne d'humus.

« L'examen de ces litières, à la fin de l'expérience, a « montré que, pour la paille, la proportion d'azote perdu « par suite de la volatilisation de l'ammoniaque, s'élevait « à près de 49 pour 100 ; tandis que, dans l'expérience « parallèle, faite avec la terre, la perte ne s'était élevée « qu'à 24 pour 100. Nous voyons là un exemple frappant « de l'influence qu'exerce le pouvoir absorbant spécifique « des diverses matières employées comme litière. »

Cette expérience démontre d'une façon indéniable, que la perte d'ammoniaque est réduite de moitié dans les étables, lorsqu'on remplace par de la terre les pailles comme litière.

Toutes conditions égales, la terre sera d'autant plus absorbante, qu'elle contiendra moins d'eau, qu'elle sera plus sèche. Il faut en outre pour que cette propriété de porosité de la terre soit portée au plus haut degré, qu'elle soit complètement ameublie et qu'elle contienne le plus d'humus possible. La terre argileuse devra être préférée à la terre sablonneuse.

Le moment serait favorable pour créer des tombes de terre bien sèche, qu'on recouvrirait par un procédé quelconque, en vue de l'utiliser sous les animaux pendant la saison d'hiver, soit pure, soit en mélange avec de la paille ou d'autres matières organiques.

Les curures des fossés, les vases desséchées, la terre prise près des haies où le terrain tend à s'élever et qui renferme plus que par ailleurs des détritus organiques, conviendraient comme litière, après dessication et ameublissement.

Nous engageons vivement les cultivateurs à étudier la question et à en faire l'application. Les résultats obtenus les dédommageraient largement de leur travail.

G. PEYRAS.

La vesce velue

Nous extrayons d'un très-intéressant article de M. Schribaux, à qui nous devons l'introduction de cette bonne plante fourragère, les passages suivants ;

Voici, dit M. Schribaux, les principaux titres de la vesce velue à l'attention des agriculteurs.

Résistance aux froids les plus rigoureux. — L'hiver de 1890-1891, qui a détruit le trèfle incarnat jusque dans le midi de la France, l'a complétement épargnée. Cette même année, dans de mauvaises terres siliceuses, nous ne récoltions pas moins de 26,500 kilos de fourrage vert à l'hectare ; du trèfle incarnat semé en comparaison était complètement annéanti.

L'hiver dernier, chez M. Palluat de Besset, dans le département de la Loire, elle a supporté des froids de 27 degrés.

Précocité remarquable. — En 1891-1892, nous constations une avance d'une quinzaine de jours environ sur le trèfle incarnat. Comme fourrage de 1re saison, elle est donc particulièrement intéressante.

Rusticité. — Elle réunit dans les terres les plus médiocres, pourvu qu'elles ne soient pas humides. Dans des terres siliceuses même très maigres, nous avons obtenu des rendements très-élevés. Pour obtenir un fourrage précoce et abondant, on fera bien de lui conserver de bonnes terres et de ne pas ménager les engrais phosphatés les engrais potassiques.

Elle peut être cultivée indifféremment soit comme

vesce d'hiver soit comme vesce de printemps. — Dans les terres saines et surtout dans les terres exposées à la sécheresse, les cultures d'hiver sont plus recommandables, dans les terres noyées pendant l'hiver, on recourra aux cultures de printemps.

Ainsi que la plupart des légumineuses spontanées récemment introduites dans la culture, elle renferme un principe amer qui n'empêche cependant pas les animaux de la consommer.

A la ferme de l'Institut, dit M. Schribaux, la vesce velue occupe cette année, 50 ares de terre siliceuse de très mauvaise qualité, terre qui n'a pas reçu d'engrais depuis 1891. Les semailles ont eu lieu le 9 septembre à raison de 100 kilos de vesce pour 40 kilos de seigle (pour les 50 ares). Ces jours derniers, le 17 avril, elle mesurait $0^{m}40$ de hauteur et livrait en chiffres ronds 15.000 kilos de fourrage vert à l'hectare. Nous allons couper la vesce velue au fur et à mesure des besoins de la bergerie. Fauchée un peu haut, à moins d'une sécheresse persistante, la plante repoussera :

C'est sur la seconde coupe que nous ferons nos semences. Du trèfle incarnat semé côte à côte mesure 8 centimètres et commence à se dessécher, alors que la vesce velue, dont les racines pénètrent à une grande profondeur, présente une vigueur exceptionnelle. De la vesce d'hiver cultivée en comparaison avec la vesce velue, a été totalement anéantie par le froid.

Le chiffre de 15,000 kilos, peut être grandement dépassé dans les bonnes terres. Au 1er avril M. Boitel récoltait 20 à 25.000 kilos de fourrage vert à l'hectare, semée de bonne heure, avant la fin d'août, dans une excellente terre argilo-siliceuse.

Grâce à sa précocité elle peut être consommée à temps pour faire ensuite des betteraves, des pommes de terre, etc.

A la ferme de Brichardon, située dans la commune d'Olivet (Mayenne), cultivée par M. Vannier, une parcelle de 75 ares a été ensemencée en vesce velue le 15 octobre 1892. Une autre parcelle contiguë, cultivée de la même façon et dans la même pièce est ensemencée en vesce d'hiver.

Les observations que nous avons recueillies du propriétaire en visitant ses cultures le dimanche 7 mai, viennent corroborer exactement celles sus-indiquées par M. Schribaux.

La terre des deux parcelles est très-argileuse, la sécheresse a produit d'énormes crevasses qui déchirent les racines et découpent le sol en petits morceaux, formant en quelque sorte des cheminées qui achèvent sa dessication.

La partie basse de la pièce est très mouillée pendant l'hiver, l'autre partie qui occupe environ les deux tiers de la longueur du champ est relativement saine.

La culture a été la suivante : après un froment le terrain a été labouré et scarifié puis hersé pour recouvrir la semence. La quantité de semence employée a été de 100 kilos de vesce velue et de 75 litres de seigle et autant d'avoine pour 75 ares. Pour la vesce d'hiver, dont la graine est un peu plus volumineuse il a été semé un poids plus considérable avec de l'avoine d'hiver seulement. Dans ces conditions culturales voici les résultats obtenus :

Dans la partie basse, la vesce d'hiver a complètement disparu pendant l'hiver ; la vesce velue au contraire a résisté et atteint en moyenne 35 à 40 centimètres sauf quelques taches très mouillées ou elle est peu fournie.

Dans la partie saine, il y a une différence considérable entre ces deux plantes et nous estimons qu'il y a une différence d'au moins un tiers en faveur de la vesce velue. Dans les meilleures places nous avons mesuré de la vesce velue qui arrivait à 1^{m}20 de hauteur.

En résumé, à Brichardon, on s'estime très heureux d'avoir cette ressource fourragère, d'autant plus précieuse cette année que les autres fourrages sont manqués.

Voici donc une plante qui donne dès maintenant de belles espérances, il serait à souhaiter que la pluie vienne faire pousser les 2es coupes de façon à obtenir de la graine en assez grande quantité pour qu'elle reste à un prix abordable.

P. MASSERON.

Préservation des petits oiseaux

Nous croyons devoir signaler aux lecteurs du « Bulletin agricole » un vœu émis par la Société des agriculteurs de France, relatif à la préservation des petits oiseaux :

« La société des agriculteurs de France,

« Tout en remerciant M. le Ministre de l'Intérieur « d'avoir interdit la destruction des petits oiseaux,

« Emet le vœu :

« Que les petits oiseaux, d'une grosseur inférieure au merle et à la grive, ne puissent être détruits par aucun filet ni engin ;

« Que l'intérêt et l'utilité de cette préservation soient signalés à tous les habitants de la France par voie d'affiches, et dans les écoles, aux enfants, par l'organe des instituteurs ;

« Que l'exécution de la circulaire de M. le Ministre soit confiée à la gendarmerie après affichage préalable dans toutes les communes de la France et dans ses colonies ;

« Que, dans les villes, tous marchés de petits oiseaux soient sérieusement interdits ;

« Et que, s'élevant encore plus haut, M. le Ministre des affaires étrangères provoque une entente entre la France et les puissances étrangères dans le but d'aviser à la « sauvegarde internationale des petits oiseaux. »

Dans les années de fortes chaleurs pendant lesquelles l'éclosion des insectes, nuisibles à l'agriculture, se fait en quantité innombrable : les petits oiseaux deviennent insuffisants pour débarrasser les arbres à fruits et autres végétaux des nombreux insectes qui rongent les feuilles, les fruits et aussi les racines. Protégeons donc les petits oiseaux pour favoriser leur accroissement, ce sont des auxiliaires agréables en même temps que très-utile.

P. M.

La conservation des pommes de terre

Réponse à M. P. D.

(Suite)

Au nombre des procédés recommandés pour la conservation des pommes de terre sans les mutiler figurent la mise en silo et la stratification avec des substances pulvérulentes sèches. Nous ne décrirons point ici les méthodes d'ensilage, qui sont de tous points semblables à celles que l'on applique aux betteraves et autres racines. Rappelons seulement les principes suivants, communs à toutes ces méthodes ; les silos temporaires ou permanents doivent être placés en sol sec et mis à l'abri de l'humidité atmosphérique par un revêtement convenable ; il est nécessaire qu'ils se trouvent pourvus de cheminées d'aération. Sans cette dernière précaution, que l'on néglige quelquefois, les tubercules ensilés dont la vie — qui se traduit par une production d'acide carbonique et par un dégagement de chaleur — se poursuit alors dans une atmosphère confinée, deviennent le siège de fermentations qui déterminent une altération rapide de toute la masse.

L'emploi des matières pulvérulentes sèches repose sur cette donnée que les bourgeons de la pomme de terre ne peuvent se développer dans un milieu dépourvu d'humidité. Partant de ce principe, qui n'est susceptible d'application que dans une certaine mesure, car le tubercule renferme lui-même suffisamment d'eau pour en céder au germe, on a préconisé la stratification des pommes de terre avec de la chaux éteinte, de la sciure de bois, de la poussière de tourbe ou de liège, toutes substances très hygroscopiques. Malgré les témoignages invoqués par quelques auteurs en faveur de ce procédé, nous persistons à croire qu'il n'est que d'une efficacité relative et momentanée. Lors d'expériences tentées à la Station d'essais de semences, nous avons eu l'occasion de constater que des pommes de terre, placées les unes dans de la chaux, les autres dans la tourbe parfaitement sèche, germaient assez rapidement et donnaient naissance à un grand nombre de petits tubercules. Ce résultat paraît difficilement compatible avec les cas de conservation pendant sept ou huit mois signalés à plusieurs reprises dans les publications agricoles.

(A suivre).

Bibliographie

La revue mensuelle *Le Cidre et le Poiré*, dirigée par M. P. Muller, rue du Collège à Argentan (Orne), est ornée depuis le numéro de mai de magnifiques planches coloriées et de belles photographies provenant de l'album de M. Hérissant et représentant les variétés de pommiers qui composent le verger de l'école pratique d'agriculture des Trois-Croix à Rennes, dont il est directeur. A côté de cette monographie, la revue publiera une étude intitulée : Dictionnaire des pommiers à cidre cultivés dans la région septentrionale de la France (3.000 variétés et les synonymies), par M. Heuzé, inspecteur général honoraire de l'agriculture.

Des études avec dessins coloriés seront faites sur les *Ennemis du poirier* et sur les *Maladies du pommier*. Enfin, avec les nombreux articles qui intéressent les pays cidricoles, on peut considérer que l'abonnement n'est pas élevé (7 fr. par an) étant donné que chaque numéro comporte au moins 40 pages.

SYNDICAT DE CHARTRES

Marchandises en dépôt

Marchandises actuellement en dépôt :
Superphosphate minéral soluble au Citrate.
Phosphoguano ordinaire.
Phosphoguano surazoté.
Nitrate de soude.
Sulfate de cuivre.
Sulfate de fer.
Carbonate de soude.
Tourteaux de lin pour engraissement.
— de sésame blanc du Levant pour engraissement.
— de Coprah, Ceylan, pour vaches laitières.

Huile d'olive surfine, à 1 fr. 90 le kilog. (Après épuisement de la provision existant au dépôt, les prix seront augmentés par suite du manque de production en 189?)

Huile de sésame fine, à 1 fr. 11 le kilog.
Savon bleu à 0 fr. 50
Savon blanc à 0 fr. 55 le kilog.

Les huiles sont fournies en bonbonnes de verre, cachetées et plombées par les expéditeurs, et par quantités de 25 kilog. environ.

Elles sont garanties absolument pures.

Les savons sont livrés en caisse de 25 à 30 kilog. également.

Enfin le dépôt contient également de l'huile minérale russe, (Ragosine) excellente et avantageuse pour le graissage des machines agricoles, au prix de 0 fr. 50 le kilog. (non logé), et de l'huile à brûler, double épuration à 0 fr. 80 le kilo. (logée), le tout en bonbonnes d'environ 25 kilog.

Toutes les substances ci-dessus sont fournies immédiatement contre paiement comptant, en s'adressant chez M. Mercier, comptable du syndicat, 4, place Saint-Michel, tous les jours de la semaine (dimanches et fêtes exceptés et le samedi avant midi).

Elles peuvent également être expédiées par chemin de fer transport à la charge de l'acheteur.

Le syndicat peut encore faire fournir à ses adhérents, et à des conditions très avantageuses :

1° Des ardoises provenant des mines d'Angers ;
2° Des tuiles ordinaires et des tuiles Muller.
3° De la chaux et du plâtre pour constructions ;
4° Des raisins pour boissons (Corinthe, Thyra, Samos, etc) ;
5° Des ronces artificielles et des grillages métalliques ;
6° Enfin toutes machines agricoles provenant des meilleurs fabriques, notamment des Trieurs Marot et des Tarares Denis.

Pour tous renseignements, s'adresser à l'Agent-Comptable.

PROPRIÉTAIRE, habitant en France, possédant Vignoble en Algérie, n'étant soumis ni à la licence ni à la patente et ne pouvant ainsi vendre que le produit de sa récolte.

Offre vins rouges, récolte 1891, franco toutes gares de France, paiement 60 jours net, fût de 220 litres, aux prix de 95 et 110 francs.

Les vins expédiés en France aussitôt après la récolte y sont soignés pendant un an avant d'être livrés à la consommation.

Envoi échantillons colis postal contre 1,50 timbres.

D. Robert, président du Syndicat, Loudun (Vienne).

Vacherie à céder après fortune, aux portes de Paris, 25 hectares de terre, prairies et culture, 30 vaches, chevaux, voitures et tout le matériel. Vente journalière 600 litres de lait à 50 et 40 centimes le litre. Bénéfice net garanti 18.000 fr. Grande et belle installation, pavillon d'habitation de 10 pièces. On traitera avec 30.000 francs ou des garanties. S'adresser à M. DAGORY, 149, rue Lafayette, Paris. Grand choix d'autres commerces à céder dans Paris ou aux environs. Renseignements gratuits.

TERRE DE LA MOTTE DAUDIER

Commune de Niafles, par Craon (télégraphe, chemin de fer à 3 kilomètres) département de la Mayenne.

250 reproducteurs mâles et femelles de la race Durham pure, des tribus Gwynne, Beeswing, Catherine, Zemima, Niblet, Portia, Rosalind.

Les Durhams de M. le comte de Quatrebarbes ont remporté à Vannes et à Tours un 2e et un 3e prix, deux prix supplémentaires, une mention et une médaille d'or de la Société des Agriculteurs de France.

Moutons Dislhey et Southdown importés.

Mâles et femelles de la race porcine craonnaise pure.

Blés d'espèces améliorées à grand rendement pour semences, Dattel et autres.

S'adresser toute l'année à M. Gendry, régisseur.

VINS DE BORDEAUX

Garantis naturels. — Médaillés à l'Exposition universelle de 1889.

VINS ROUGES		VINS BLANCS	
La pièce de 225 litres :		La pièce de 225 litres :	
2mes Côtes 1890	100 f.	Entre 2 Mers 1890....	110 f.
Paluds 1890	115	Petites Graves 1890 .	125
1res Côtes 1890.......	125	Graves 1889	150
Côtes supér. 1889.....	150	1res Côtes Soupiac 1888	200
Graves Portets 1889 ..	200	Barsac, sec 1888......	250
Graves La Brède 1889	250	Ht Barsac, liquor, 1887	350
Médoc Cussac 1889 ..	350	Sauternes, liquor. 1887	500

Double fût : 5 francs en sus.

Livraison en gare de départ. — Paiement à 90 jours net, ou à 30 jours avec 2 0[0 d'escompte.

S'adresser à M. G. BORD, secrétaire général du Syndicat agricole de CADILLAC (Gironde).

Le Gérant, H. LEROUX.

Laval, Imp. H. Leroux.

6e Année Juin 1893. 22h N° 57

Ce Bulletin paraît le 15 de chaque mois.

BULLETIN AGRICOLE DE L'OUEST

Organe des Syndicats Agricoles
des départements du Finistère, des Côtes-du-Nord,
du Morbihan, de la Loire-Inférieure, d'Ille-et-Vilaine, de la Manche, de la Mayenne, de Maine-et-Loire, de la Sarthe, de l'Orne, du Calvados, de l'Eure, d'Eure-et-Loir
et de la Seine-Inférieure.

Publié sous la direction de :

H. LÉIZOUR, (✻ M. A.) (✿ A.)
Professeur départemental d'Agriculture de la Mayenne, Directeur du Laboratoire agronomique, Président du Syndicat des Agriculteurs de la Mayenne,

GAROLA, (O. ✻ M. A.) (✿ A.)
Professeur départemental d'Agriculture d'Eure-et-Loir,
Directeur de la Station agronomique de Chartres.

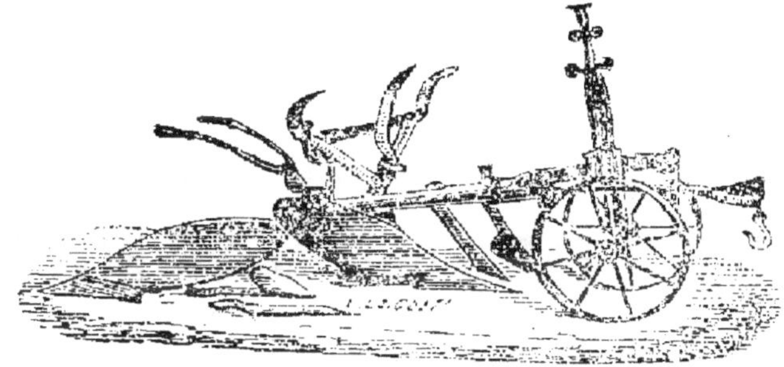

ABONNEMENTS

Les membres des syndicats adhérents sont abonnés gratuitement par leurs bureaux. — Pour les étrangers aux syndicats : **6 fr.** par an.

ANNONCES

De 1 à 4 annonces.	» **50c** la ligne.	De 8 à 12 annonces	» **30c** la ligne
De 4 à 8 —	» **40c** —	Au-delà de 12.	» **20c** —

Le bulletin publiera gratuitement les offres et demandes des Syndicats abonnés.

AVIS. — Tout ce qui concerne la rédaction, les Annonces et les Abonnements, doit être adressé à M. LÉIZOUR, rue de la Filature, 1, à Laval.

Ecrémeuse centrifuge Mélotte

200 et 300 litres à l'heure. Force : une femme

EDM. GARIN

Ingénieur Construct[r] Mécanicien

(A CAMBRAI NORD)

Spécialité d'installations complètes de laiteries

ÉCRÉMEUSES CENTRIFUGES à bras et à moteur

BARATTES. MALAXEURS

BARATTES ÉTAMÉES à températeur

Machines à Vapeur

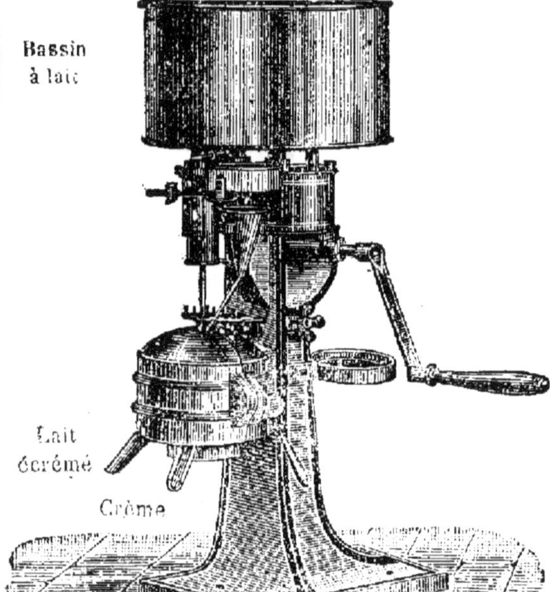

NOUVEAUX PERFECTIONNEMENTS

La plus légère, la plus facile à conduire, la plus puissante et la seule écrémeuse à **bras** pouvant réellement débiter **300 litres** avec le meilleur écrémage.

PRIX :

N° 1.	A bras, 100 litres à l'heure.	460 f.
2.	A bras, 200 litres à l'heure.	550
2 *bis*	A bras, 300 litres à l'heure.	650
	A moteur, en plus	26
3.	A moteur, 320 litres à l'heure.	750
4.	A moteur, 400 litres à l'heure.	950
4 *bis*.	A moteur, 700 à 800 litres à l'heure . . .	1200

OFFICE DE LA VACHERIE

VINGT-QUATRIÈME ANNÉE

Choix de Vacheries dans Paris et banlieue depuis 5,000 francs jusqu'à 100,000 francs

Seule maison recommandée par les Chambres syndicales des laitiers-nourrisseurs

VACHERIE à céder, près **Paris, après fortune,** tenue depuis 25 ans, clientèle bourgeoise, 23 vaches hollandaises premier choix, 300 litres hiver, 400 litres été, vendus 40 et 50 centimes, peu de frais généraux. Bail à volonté, vendeur propriétaire. Bénéfices annuels depuis 20 ans 12.000 francs. On traitera avec 20.000 francs argent ou garanties.

S'adresser à MM. Laporte et Lefranc, 93, boulevard Sébastopol, Paris.

Sont vendues, les vacheries annoncées précédemment.

BULLETIN AGRICOLE DE L'OUEST

Emploi des ramilles d'arbres dans l'alimentation des animaux.

(Réponse à un abonné des Ardennes).

La récolte des fourrages, par suite de la sécheresse excessive qui règne depuis plus de deux mois, est cette année très compromise, et il est indispensable que l'on recherche, dès aujourd'hui, les remèdes à apporter à une si déplorable situation.

La disette des fourrages, en obligeant le cultivateur à se défaire de son bétail à vil prix, a une répercussion rapide sur la production végétale. Les fumures sont nécessairement diminuées, ou d'un prix de revient surélevé. et par suite les bénéfices qui sont déjà précaires, tendent à disparaître. Il y a donc, dans les choses agricoles, un tel enchaînement, que la disette de cette année nous amènerait, si l'on ne prenait, dès maintenant, des mesures pour l'atténuer, une faible recolte pour l'an prochain.

Nous devons donc faire flèche de tout bois pour nourrir nos animaux. C'est en partant de cette idée que nous trouvons que les contrées boisées se trouvent dans une situation bien moins mauvaise que les vastes plaines de la Beauce, où les plantes ligneuses ont été vigoureusement extirpées par les amoureux à outrance de la charrue.

En effet, les arbres pourront rendre, cette année, d'importants services pour la nourriture du bétail. Les feuilles qu'ils produisent abondamment et même les *Ramilles* effeuillées, convenablement récoltées et préparées, constituent une nourriture très acceptable, comme nous allons chercher à le démontrer.

Occupons-nous d'abord des *Ramilles*, petites branches ou fagots.

Il y a longtemps que Henneberg et Stohmann ont démontré que les ruminants digèrent de 30 à 50 pour cent du ligneux, même de la sciure de bois de sapin ou de la pâte à papier de bois. Mais ces aliments sont par trop pauvres pour qu'ils aient pu entrer dans la pratique, et les animaux, d'autre part, ne les trouvent généralement pas de leur goût. Cela n'a rien qui puisse surprendre. Mais dans les plantes ligneuses comme dans les plantes herbacées, les jeunes branchages de la production annuelle sont beaucoup plus riches en éléments nutritifs que les parties plus vieilles.

C'est ainsi que, dans la sciure de bois, provenant de scieries mécaniques, et par conséquent originaires d'arbres ayant leur entier développement, on a trouvé :

	Eau	Matière azotée
Pin des Vosges	38	1,1
Châtaignier du Mont-Dore.	50	1,16
Peuplier.	50	2,18

Les ramilles fraîches des forêts de hêtre contiennent aussi environ 50 pour cent d'eau, et elles présentent la composition suivante, d'après Ramann :

Eau	50,0
Matière azotée.	3,3
Substances grasses et résines.	0,7
Amidon et analogues	28,3
Cellulose.	14,6
Cendres, etc.	3,1

Indépendamment de son état ligneux moins avancé, la ramille de hêtre, prise à la chute des feuilles, est donc bien mieux pourvue de matières nutritives que le bois du tronc, et elle peut se comparer au ray-grass d'Italie sans trop de désavantage, ce dernier dosant :

Matière azotée.	3,6 0/0
Graisse	1,0
Amidon et analogues	12,1
Ligneux	7,0

La seule difficulté que présentait le problème de l'utilisation des ramilles dans la nourriture du bétail, résidait dans leur nature physique même. Le Dr Ramann, d'Eberswalde, a proposé de faire subir aux ramilles la préparation suivante :

Après avoir réduit en très petits fragments les fagots

dont les brins ne doivent pas avoir plus de 1 à 2 centimètres de diamètre au maximum, on y ajoute environ 1 pour cent de malt de brasserie ; puis, après avoir mélangé le tout, on arrose avec des vinasses chaudes ou de l'eau chaude. Le tas ensuite abandonné à lui-même. Bientôt, la fermentation s'y développe, sous l'influence de la diastase de l'orge germé. Cette fermentation est plus ou moins rapide, selon la température extérieure. En général, elle dure de 1 à 3 ou 4 jours. Sous son influence, l'amidon est transformé en sucre, le bois s'amollit et le tout constitue un fourrage que les animaux digèrent parfaitement. On ne retrouve, en effet, que très peu de fragments de bois dans les excréments.

Le procédé de Ramann a été mis en pratique, tout d'abord, par M. Jeno, agriculteur à Cœthen. Ce dernier en a obtenu de très bons résultats.

Il a fait consommer le fourrage de Ramann, du 10 février au 10 mai, à 110 bêtes à cornes, 17 chevaux et à quelques moutons. On distribuait à chaque espèce les quantités suivantes, en substitution à de la paille hachée :

Moutons.	0 k 5
Bœufs.	7 5
Chevaux	3 0

Sur des bœufs, on expérimenta la même ration, dans laquelle la ramille était remplacée par la paille hachée. Les animaux nourris à la ramille présentèrent au bout de 3 mois un léger excédent de 19 kilogr. en tout. La ramille a donc pu être substituée à la paille, poids pour poids, sans que l'alimentation des bœufs s'en soit ressentie.

D'un autre côté, M. de Salisch a expérimenté aussi le fourrage Ramann dans sa propriété de Militsch.

Il mit en expérience deux lots de bêtes bovines, constitués par des vaches et des veaux, de tous points comparables entre eux, et les soumit au même régime alimentaire, du 25 mars au 2 mai, avec cette différence que les 10 kilog. de paille que recevait le premier lot avec ses betteraves et ses tourteaux, étaient remplacés, pour le dernier, par 10 kilog. de ramilles traitées à la manière de M. Ramann. Les animaux de chaque lot furent pesés individuellement au commencement et à la fin de l'expérience. Les vaches nourries à la paille virent leur poids s'élever par tête de 21 k. 9. tandis que les vaches nourries aux ramilles augmentaient de 25 k. 4. Les veaux de 15 mois donnèrent, avec la paille, 14 k. 8 de croît et seulement 10 k. 6 avec la ramille.

D'un autre côté, M. de Salisch a reconnu, par le mesurage direct, que la substitution de la paille aux branchettes avait produit sur les animaux soumis à ce régime, une diminution dans le produit en lait.

Ramann, qui a contrôlé les résultats précédents à l'Académie de Poppelsdorf, près Bonn, a reconnu théoriquement que, plus les rameaux sont finements moulus, mieux leurs principes nutritifs sont utilisés par le bétail. Mais, d'autre part, si la ramille est moins finement divisée la mastication est plus énergique et l'insalivation meilleure. Il y a donc meilleure digestion. C'est pourquoi, il n'est pas nécessaire d'arriver à une division extrême. *Il suffit que le fagot atteigne un état comparable à de la paille hachée.*

Ramann affirme que les animaux acceptent très bien le fourrage de fagot non fermenté, et que la fermention ne l'améliore pas sensiblement.

Enfin, dans le régime des vaches laitières, il a pu, sans nuire à l'entretien des bêtes ni à la production, remplacer 39 0/0 de la matière sèche totale de la ration, par une même proportion de substance sèche de fagot, en maintenant la composition immédiate constante.

Il est donc indiscutable que la ramille constitue un aliment sérieux pour le bétail, en temps de disette fourragère.

Elle est d'autant plus avantageuse que les autres fourrages sont plus chers.

Le prix de revient de 100 kilog. de ramilles, toutes préparées, a varié de 1 fr. 50 à 1 fr. 90. La mouture à façon au moulin à tan se paye 2 fr. et ne revient qu'à 1 fr. 40 quand on est propriétaire d'un tel moulin.

Le prix maximum de la ramille prête à être mangée par le bétail ne dépasse donc pas 3 fr. 90, et il peut tomber à 2 fr. 90 et moins.

Or, d'après les expériences de Ramann, 100 kilogr. de ramille ont le même effet nutritif que 35 kilogr. de foin, de sorte que la valeur réelle du fourrage de Ramann, peut être estimée comme il suit, suivant le cours du foin :

Prix du quintal de foin.	Valeur du quintal de ramille.
7 fr. »	2 fr. 45
8 »	2 80
9 »	3 15
10 »	3 50
11 »	3 85
12 »	4 »

On voit qu'il n'y a avantage à employer la ramille que lorsque le fourrage est cher, et c'est bien le cas où nous allons nous trouver.

Tous les cultivateurs donc qui seront en situation de pouvoir récolter des ramilles, ne devront pas hésiter à employer la méthode de Ramann. Les arbres forestiers ainsi taillés, n'en souffrent pas sensiblement dans leur production, si la taille est faite avec mesure et à plusieurs années d'intervalle.

Mais ce qui vaut mieux que le bois, c'est la feuille : nous nous en occuperons dans un prochain numéro.

C.-V. GAROLA.

(Extrait du *Progrès agricole*).

Usages locaux

Commencées en 1890, les nouvelles rédactions des Usages locaux du département d'Eure-et-Loir viennent d'aboutir au résultat attendu.

Les Commissions des cantons et celles des arrondissements composées de plus de 400 membres, présidées, les premières, par les juges de paix des cantons, et les autres, par les présidents des tribunaux d'arrondissement, ont terminé leurs travaux.

Désormais, chacun des quatre arrondissements d'Eure-et-Loir aura ses cahiers d'usages mis au courant des pratiques qui, depuis près d'un demi-siècle, étaient venues modifier les constatations cantonales de 1845, notamment en matière agricole.

En remerciant les membres des Commissions de leur concours, M. le Préfet a pu constater le zèle et le dévouement qu'elles ont apportés à l'élaboration de l'œuvre commune.

Le Conseil général et l'Administration qui ont pris en main la réalisation de cette œuvre, n'ont, du reste, rien négligé pour la vulgariser.

Les nouveaux Usages ont été adressés à tous les membres des Commissions et déposés dans les mairies, tribunaux, justices de paix, etc., où chacun peut en prendre connaissance.

Mais cette publication officielle serait à elle seule insuffisante. Chacun voudra se procurer le texte des Usages, l'avoir chez soi pour le consulter sans déplacement et à loisir, et pour cela il était nécessaire de recourir à une publication commerciale à bon marché.

Ce n'est pas tout : Il faut reconnaitre que les Usages se réfèrent le plus souvent à des questions de Droit et de Jurisprudence sur lesquelles il est bien permis de ne pas être très ferré, si même on en possède les premiers éléments.

De là, la nécessité d'un commentaire des nouveaux textes.

M. Selleret qui avait édité les notes de MM. Esnault et Parmentier sur les Usages de 1845, en même temps que ces Usages, a pensé que ceux de 1892 méritaient la même attention que les anciens.

Il s'est adressé à M. Watrin, auteur d'une étude publiée en 1890, sur la nécessité de réviser nos anciens Usages, et il en a obtenu des notes explicatives au nombre de 157 qui sont, en réalité, le commentaire et le complément nécessaires des nouvelles Rédactions des quatre arrondissements.

Ces Notes précédées d'une introduction destinée à rappeler ce que sont les Usages, sont suivies d'une table alphabétique de concordance qui facilitera les recherches dans les Usages aussi bien que dans les Notes, et permettra de se reporter des uns aux autres.

Cette publication est, dès à présent, mise en vente chez *M. Selleret*, libraire-éditeur, à Chartres, et chez tous les libraires du département.

Notes et Usages d'un arrondissement, 2 francs.

Notes et Usages des quatre arrondissements, 4 francs.

Transport de diverses denrées servant à l'alimentation du bétail. -- Réduction de prix

Paris, le 3 juin 1893.

Monsieur, pour venir en aide à l'agriculture après la période de sécheresse que nous venons de traverser, le Parlement, à la suite d'un projet de loi déposé, sur ma demande, par M. le Ministre des travaux publics, vient d'autoriser les Compagnies de Chemins de fer et l'Administration des chemins de fer de l'Etat à abaisser, *pendant un délai de trois mois*, les prix applicables au transport de diverses denrées servant à l'alimentation du bétail.

La réduction consentie est de 25 pour 100 sur le prix des tarifs généraux, spéciaux et communs applicables au transport, *par wagon complet*, en grande et en petite vitesses des denrées ci-après dénommées : fourrages, foin, paille de céréales, son, issues de son en sacs, tourteaux, drèches, fèverolles, tourbes et bruyères pour litières.

Je vous prie de vouloir bien appeler l'attention des cultivateurs sur cette mesure de nature à leur permettre de remédier, avec moins de frais, à l'insuffisance des fourrages.

Vous remarquerez que seules les expéditions par wagon complet bénéficient de cette réduction. Vous devrez en conséquence engager les agriculteurs à se grouper pour arriver à effectuer des expéditions de cette importance ; les syndicats agricoles sont appelés, dans cette circonstance, à rendre de grands services.

Le Parlement, en adoptant ce projet de loi, a prouvé une fois de plus l'intérêt considérable qu'il attache à notre production agricole, cette force vive du pays.

Je n'ai pas besoin d'insister pour vous demander d'agir rapidement dans l'intérêt des agriculteurs de votre département.

Recevez, Monsieur, l'assurance de ma considération distinguée.

Le Ministre de l'Agriculture,
VIGER.

Maladies de la vigne

Les quelques treilles de vignes de nos pays, qui ne sont guère vignobles qu'à bonne exposition, sont, en l'année *grande fruitière* de 1893, tellement chargées de belles grappes dont la floraison a été parfaite, que nous pourrions espérer obtenir de nombreuses cueillettes ; mais, il y a un mais? il ne faudrait pas voir apparaître, à la suite de temps pluvieux et chauds, l'une ou l'autre des deux maladies suivantes, qui peuvent anéantir la récolte en juillet, août ou septembre. Ces maladies sont l'oïdium et le mildiou.

OIDIUM

L'oïdium, appelé communément *maladie de la vigne*, se présente sous forme de champignons qui ont l'aspect ainsi que l'odeur de la moisissure, lorsque la vigne en est envahie, elle prend un aspect blanchâtre. Ces champignons se déclarent sur toutes les parties vertes du cep, mais c'est pour le fruit qu'ils sont le plus à redouter. En effet, une fois enveloppé par l'ennemi, le grain se trouve comprimé et éclate C'est sous l'influence de l'humidité et surtout sous celle de la chaleur que se développe l'oïdium.

On combat facilement cette affection avec la fleur de soufre qu'il faut appliquer dès l'apparition du mal. Il est généralement opportun de répéter deux ou trois fois le traitement durant le cours de l'été. Le soufflet est l'instrument le plus pratique pour soufrer les pampres.

Tout en détruisant l'oïdium, le soufre active la végétation de la vigne.

MILDIOU

Ce champignon est beaucoup plus meurtrier que l'oïdium et si l'on ne prévient sa germination par des applications cupriques (la bouillie bordelaise composée de sulfate de cuivre et de chaux à la dose de 3 kilogr. de sulfate de cuivre et 1 k. 500 de chaux pour 100 litres d'eau). Non-seulement la récolte est perdue, mais encore la vigne elle-même peut succomber. On doit faire au moins deux ou trois aspersions cuivreuses chaque année et aux époques suivantes : fin juin, en juillet et en août pour nos pays.

Une feuille mildiousée revêt, à sa face inférieure et par plaques, une poussière ressemblant à du sucre pilé, tandis que des taches correspondantes, de couleur d'abord jaune, puis rouge et enfin brune-violette se manifestent à la face supérieure, puis elle tombe. Le bois mildiousé prend une teinte brune et se recouvre d'efflorescences blanchâtres. Le grain mildiousé passe, suivant les cépages, par des couleurs diverses, il se ride, se dessèche et tombe.

On administre le remède, c'est-à-dire la solution cuprique, avec un pulvérisateur ou simplement avec un petit balai.

Il y a aussi une maladie très commune, mais sans gravité pour laquelle d'ailleurs il n'y a rien à faire, c'est l'*érineum vitis*, elle se manifeste par des taches grisâtres situées comme le mildiou sur l'envers des feuilles, ces taches se creusent et forment des boursouflures à la face supérieure de la feuille, elles sont dues à la piqûre d'un tout petit insecte acarien, le *Phytoptus vitis*.

On ne peut donc pas confondre le mildiou avec l'érineum. Avec le mildiou : taches blanches au début, feuilles lisses, chute des feuilles ; avec l'érineum : taches grisâtres, boursouflures, feuilles restant vertes et continuant à fonctionner.

P. Masseron.

P.S. Le 7 juin courant, nous venons de constater l'apparition des deux maladies ci-dessus désignées qui semblent sévir avec une grande intensité à Laval.

Le superphosphate épuise-t-il la terre ?

C'est une éternelle question, celle-là et à laquelle il faut « éternellement » répondre.

Je ne puis mieux faire aujourd'hui que répéter une conversation que j'ai eue dernièrement avec un propriétaire de mes amis :

— Etes-vous toujours aussi « encroûté », lui dis-je en riant ?

— Ah ! me répondit-il, vous voulez parler des engrais chimiques. Le fait est que je suis contre vous pour cela. J'empêche mes fermiers d'employer le superphosphate, car, enfin, voyons, entre nous, vous ne pouvez pas dire que ça n'épuise pas la terre.

— Homme de peu de foi, répliquai-je, vous serez donc toujours le même ? Et sur quoi vous basez-vous pour dire que le superphosphate épuise la terre ?

— Je me base..., je me base... sur..., mon Dieu, je n'en sais rien ; mais il est bien sûr qu'une aussi petite poudre ne peut pas engraisser la terre et que si elle force la terre à pousser cela ne peut être qu'en l'épuisant.

— C'est là tout votre raisonnement.

— Mon Dieu, oui. Que voulez-vous, moi, je ne connais rien en agriculture. Je ne considère qu'une chose, c'est le fermage que mon fermier me paie. Le reste ne me regarde pas.

— Mais puisque le reste ne vous regarde pas, puisque vous n'y connaissez rien, dites-vous, pourquoi vous mêlez-vous de donner des conseils à vos fermiers ?

— Je ne leur donne pas de conseils, mais je ne veux pas qu'ils épuisent mes fermes.

— Vos fermiers vous payent-ils bien ?

— Très mal, malheureusement.

(A suivre.) P. R.

Syndicat des Agriculteurs de la Mayenne

Le Syndicat des agriculteurs de la Mayenne va prochainement renouveler ses marchés pour la fourniture des divers engrais, pendant le deuxième semestre 1893, c'est-à-dire du 1er juillet au 31 décembre inclus.

Les personnes qui désireraient prendre part à ces fournitures, sont invitées à adresser leurs offres, conformément au cahier des charges, à M. Léizour, président du Syndicat, à Laval, avant le 30 juin courant délai de rigueur. Elles seront examinées le 1er juillet.

Pour le nitrate de soude, il devra être spécifié pour livraisons en sacs d'origine non réglés et en sacs réglés à 100 kilos, double enveloppe.

Le cahier des charges sera adressé aux personnes qui en feront la demande.

L'Agent principal,
G. PEYRAS.

Syndicat des agriculteurs de la Mayenne

AVIS

Pour éviter les écritures inutiles, les retards et les erreurs, nous prions les membres du syndicat d'adresser leur cotisation directement au trésorier, M. Fontaine, avoué à Laval, et à M. Peyras, agent principal du Syndicat, 48, rue Solférino, à Laval, toutes les lettres de commande et les sommes dues pour les fournitures faites par l'entrepôt de Laval. L'extension prise par les opérations syndicales ne permet pas au président de s'occuper des questions financières, dont la régularité sera d'autant mieux assurée qu'il y aura moins d'intermédiaires.

Vesce velue.

Nous recevons la lettre suivante que nous nous empressons d'insérer :

« Brichardon, 8 juin 1893.

« La vesce velue que j'avais coupée, ayant reçu un peu d'eau, a repoussé. Elle a 30 à 40 c. de long. Elle fleurit et ce regain va donner de la graine. F.

Le Vol au Syndicat

De la *Petite République* :

Les ministères du commerce et de l'agriculture sont informés par de nombreuses plaintes que les vendeurs interlopes pratiquent, en ce moment, sous le couvert de syndicats agricoles, de nombreuses escroqueries au préjudice de la culture.

Beaucoup de ces industriels se sont procuré la liste des membres de ces associations, en se présentant, au nom des présidents, chez les agriculteurs, pour recueillir les commandes d'engrais, ils obtiennent facilement la signature de marchés de livraisons importantes sur des factures portant cette fausse mention : *Engrais du Syndicat*.

Ce procédé a déjà fait nombre de dupes. Il est signalé au ministre de la justice par ses collègues pour instruction aux Parquets.

SYNDICAT DE CHARTRES

Adjudication

L'adjudication des fournitures à faire aux Membres du Syndicat, pendant la saison d'automne 1893, aura lieu à Chartres, au siège du Syndicat, rue Regnier, n° 11, le samedi 8 juillet prochain, à 2 heures du soir.

Les personnes qui auraient l'intention de prendre part à cette adjudication peuvent s'adresser, pour avoir des renseignements, à M. Mercier, comptable du Syndicat, 4, place Saint-Michel, à Chartres.

Marchandises en dépôt

Marchandises actuellement en dépôt :
Superphosphate minéral soluble au Citrate.
Phosphoguano ordinaire.
Phosphoguano surazoté.
Nitrate de soude.
Sulfate de cuivre.
Sulfate de fer.
Carbonate de soude.
Tourteaux de lin pour engraissement.
— de sésame blanc du Levant pour engraissement.
— de Coprah, Ceylan, pour vaches laitières.

Huile d'olive surfine, à 1 fr. 90 le kilog. (Après épuisement de la provision existant au dépôt. les prix seront augmentés par suite du manque de production en 189).

Huile de sésame fine, à 1 fr. 11 le kilog.
Savon bleu à 0 fr. 50.
Savon blanc à 0 fr. 55 le kilog.

Les huiles sont fournies en bonbonnes de verre, cachetées et plombées par les expéditeurs, et par quantités de 25 kilog. environ.

Elles sont garanties absolument pures.

Les savons sont livrés en caisse de 25 à 30 kilog. également.

Enfin le dépôt contient également de l'huile minérale russe, (Ragosine) excellente et avantageuse pour le graissage des machines agricoles, au prix de 0 fr. 50 le kilog. (non logé), et de l'huile a brûler, double épuration à 0 fr. 80 le kilo. (logée), le tout en bonbonnes d'environ 25 kilog.

Toutes les substances ci-dessus sont fournies immédiatement contre paiement comptant, en s'adressant chez M. Mercier, comptable du syndicat, 4, place Saint-Michel, tous les jours de la semaine (dimanches et fêtes exceptés et le samedi avant midi).

Elles peuvent également être expédiées par chemin de fer transport à la charge de l'acheteur.

Le syndicat peut encore faire fournir à ses adhérents, et à des conditions très avantageuses :

1° Des ardoises provenant des mines d'Angers ;
2° Des tuiles ordinaires et des tuiles Muller.
3° De la chaux et du plâtre pour constructions ;
4° Des raisins pour boissons (Corinthe, Thyra, Samos, etc) ;
5° Des ronces artificielles et des grillages métalliques ;
6° Enfin toutes machines agricoles provenant des meilleurs fabriques, notamment des Trieurs Marot et des Tarares Denis.

Pour tous renseignements, s'adresser à l'Agent-Comptable.

CHEMINS DE FER DE L'OUEST

Paiement d'Intérêts et escompte de ce paiement

(Echéances des 1er et 6 juillet 1893)

Le Conseil d'administration a l'honneur de prévenir MM. les porteurs des obligations de la compagnie de la mise en paiement, à l'échéance des 1er et 6 juillet prochain, avec faculté d'escompte un mois avant, des coupons d'intérêt semestriel ci-après :

		Montant net d'impôts :	
	N° du coupon	Titres nominatifs	Titres au porteur
ÉCHÉANCE DU 1er JUILLET			
Obligations 3 0[0, 1re série, titres roses.	76	7 20	6 729
Obligations 4 0[0, délivrées en échange d'actions de l'ancienne Compagnie de Dieppe	76	9 60	9 090
Obligations 4 0[0 de l'ancienne compagnie du Havre, emprunt 1848	89	28 80	27 546
Obligations 4 0[0 de l'ancienne compagnie de l'Ouest, emprunts 1852-1854	82	24 »	22 737
Obligations 4 0[0 de l'ancienne compagnie de l'Ouest, emprunt 1863	80	24 »	22 740
ÉCHÉANCE DU 6 JUILLET			
Obligations de l'ancienne compagnie de Rouen, emprunt 1845.	96	19 20	18 004

Les paiements seront faits :

1° A présentation, à la caisse de la Compagnie, à Paris, gare Saint-Lazare (bureau des titres), de dix heures du matin à deux heures de l'après-midi, les dimanches et fêtes exceptés ;

2° Sous un délai de quinze jours, à dater du dépôt des coupons ou des titres nominatifs ne donnant pas lieu à d'autres opérations que celles de la vérification :

dans les gares du réseau de l'Ouest désignées pour ce service,

dans toutes les gares de province du réseau français de la Compagnie de Paris-Lyon-Méditerranée, et à ses bureaux des titres de Lyon, de Marseille et d'Alger,

dans toutes les gares du réseau d'Orléans,

dans les principales gares du réseau de l'Est ;

3° Sous un délai de vingt jours, dans les principales gares du réseau du Midi (Bordeaux excepté) ;

4° Sans frais ni commission, mais sous réserve de délais, à tous les guichets :

de la Société Générale,

de la Société générale alsacienne de Banque,

du Crédit Lyonnais,

du Crédit industriel et commercial et chez tous ses correspondants de province ,

3° A tous les guichets de la Banque de France, dans les délais et conditions d'usage.

Les dépôts de coupons et de titres nominatifs seront reçus :

Quinze jours avant l'échéance, à Paris, au siège de la Compagnie, et dans les gares désignées des réseaux de l'ouest, de P.-L.-M., d'Orléans et de l'Est ;

Vingt jours avant l'échéance, dans les gares désignées de la Compagnie du Midi.

Le Gérant, H. LEROUX.

Laval, Imp. H. Leroux.

H. Leroux

273

6e Année Juillet 1893 N° 58

Ce Bulletin paraît le 15 de chaque mois.

BULLETIN AGRICOLE DE L'OUEST

Organe des Syndicats Agricoles des départements du Finistère, des Côtes-du-Nord, du Morbihan, de la Loire-Inférieure, d'Ille-et-Vilaine, de la Manche, de la Mayenne, de Maine-et-Loire, de la Sarthe, de l'Orne, du Calvados, de l'Eure, d'Eure-et-Loir et de la Seine-Inférieure.

Publié sous la direction de :

H. LÉIZOUR, (✻ M. A.) (○ A.)
Professeur départemental d'Agriculture de la Mayenne, Directeur du Laboratoire agronomique, Président du Syndicat des Agriculteurs de la Mayenne,

GAROLA, (O. ✻ M. A.) (○ A.)
Professeur départemental d'Agriculture d'Eure-et-Loir, Directeur de la Station agronomique de Chartres.

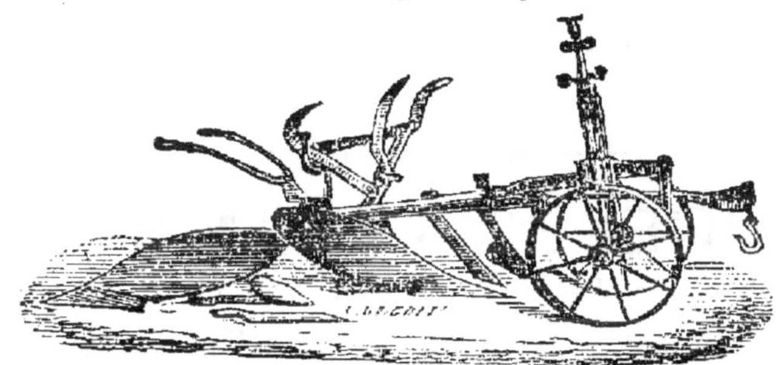

ABONNEMENTS

Les membres des syndicats adhérents sont abonnés gratuitement par leurs bureaux. — Pour les étrangers aux syndicats : **6 fr.** par an.

ANNONCES

De 1 à 4 annonces.	» **50**c la ligne.	De 8 à 12 annonces » **30**c la ligne
De 4 à 8 —	» **40**c —	Au-delà de 12. » **20**c —

Le bulletin publiera gratuitement les offres et demandes des Syndicats abonnés.

***AVIS.** — Tout ce qui concerne la rédaction, les Annonces et les Abonnements, doit être adressé à M. LÉIZOUR, rue de la Filature, 1, à Laval.*

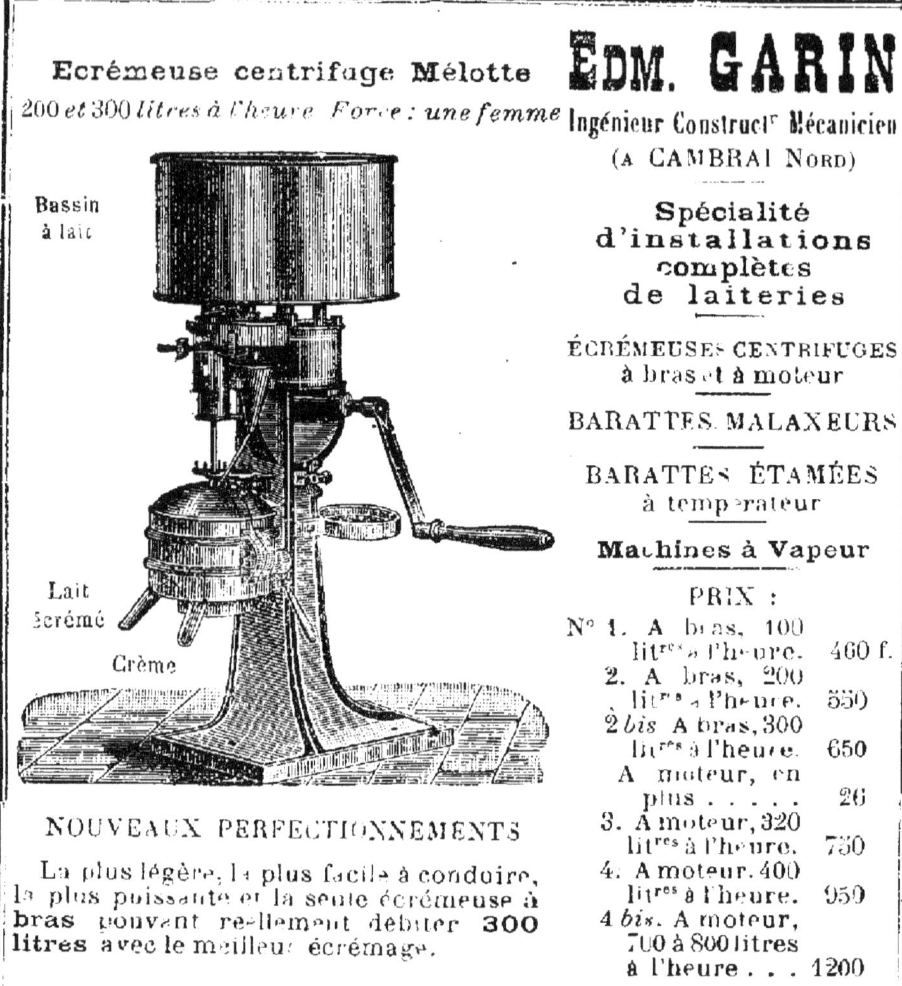

OFFICE DE LA VACHERIE

VINGT-QUATRIÈME ANNÉE

Choix de Vacheries dans Paris et banlieue depuis 5,000 francs jusqu'à 100,000 francs

Seule maison recommandée par les Chambres syndicales des laitiers-nourrisseurs

VACHERIE **à céder** près **Paris, après fortune,** tenue depuis 25 ans, clientèle bourgeoise. 23 vaches hollandaises premier choix, 300 litres hiver, 400 litres été, vendus 40 et 50 centimes, peu de frais généraux. Bail à volonté, vendeur propriétaire. Bénéfices annuels depuis 20 ans 12 000 francs. On traitera avec 20.000 francs argent ou garanties.

S'adresser à MM. Laporte et Lefranc, 93, boulevard Sébastopol, Paris.

Sont vendues, les vacheries annoncées précédemment.

BULLETIN AGRICOLE DE L'OUEST

Blés mélangés.

Il n'est jamais prudent de la part d'un cultivateur de ne semer sur toute l'étendue qu'il doit consacrer à la production du blé, qu'une seule variété de froment.

Toutes les variétés, en effet, ne sont pas également sensibles aux intempéries des saisons et notamment aux froids de l'hiver. Toutes ne fleurissent pas et ne mûrissent pas à la fois. Il en découle que si les unes peuvent être semées plus tôt et les autres récoltées plus tard, les travaux de la ferme sont mieux répartis. La coulure des fleurs, occasionnée par les temps froids et brumeux, l'échaudage dû aux coups de chaleur ne les frappent pas, par suite, avec une même intensité.

C'est pourquoi il n'arrive que rarement que toutes les variétés semees manquent à la fois ; tantôt un blé, tantôt un autre, donne le meilleur rendement. Il y a ainsi une compensation naturelle qui a pour résultat de maintenir la production moyenne à un niveau plus élevé.

Ces considérations restent aussi vraies, lorsque, au lieu de semer plusieurs blés dans des champs séparés, on les sème en mélange. Comme c'est la bonne réussite de la floraison qui a la plus grande influence sur le rendement, et qu'il suffit souvent d'une pluie froide pour entraver la fécondation, on comprend l'utilité qu'il y a à mélanger des variétés fleurissant successivement, tout en ayant la possibilité d'être semées à la même époque et moissonnées en même temps. Du reste, une différence de 7 à 8 jours dans l'époque de la maturité complète, n'est pas un obstacle pour le mélange de deux variétés, car il est possible de faire la moisson dès que la première est mûre. Pour assurer la maturité parfaite de la seconde, il suffit, dans ces circonstances, de mettre la récolte en moyettes.

Voici, du reste, ce que dit M. H Vilmorin au sujet des mélanges des blés : C'est un fait bien établi, par de nombreux essais, que le mélange de deux variétés distinctes de blé donne presque constamment un rendement en grain plus considérable que celui qu'on aurait obtenu de l'une ou l'autre de ces variétés cultivées seules ; aussi voit-on souvent des cultivateurs ensemencer leurs champs avec des blés mélangés.

On s'explique l'avantage de cette manière de faire si l'on considère que chaque variété de blé diffère de toutes les autres, non seulement pour ses caractères extérieurs, mais, dans une certaine mesure, par sa manière de se nourrir, par ses exigences spéciales et par la nature des aliments qu'elle puise dans le sol ; ce sont assurément des différences légères, mais suffisantes cependant pour exercer une influence marquée sur le rendement. On a dit très justement, en critiquant les semis trop serrés, que la mauvaise herbe la plus redoutable pour le blé, c'est le blé lui-même ; cela est vrai, surtout si tous les pieds qui se trouvent en lutte et en concurrence appartiennent à la même variété, car les racines de chacun se trouvent constamment en contact avec les racines d'autres plantes qui, au même moment et à la même profondeur, rechercheront dans le sol, précisément les mêmes aliments. Si deux variétés différentes ont été ensemencées conjointement, on peut s'imaginer facilement que la compétition ne sera pas aussi complète ni aussi acharnée.

Un autre avantage de la culture des blés mélangés, c'est qu on obtient en général du grain de plus belle apparence ; c'est surtout le cas, lorsqu'on a le soin de mélanger un grain jaune ou blanc avec un blé à grain rouge, ou une variété à grain tendre avec une autre qui l'a un peu corrié ou glacé ; on obtient de la sorte ce qu'on appelle sur le marché, un blé panaché. Ordinairement, ces sortes de blés se vendent mieux que les blés purs.

Il y a lieu de remarquer qu'on n'obtient généralement pas de très bons résultats si l'on se sert de nouveau, comme semence, du blé mélangé qu'on a récolté ; presque toujours l'une des deux variétés arrive très promptement à dominer dans le mélange ; il est donc bon de cultiver séparément et pures, les variétés qui doivent être mélangées, et de ne les réunir qu'au moment du semis et dans les proportions que l'expérience aura montré être les plus avantageuses.

Enfin, le mélange des blés permet d'obvier dans une certaine mesure aux inconvénients que pourraient présenter, sous certains rapports, des variétés du reste très bonnes et recommandables. Il y a, par exemple, des races productives donnant de très beaux grains, qu'on peut hésiter à cultiver seules, parce qu'on peut, avec raison, craindre de les voir verser : or, ces mêmes variétés, mélangées avec d'autres de qualité moins fine, mais à paille très forte, très résistante, qui leur serviront d'appui, pourront mûrir dans de meilleures conditions et sans risquer de tomber ; on obtiendra ainsi un produit assuré en grain et en paille.

Pour corroborer ces magistrales observations, que nos lecteurs nous sauront certainement gré d'avoir reproduites, nous ajouterons que dans la Haute-Marne, on semait toujours, pour faire le blé de vente, dans l'exploitation paternelle, un mélange de *blés Spalding*, de *Chiddam* d'automne et de *Victoria*. Jamais le blé mélangé obtenu n'était employé comme semence, mais on cultivait séparément chaque variété pure pour les mélanges, dans la proportion voulue, à l'époque des semis.

M. Millon, à la ferme des Machines dans la Meuse, semait avec avantage un mélange de *Chiddam*, d'*Hallet* et de *Goldendrop*.

A l'école pratique d'agriculture de Saint-Rémi, dans la Haute-Saône, on est très satisfait du semis des blés mélangés. On sème ensemble des blés de pays avec les meilleures variétés étrangères, comme du *blé d'Altkich* avec du *blé bleu* ou *de Noé*, du *blé Hunter* avec du *blé bleu*, ou encore ce dernier avec du *blé Hallett*.

M. Paul Genay, à Bellhom, près de Lunéville, opère de la même manière. En 1876, par exemple, il a semé le mélange suivant, dont chaque variété constituante a été mesurée après vitriolage :

Blé de Lorraine	150	litres.
Blé d'Hallett rouge	15	—
Blé Hunter	35	—
Blé rouge d'Ecosse	10	—

M. Rémond, à Minpincier, dans le département de Seine-et-Marne, dont les hauts rendements en blé sont bien connus, sème, pour son blé de commerce des variétés mélangées. Pour faire sa semence, il cultive, comme le faisait M. Garola, dès 1860, ses variétés pures, afin de pouvoir les sélectionner, et ne les mélanger que pour faire les semis. Il estime que le résultat de cette sélection et du semis mélangé, élève son rendement de quatre à cinq hectolitres par hectare, indépendamment de l'action des engrais chimiques qu'il emploie d'une manière si judicieuse, avec le concours scientifique de M. Joulie.

M. Nicolas, cultivateur à la ferme d'Arcy, lauréat de la prime d'honneur de Seine-et-Marne, a obtenu pendant les années 1885, 1886, 1887, 1888, un rendement de 29 à 36 hectolitres à l'hectare avec le mélange suivant :

Blé rouge inversable (de Bordeaux) 40 0/0
Blé bleu ou de Noé 40 0/0
Dattel. 20 0/0

Avec une semence ainsi composée on obtient un blé dont les épis sont étagés, ce qui rend la maturité plus régulière et le rendement meilleur. Le blé obtenu est bigarré ou panaché, et très apprécié sur le marché.

Comme le *blé de Noé* est très sujet à la rouille dans les années humides, on pourrait le remplacer avantageusement, là où cette maladie est fort à redouter, par le *chiddam d'automne* à épi rouge. Là où le *blé de Bordeaux* prend aussi facilement la rouille, on pourra lui substituer le blé *Lamed* ou le blé *Badur*.

On a obtenu aussi de très bons résultats du mélange qui suit :

Goldendrop ou *Rouge d'Ecosse*.
Chiddam d'Automne.
Victoria.

Il ne diffère du premier que nous avons indiqué, que par la substitution du blé rouge d'Ecosse au Spalding.

Dans la Somme, un cultivateur a été très satisfait d'un mélange de *Victoria d'Automne* et de shirriffs square Headed, d'après M. Heuzé.

On pourrait citer un grand nombre d'autres mélanges employés avec avantage dans différentes localités. Ceux qui précèdent nous semblent devoir suffire à démontrer tout l'intérêt de la question. Chacun, dans sa sphère d'action, doit étudier les variétés qui sont susceptibles de réussir le mieux, et c'est parmi ces races qu'il doit faire son choix pour le mélange à adopter. Mais un point sur lequel il est urgent d'insister, c'est qu'il n'y a que la sélection seule qui puisse assurer la continuité des bons rendements. Or, la sélection, mécanique du moins, est impossible dans les blés mélangés. Elle ne peut s'opérer convenablement que sur les variétés pures. Il en résulte qu'il est indispensable d'éviter autant que possible de prendre sa semence dans la récolte obtenue de blés mêlés. Il est de tous points préférable de faire chaque année le mélange voulu dans des proportions convenables.

C.-V. Garola.

(Extrait du *Progrès agricole*).

Rationnement des animaux.

Chacun a pu lire la circulaire que M. le Ministre de l'agriculture a fait placarder dans toutes les communes et relative à l'alimentation des animaux de la ferme.

Cette circulaire, après des conseils pratiques sur les mesures à prendre pour se procurer des fourrages, se termine par un tableau des équivalents de pouvoir nutritif de divers aliments et des modèles de rations pour diverses catégories d'animaux.

Nous reproduisons ce tableau afin que nos lecteurs puissent y recourir facilement et en tirer profit.

TABLEAU

Des équivalences de pouvoir nutritif de diverses denrées alimentaires pour le bétail, comparées à 100 kilogrammes de foin.

100 kilogrammes de foin de bonne qualité moyenne peuvent être remplacés par la quantité suivante d'autres denrées auxquelles ils équivalent :

1er groupe — paille et feuilles

170 k. paille de céréales d'été (avoine. etc.).
237 paille de céréales d'hiver (blé, etc.).
149 paille de légumineuses.
150 paille de colza.
150 paille de balles d'avoine.
192 paille de balles de blé.
150 feuilles fraîches (feuilles d'arbres d'essences feuillues, orme ou peuplier, frêne, acacia, mûrier, chêne, charme, tilleul, etc).
80 feuilles sèches cueillies à l'état vert (feuilles d'arbres d'essences feuillues, orme ou peu-

plier, frêne, acacia, mûrier, chêne, charme, tilleul, etc).
275 aiguilles de pin vertes (pin sylvestre de préférence).

2e GROUPE — TUBERCULES ET RACINES

145 pommes de terre.
300 betteraves fourragères.

3e GROUPE — GRAINS DE CÉRÉALES

54 avoine.
48 orge.
43 maïs.
43 seigle.
43 blé.

4e GROUPE — GRAINES DE LÉGUMINEUSES, SONS ET TOURTEAUX

46 féverolles.
45 pois.
52 son de blé.
37 tourteau de coton décortiqué.
40 tourteau d'arachides décortiquées.
45 tourteau de coprah.
45 tourteau de lin.
48 tourteau d'œillette ou pavot.
44 tourteau de palme.
51 tourteau de colza.
43 tourteau de sésame.

Spécimens de rations équivalentes avec le prix de chaque ration

A. — *Ration d'un cheval de 500 kilogrammes de poids vif, ne faisant aucun travail*

RATION TYPE

(Nourriture nécessaire)

10 kil. foin de pré (qualité moyenne), valeur. . . . . } 1 fr. 70 c.

RATIONS ÉQUIVALENTES

Ration équivalente n° 1

6k	foin de pré	1f02c	1 fr. 52 c.
2 500	avoine en grains . . .	0 50	

Ration équivalente n° 2

6		paille hachée (de blé de préférence ; réserver la paille d'avoine pour les ruminants)	0 48	1 fr. 48 c.
4		avoine en grains . . .	1 00	

Ration équivalente n° 3

8		feuilles vertes (orme, peuplier, etc.)[1]		0 fr. 50 c. et les frais de cueillette des feuilles
1		paille hachée (de blé) . .	0 08	
1	500	avoine.	0 30	
1		son de blé	0 12	

Ration équivalente n° 4

8		feuilles vertes (orme, peuplier, etc.)[1]		0 fr. 455 et les frais de cueillette des feuilles
1		paille hachée.	0 08	
1		avoine.	0 20	
1		orge	0 175	

B. — *Ration d'un cheval de culture de 500 kilogrammes de poids vif, travaillant 10 heures par jour.*

RATION TYPE

(Nourriture nécessaire)

7	foin de pré (qualité moyenne)	1 19	2 fr. 19 c.
5	avoine en grains . . .	1 00	
	(Litière non comprise).		

RATIONS ÉQUIVALENTES

Ration équivalente n° 1

6		paille de blé (en partie hachée)	0 48	1 fr. 98 c.
7	500	avoine en grains . . .	1 50	

Ration équivalente n° 2

6	paille (en partie hachée) .	0 48	1 fr. 67 c.
3	avoine en grains . . .	0 60	
2	orge en grains	0 35	
2	son de blé	0 24	

1. On peut remplacer les feuilles vertes par 4 kil. 500 de feuilles sèches.

Ration équivalente n° 3

8	feuilles vertes (orme, peupliers, etc.)[1]		0 fr. 635 et les frais de cueillette des feuilles
1	son de blé	0 12	
3	orge en grains	0 515	

C. — *Ration d'entretien d'une tête de gros bétail de 500 kil. de poids vif, au repos ou à l'étable*[2].

RATION TYPE

(Nourriture nécessaire)

9 à 10 k.	foin de pré (qualité moyenne) . . . . (Litière non comprise).	1 fr. 53 c. à 1 fr. 70 c.

RATIONS ÉQUIVALENTES

Ration équivalente n° 1

8	paille d'avoine	0 64	1 fr. 015
2 500	tourteau de colza . . .	0 375	

Ration équivalente n° 2

7 500	feuilles sèches (orme, peuplier, etc.)		0 fr. 08 c. et les frais de cueillette
1	paille d'avoine	0 08	

Ration équivalente n° 3

1 500	paille d'avoine	0 12	0 fr. 12 c. et les frais de cueillette
13	feuilles vertes (orme, peuplier, etc.).		

D. — *Ration de production pour vaches laitières de 500 kil. en état de gestation* (produisant 3.000 litres de lait par an).

RATION TYPE

(Nourriture nécessaire)

16 400	foin de pré (qualité moyenne) . *Remarque* Ration volumineuse absorbée seulement par les vaches habituées à ce genre d'alimentation.	2 fr. 788

1. On peut remplacer les feuilles vertes par 4 k. 500 de feuilles sèches.
2. Le rationnement des élèves se fait de la même façon proportionnellement à leur poids vif.

RATIONS ÉQUIVALENTES

Ration équivalente nº 1

7	paille d'avoine (de préférence)	0 56	1 fr. 56 c.
2	avoine	0 40	
2	son de blé	0 24	
1	tourteau de lin	0 21	
1	tourteau de coprah (ou colza)	0 15	

Ration équivalente nº 2

7	paille d'avoine	0 56	1 fr. 51 c.
1	avoine	0 20	
2	son de blé	0 24	
1	tourteau de lin	0 21	
2	tourteau de coprah	0 30	

Ration équivalente nº 3

10	feuilles vertes (orme, peuplier, etc.)[1]		1 fr. 015 et les frais de cueillette
5	paille d'avoine	0 40	
2 500	son de blé	0 30	
1 500	tourteau de lin	0 315	

Ration équivalente nº 4

15	feuilles vertes (orme, peuplier, etc.)[2]		1 fr. 05 c. et les frais de cueillette
1 500	tourteau de lin	0 315	
1	tourteau de colza	0 15	
1 500	tourteau de coprah	0 225	
3	son de blé	0 36	

Engrais

M. Andouard, le savant directeur de la station agronomique de la Loire-Inférieure, termine ainsi ses intéressantes études publiées sur les engrais dans le *Cidre et le Poiré*. Il résume en quelques propositions les principes généraux qui doivent guider, en matière de fumu-

1. On peut remplacer les feuilles vertes par 5 k. 500 de feuilles sèches.
2. On peut remplacer les feuilles vertes par 8 kil. de feuilles sèches.

re, tout agriculteur désireux de marcher dans la voie du progrès.

1° Il n'y a pas de grosses récoltes sans le secours des engrais chimiques.

2° Ces engrais ne remplacent pas entièrement le fumier ; ils en sont le complément nécessaire, avec un rôle un peu différent ;

3° Dans la plupart des cas, la meilleure fumure consiste à associer au fumier les engrais chimiques réclamés par la plante que l'on veut produire ;

4° Pour faire de la culture rationnelle, il faut savoir d'abord la composition chimique de la terre que l'on veut cultiver ;

5° Sur cette composition doit être basée celle des mélanges de matières fertilisantes auxquelles il faut recourir ; les formules toutes faites, indistinctement appliquées à tous les terrains, ne leur conviennent généralement qu'en partie ;

6° Il est bon de préparer soi-même ses engrais composés, en évitant de mettre en contact, dans un mélange :

La chaux : avec le fumier, les guanos, les sels ammoniacaux, les phosphates, les superphosphates ;

Les cendres : avec les mêmes engrais ;

Les nitrates : avec les superphosphates ;

Le sulfate de fer : avec le fumier, les cendres ou les produits calcaires, sauf le plâtre ;

7° On doit, enfin, utiliser tous les résidus et tous les débris épars sur l'exploitation, en en faisant des composts dans lesquels on introduit une forte proportion de terre et de chaux.

P. M.

La Consoude rugueuse du Caucase.

M. G. Lechartier, correspondant de l'Institut, directeur de la station agronomique de Rennes, a publié, dans les Annales agronomiques, une étude fort intéressante sur la consoude du Caucase.

Après avoir développé d'une façon très approfondie les questions concernant la *durée*, la *fumure*, le *rendement* et la *valeur alimentaire* de cette plante en se basant sur des essais suivis depuis 1887 et obtenus avec le concours de M. Hérissant, directeur de l'école pratique d'agriculture des Trois-Croix près Rennes, (développement que nous regrettons de ne pouvoir publier dans ce trop petit bulletin), M. Lechartier termine ainsi son étude :

Résumé et conclusions

Des expériences précédentes continuées de 1887 jusqu'à la présente année, nous croyons devoir formuler les conséquences suivantes :

1° Si dans des terrains privilégiés, frais et suffisamment pourvus de principes fertilisants, la consoude peut être cultivée sur le même sol pendant une série d'années de manière à produire 200 à 300 tonnes de fourrage vert par an, on ne doit pas compter dans beaucoup de terres de fertilité moyenne sur des rendements dépassant 100 tonnes, le nombre des coupes ne s'élevant pas au-dessus de trois et la première fournissant plus de la moitié de la quantité totale.

2° Les engrais azotés exercent un effet très notable sur les rendements et sont nécessaires à la culture de la consoude. Le nitrate de soude doit être préféré au sulfate d'ammoniaque.

3° Une récolte de 100.000 kilos de fourrage vert contient :

Azote	274 kilos
Acide phosphorique . . .	105 —
Potasse	314 —

A l'état sec, la consoude contient des proportions d'azote, d'acide phosphorique et de potasse qui se rapprochent beaucoup de celles qui existent dans la moyenne des plantes légumineuses. Elle se distingue par la présence d'une quantité de soude relativement élevée. La teneur des cendres en soude est à peu près la moitié de leur richesse en potasse.

4° La consoude constitue un fourrage vert très aqueux. 100.000 kilos de consoude contiennent autant de matières sèches que 56.000 kilos de trèfle vert. A l'état sec, elle contient à peu près la même proportion de principes azotés et de matières grasses que le trèfle ; mais elle est plus riche en principes extractifs non azotés.

La consoude n'est pas recherchée par le bétail à l'égal du trèfle vert. Une vache continue à consommer une certaine quantité de foin même quand on lui donne de la consoude à discrétion. Dans les mêmes conditions elle délaisse le fourrage sec pour ne manger que du trèfle vert.

5° Le poids de la consoude récoltée dans nos essais contenait le même poids de matières nutritives utilisables que la récolte de trèfle obtenue sur une égale étendue du même terrain.

6° Une vache laitière à laquelle la consoude a été donnée à discrétion, a consommé par jour 12 kilos de ce fourrage par 100 kilos de poids vif en même temps qu'un demi-kilogramme de foin. Il y aurait à rechercher s'il ne serait pas avantageux de modifier cette ration de manière à y augmenter la proportion des substances extractives non azotées.

La consoude ne parait pas avoir d'influence bien marquée soit en bien, soit en mal sur la qualité du lait et sur les quantités produites chaque jour. On a constaté que pendant l'alimentation à la consoude, la quantité totale du beurre produit a été moindre que pendant la période d'alimentation au trèfle vert, mais la diminution n'a été que de quatre centièmes et la quantité de lait produite par kilogramme de matière nutritive consommée a été plus forte.

P. M.

Une leçon insuffisante

Nous dévoilions récemment (voir *l'Agriculture nouvelle* du 16 mai dernier) un des nombreux trucs employés par certains négociants pour tromper les agriculteurs. Ces négociants, disions nous en substance, parcourent les villages et les bourgs, y trouvent quelques petits commerçants crédules et sous prétexte de leur confier des dépôts de leurs produits, leur font signer, sans qu'ils s'en doutent de bons contrats d'achat.

On pourrait croire vraiment, tant ces procédés sont monstrueux, que nous avons exagéré les faits. Aussi croyons-nous devoir mettre sous les yeux de nos lecteurs les quelques lignes suivantes publiées par le journal le *Temps* sous cette rubrique : « l'Escroquerie au Monopole. »

« Un sieur Bomsel avait créé, à Paris, une maison importante où il fabriquait du vermivore, de la buffaline, le premier produit tuant les vers, le second « empêchant les vaches de mourir subitement de chaleur ».

« Il prit des voyageurs : Milhaud, Guérin et son frère Jules Bomsel, pour répandre en France ces spécifiques nouveaux. Les voyageurs se mirent en route et ils firent des affaires nombreuses.

» Mais leur procédé était délictueux : ils s'adressaient aux paysans, par exemple, et leur faisaient croire qu'ils plaçaient chez eux leurs marchandises, en dépôt, avec monopole exclusif dans l'arrondissement. Les paysans signaient les contrats qu'on leur soumettait, et, quand le voyageur était parti, ils s'apercevaient qu'ils avaient acheté, ferme, la *Buffaline* ou le reste. La marchandise arrivait, il fallait recevoir, puis la payer.

» Cependant, on se plaignit au parquet de ses manœuvres : le procureur de la République ordonna une enquête, qui aboutit au renvoi de Bomsel et de ses voyageurs devant la 11ᵉ Chambre correctionelle, sous prévention d'escroqueries et de complicité.

» Au cours de l'instruction, on reçut encore plus de cent plaintes contre les agissements des prévenus, et les plaignants sont venus déposer à la barre des faits qu'ils reprochaient à ces commerçants peu scrupuleux.

» Le Tribunal, après avoir entendu les plaidoiries de Mᵉˢ Monteux et Max-Vincent, avocats des prévenus, a rendu un jugement condamnant Bomsel à deux ans de prison et les autres prévenus à deux mois, avec bénéfice de la loi Bérenger accordé à Jules Bomsel »

Vraiment, le Tribunal s'est montré indulgent, et ce n'est pas avec des leçons aussi anodines que l'on mettra un terme aux manœuvres employées par ceux qui exploitent les agriculteurs.

Je le veux bien : on a dû tenir compte en cette affaire des antécédents des prévenus. Mais peut-on, pour de pareils délits, ne point se tourner aussi du côté des plaignants, de ceux qui sont dupés ? Que sont-ils, ceux-ci, dans le cas présent ? De pauvres gens, en vérité, ces braves habitants de la campagne, qui triment du matin au soir pour vivre et faire vivre les leurs. Il me semble, quant à moi, que je serais inexorable pour ceux qui exploitent les petits travailleurs.

Charles Deloncle.

(Extrait de l'*Agriculture nouvelle*).

Le superphosphate épuise-t-il la terre ?

(Suite)

— Et votre voisin, M. X..., est-il bien payé de ses fermiers ?

— Très bien depuis quelque temps, m'a-t-il dit.

— Ses fermiers mettent cependant beaucoup de superphosphates sur leurs terres.

— Oui, je le sais, mais rira bien qui rira le dernier.

— Et combien le superphosphate met-il de temps à épuiser la terre ? Vous devez savoir cela, vous ?

— Oh ! je n'en sais rien du tout ; huit ans, dix ans peut-être.

— Vous devez faire erreur, car les fermiers de M. X... en mettent depuis dix ans et ils récoltent de plus en plus tandis que les vôtres récoltent de moins en moins. Il me semble que l'épuisement est de votre côté et non pas du côté de M. X....

— Oui, oui, je sais que vous avez comme cela un tas de raisons, mais, moi, je ne m'y laisse pas prendre Tenez, mon fermier de la Sibonnière, lui, il me paye bien et cependant il ne met pas de vos poudres.

— En êtes-vous bien sûr ?

— Je le lui ai défendu comme aux autres.

— Oui, mais, la nuit, il se lève pour semer « mes poudres », comme vous les appelez, et il fait cela depuis huit ans, et sa ferme est la seule de toute votre propriété où la misère ne soit pas. Je vous le dis parce qu'il m'y a autorisé.

— Je ne savais pas ça.

— Vous qui ne connaissez que les fermages, lui empêcheriez vous de continuer ? Si oui, il fera comme les autres, il ne vous paiera plus. Voyons, voulez-vous me permettre de vous parler franchement ? Vous ne méritez pas avoir de la terre. Vous avez, je le sais, reçu une instruction très complète. Croyez-vous que vos parents vous ont fait donner cette instruction sans utilité ? Faites donc servir cette instruction à quelque chose. Puisque vous avez le bonheur d'avoir des fermiers, étudiez les questions d'agriculture.

Occupez-vous donc de vos fermes avec autant de soin que vous vous occupez de vos magnifiques chiens d'arrêt. N'abandonnez pas ces braves toutous, non. C'est à des hommes riches comme vous qu'il appartient de dépenser de l'argent pour conserver et améliorer les belles races d'animaux ; mais pour dépenser de l'argent il faut en avoir. Votre argent vous vient de vos fermes. Améliorez donc vos fermes. Intéressez vous à l'agriculture et à vos fermiers. Alors vous ne direz plus que le superphosphate épuise la terre, parce que vous apprendrez le rôle qu'il joue dans la vie des plantes. Ce sera aussi intéressant que la recherche de la généalogie de votre belle chienne Aïda.

— Vous me piquez, me dit mon interlocuteur, surtout par ce que vous m'avez dit de mon fermier de la Sibonnière. Je vais peut-être suivre votre avis.

— Voulez-vous, lui dis-je, puisque vous êtes en aussi bonnes dispositions, prendre une première leçon ? Je serais heureux de vous la donner. Vous avez tout ce qu'il faut pour prendre seul toutes les autres.

— Volontiers.

— Il s'agit de vous expliquer comment il se fait que le superphosphate, au lieu d'épuiser la terre l'enrichit et l'améliore.

— J'en suis curieux.

— Eh bien donc, lui dis-je, vous devez considérer que le superphosphate est pour la plante comme le pain est pour l'homme. Supposez un prisonnier entre quatre murs à qui l'on sert toujours de la viande en trop petite quantité, du sel, du poivre, du vin et de l'eau sans jamais lui donner de pain. Mais on lui dit qu'il y en a dans les murs de sa prison qui ont été maçonnés avec des pierres, de la chaux, du sable, du pain et du ciment. Au bout de quelque temps, le prisonnier a besoin de pain, il épuise chaque jour ses forces à « *démaçonner* », avec ses mains, une petite portion du mur de sa prison pour en extraire quelques maigres parcelles de pain. Il en a les doigts tout ensanglantés. Il dépérit de jour en jour. Mais voilà que tout à coup le régime change. On lui apporte de bon pain en même temps que la viande et le reste. Alors, il n'a plus besoin d'épuiser ses forces à chercher son pain. Il n'a qu'à allonger la main pour le prendre. Bientôt ses doigts se guérissent, sa face amaigrie fait place à un visage frais et rose. Il engraisse chaque jour.

Mon cher ami, le prisonnier, c'est le chou, c'est la betterave, c'est le blé, c'est l'orge, etc. Toutes ces plantes sont emprisonnées par leurs racines.

Elles doivent trouver leur vie dans l'endroit où elles ont été semées ou plantées. Si vous ne mettez pas du superphosphate dans leur prison, c'est-à-dire dans la terre, auprès de leurs racines, elles seront obligées d'aller péniblement chercher celui qui se trouve naturellement en de très minimes quantités dans le sol : mais ce sol a déjà été tellement fouillé par les racines des récoltes précédentes, que celles d'aujourd'hui ne font que glaner très péniblement. Aussi elles dépérissent, elles arrivent difficilement à maturité et ne donnent qu'un produit insignifiant. Mais donnez-leur ce superphosphate tout « *mâché* », tout prêt à être mangé ; alors, elles pousseront vigoureusement et donneront un rendement considérable, car le superphosphate, je vous le répète, c'est le pain des plantes, surtout dans certaines régions de notre pays où les terres en sont appauvries.

— Votre raisonnement est très curieux, me répondit mon ami, mais qui vous a prouvé ce que vous me dites ?

— Mon Dieu, c'est l'expérience. Monsieur X... avait des fermes qui ne produisaient plus rien, d'autres qui n'avaient jamais voulu produire. Dès qu'il leur a servi du superphosphate, elles ont donné d'abondantes récoltes. Vous ne me direz pas que le superphosphate les a épuisées, puisque les unes ne donnaient plus rien et étaient déjà épuisées et que les autres étaient trop maigres et n'avaient jamais rien donné. Au contraire, ces terres se sont améliorées, car le peu de superphosphate qu'elles contenaient encore a été laissé tranquille par les plantes à qui l'on en a servi de plus facile à consommer, et comme par ce moyen on y a fait pousser des quantités de fourrages, le tas de fumier en a grossi d'autant et c'est encore la terre qui en a profité.

— Je vous remercie. Je vois que l'agriculture est plus intéressante que je ne pensais. Vous me donnez envie de l'étudier et de m'en occuper.

— Vous avez mille fois raison, car c'est le moyen de doubler vos revenus. Adieu ! je suis talonné par l'imprimeur pour le bulletin du mois prochain, et il faut que je m'exécute.

— Vous n'avez pas besoin de faire de grands frais d'imagination, me dit mon interlocuteur : racontez tout simplement notre conversation à vos lecteurs.

— C'est une idée, lui dis-je.

Et voilà cette idée mise à exécution.

(Extrait du *Moniteur des Phosphates*). P. R

Salaison des viandes

Le Bulletin du Syndicat agricole de Remiremont publie une note de M. Bourgeois, professeur départemental d'agriculture, sur la salaison des viandes ; cette question étant malheureusement pleine d'actualité, beaucoup de cultivateurs allant se trouver dans l'obligation de se débarrasser de leurs bestiaux à n'importe quel prix, nous publions cette note, le moyen qu'elle préconise pouvant être une ressource dans beaucoup de cas où les cultivateurs pourront trouver moins de perte à conserver la viande de leurs animaux pour se nourrir plutôt que de les vendre pour rien.

Salaison des viandes :

« Au moment où beaucoup de cultivateurs vont être forcés de se débarrasser à vil prix d'une partie de leur bétail, je crois utile de leur donner quelques renseignements sur la conservation des viandes de bœuf, vache, etc., par la salaison.

« L'année prochaine, elle sera probablement très chère et on ne sera pas fâché de trouver quelques bonnes conserves.

« Dans le département de la Loire, où j'ai rempli les fonctions de professeur d'agriculture, la plupart des fermiers ou métayers salent pour l'hiver et l'été suivant une ou plusieurs vaches, suivant l'importance du personnel. En patois du pays on appelle cette viande *gaux*. Les petits cultivateurs s'arrangent et font tuer ensemble une vache qu'ils se partagent.

« Dans mes tournées, j'ai eu très souvent l'occasion d'en manger et je puis assurer qu'elle est parfaitement acceptable, même pour des personnes habituées à la viande de boucherie.

« Cette pratique existe aussi en Angleterre.

« La meilleure époque pour l'abattage est l'automne ou l'hiver, mais on peut néanmoins tuer en été si l'on dispose de locaux frais et aérés.

L'animal à abattre doit être reposé. S'il est fatigué, on le laisse au repos pendant un ou deux jours et on ne lui donne que de l'eau. Quand il a été abattu, on laisse la viande refroidir pendant un jour. Elle ne doit pas être soufflée. La viande est débitée en morceaux représentant à peu près la consommation journalière de l'exploitation Tous les gros os sont enlevés.

« Chaque morceau est *fortement* frotté avec du sel fin sur toutes les faces et on en fait pénétrer partout où il est possible. Il est inutile de se garnir la main droite avec un gant propre.

« Sur une table spéciale, permettant de recueillir la saumure, on place une couche de gros sel puis un lit de morceaux de viande, etc.

« De temps en temps, on arrose avec la saumure.

« Après une semaine, on démonte la pile, puis on la rétablit comme la première fois ; mais en ayant soin de placer à la partie inférieure les morceaux qui se trouvaient au-dessus.

« Après sept jours, on procède à l'embarillage dans un baril très propre et défoncé par un bout.

« On ajoute au sel destiné à l'embarillage 2 à 3 0/0 de salpêtre, ce qui permet de conserver à la viande sa couleur rouge.

« On met d'abord au fond une couche de sel, puis on place un lit de morceaux, de telle façon qu'il y ait le moins de vide possible, un lit de sel, un lit de morceaux, etc., jusqu'à ce que le baril soit rempli. La viande doit être *fortement* pressée.

« Ensuite on reprend la saumure obtenue pendant les opérations précédentes. Il est bon de la faire bouillir préalablement et d'écumer les impuretés qu'elle contient.

« Quand elle est éclaircie, on la laisse refroidir, puis on la verse sur la viande qu'elle doit couvrir.

« On reconnait qu'elle a la densité voulue quand un œuf frais placé dans le liquide, surnage. Si la saumure est trop forte, la viande devient dure.

« Souvent on ajoute au sel des baies de genièvre et des feuilles de laurier.

Il faut en moyenne 22 0/0 du poids de la viande en sel, 10 0/0 de sel fin et 12 0/0 de gros sel, plus 2 à 3 0/0 de salpêtre.

« Si on veut conserver la viande très longtemps, quatre à cinq ans par exemple, on remet le fond du tonneau et on finit de le remplir avec la saumure par le trou de bonde. On doit surveiller de temps en temps et remettre de la saumure pour que le tonneau soit toujours absolument rempli. La bonde doit être passée au feu avant d'être placée.

« Si on doit conserver cette viande peu de temps, on la recouvre avec une planche circulaire que l'on charge avec un poids de 20 à 30 kilogs au moins.

« La viande doit toujours baigner dans la saumure. »

(Extrait du *Moniteur du Syndicat agricole*).

Fraude dans le commerce des graines.

A plusieurs reprises déjà nous avons appelé l'attention des lecteurs du Bulletin sur la nécessité qu'il y a pour les agriculteurs à ne jamais acheter de graines sans exiger, *par écrit*, la garantie du vendeur. Tout commerçant honnête doit savoir exactement la qualité des graines qu'il met en vente et il ne saurait refuser à ses acheteurs la garantie que ceux-ci devraient lui réclamer toujours.

Pourquoi ne pas faire pour les achats de graines ce que tout le monde aujourd'hui fait pour les achats d'engrais ?

Il n'y a pas encore longtemps, lorsqu'on disait aux cultivateurs de demander la garantie d'analyse aux marchands d'engrais, ils souriaient en disant qu'une analyse chimique n'améliore pas l'engrais analysé. C'est vrai, mais la menace de cette analyse oblige le marchand à se tenir sur ses gardes et à livrer une marchandise conforme à celle qu'il offre. Par suite, les engrais du commerce valent aujourd'hui infiniment mieux qu'autrefois, et ce ne sont pas seulement les analyses qu'on en fait qui le prouvent, mais aussi et surtout les quantités de plus en plus considérables qui sont employées.

Si, il y a une dizaine d'années, les cultivateurs n'employaient guère d'engrais commerciaux, c'est qu'ils ne voulaient pas encore avoir recours à l'analyse pour en contrôler la valeur et que, par suite, ils étaient presque constamment trompés. Si ces mêmes cultivateurs emploient aujourd'hui d'énormes quantités de ces engrais, c'est que le commerce les leur livre bons, grâce à l'usage de plus en plus général que font les acheteurs du contrôle analytique.

Et cependant tout compte fait le cultivateur perd souvent moins en achetant cher un mauvais engrais qu'en achetant de mauvaises graines. Les engrais du commerce n'étant guère employés que comme complément de fumure, lorsqu'ils sont mauvais on récolte moins, mais on a quand même une récolte, après laquelle la terre ne reste pas nécessairement infestée de mauvaises herbes. Lorsqu'on achète des graines de mauvaise qualité, il n'en est pas ainsi. Si elles ne germent pas, on peut, le plus souvent, faire un second semis qui, bien que tardif permet encore d'obtenir une récolte quelconque, mais si elles germent mal, on hésite plus ou moins longtemps avant de sacrifier le semis et lorsqu'on s'y décide il est trop tard pour recommencer, souvent on se dit « la récolte est clair-semée, il est vrai, mais peut-être les plants seront-ils assez vigoureux pour donner encore une récolte passable » et on laisse aller, et on ne récolte qu'un produit insignifiant.

Mais c'est surtout en achetant des graines mélangées de mauvaises herbes que le cultivateur fait une opération désastreuse. Non-seulement il a beaucoup de chance de n'avoir qu'une mauvaise récolte de ces graines, mais il risque d'amoindrir du même coup celles des années suivantes, par suite du salissement de sa terre. La cuscute, par exemple, ou teigne du trèfle, lorsqu'on la sème en même temps que le trèfle ou la luzerne, anéantit rapidement la récolte de l'année suivante et, si on la laisse mûrir ses graines, elle atteint ensuite toutes les récoltes de trèfle, non-seulement du même champ, mais de tous les champs qui auront reçus du fumier fait pendant la consommation du trèfle cuscuté. Tous les cultivateurs savent, d'ailleurs, l'énormité des dégâts causés par ce parasite végétal et malgré cela il n'y en a qu'un tout petit nombre à exiger de leurs fournisseurs des graines de trèfle et de luzerne garanties sans cuscute. Par suite, presque toutes celles que le commerce livre à la culture en renferment plus ou moins. Il ne faut pas s'en étonner, pas plus que de la vente des graines trop vieilles, car il y a des maisons importantes qui ont la spécialité de fournir aux détaillants les curures des greniers, en leur indiquant le moyen de voler le cultivateur de 25, 30 et même 50 0/0 à l'aide de mélanges adroitement combinés. Nous avons entre les mains les circulaires que ces maisons lancent effrontément, à la plus grande honte des agriculteurs et de la législation française. On ne comprend pas que l'incurie des intéressés rende possible de telles monstruosités, quand il leur serait si facile de les empêcher.

Nous rappelons aux agriculteurs de la Mayenne que les analyses de graines, comme les analyses d'engrais, sont faites *gratuitement* pour eux, au laboratoire départemental de chimie agricole de Laval. Mais ils ne doivent pas perdre de vue que les analyses des graines demandent un temps assez long et que par suite ils ne doivent pas attendre le moment du semis pour les demander.

Devons nous ajouter que pour les achats de graines, comme pour les achats d'engrais, l'intermédiaire du syndicat est encore le moyen le plus sûr de les avoir bonnes ?

Un grand nombre d'agriculteurs commencent à le comprendre et il n'est pas douteux que leur nombre ira en progressant Mais de ce côté aussi, il importe d'apporter un peu de bonne volonté et de raisonnement et de s'y prendre à l'avance. A moins de faire comme le commerce, ou de perdre beaucoup d'argent, le syndicat ne peut acheter à l'avance que les graines qu'il est à peu près assuré d'écouler, sans cela il serait nécessairement conduit ou à vendre de vieilles graines ou à en détruire des quantités importantes à la fin de chaque saison. Nous savons fort bien qu'il n'est pas toujours possible de prévoir longtemps d'avance de quels engrais on va avoir besoin, mais il n'en est presque jamais ainsi pour les graines. Toujours, en effet, celui qui n'en a pas récolté sait qu'il devra en acheter et à très peu de choses près la quantité dont il aura besoin. Rien, par conséquent ne devrait l'empêcher de faire sa commande en temps voulu.

La circulaire ci-après, de M. le Ministre de l'Agriculture, attire l'attention des cultivateurs sur un genre spécial de fraude qu'il devrait suffire d'indiquer pour que chacun se tienne sur ses gardes.

H. LEIZOUR.

Paris, le 3 juin 1893.

Monsieur, je désire appeler votre attention toute particulière sur une fraude qui vient d'être constatée et qui a pour objet la falsification des graines de semences.

Tout récemment, on a saisi à Gien, à Moulins et dans d'autres localités, des graines de trèfle des prés falsifiées. La fraude découverte consiste dans l'addition de sable à des graines naturelles. Voici l'analyse d'un de ces échantillons :

Trèfle des prés.	75.78	p. 100
Plantain et graines mutilées de trèfle .	1.27	
Sable quartzeux coloré artificiellement .	9.69	
Sable ocreux	13.26	
	100.00	

Soit en tout 22.95 p. 100 de sable ajouté frauduleusement. La justice a pu établir que 11.000 kilogrammes de sable quartzeux expédiés d'Italie ont été vendus pour de la graine de trèfle. Il importe de signaler des faits semblables aux cultivateurs, car ils sont de nature à compromettre gravement les ensemencements.

A cet effet, je vous recommande tout particulièrement d'appeler, dans vos conférences, l'attention des cultivateurs sur les fraudes dont les semences du commerce, les semences fourragères notamment, sont l'objet, sur les impuretés nuisibles qu'elles peuvent contenir ; une grande partie des semences de luzerne et de trèfle livrées par le commerce sont souillées de cuscute. Les nombreux insuccès dans la création des prairies à base de légumineuses et de graminées ont presque toujours pour cause la mauvaise qualité des semences.

Vous aurez soin d'engager les cultivateurs et les syndicats à exiger toujours des vendeurs la garantie sur facture de la pureté et de la faculté germinative de leurs semences et à faire vérifier, par la station d'essais de semences instituée à l'institut agronomique, à Paris, l'exactitude des garanties données.

Vous exercerez une surveillance attentive sur les semences exposées dans les magasins, sur les marchés, et vous adresserez à la station, qui les analysera gratuitement, les échantillons suspects.

Les petits marchands grainiers de province sont souvent les premiers trompés. Vous devrez les engager à analyser ou à faire analyser leurs marchandises par la station avant de les mettre en vente.

Enfin, en toutes circonstances, vous vous souviendrez que, si l'agriculture française a fait des progrès considérables grâce à l'emploi des engrais chimiques et des semences selectionnées, la fraude s'est développée parallèlement à l'accroissement des quantités vendues, et qu'il convient de sévir énergiquement contre tous ceux qui cherchent à tromper nos cultivateurs.

Je connais assez votre dévouement aux intérêts agricoles de votre département pour qu'il me soit inutile d'insister davantage.

Recevez, Monsieur, l'assurance de ma considération distinguée.

Le ministre de l'agriculture,
VIGER.

Conservation des pommes de terre

(Suite)

Quoi qu'il en soit de la valeur théorique des procédés de stratification, ils ne sont applicables qu'à de petites quantités de pommes de terre, car on imaginerait difficilement un moyen pratique d'enfouir dans les substances *ad hoc* de grandes masses de tubercules convenablement espacés ; la masse stratifiée occuperait nécessairement un volume considérable. Enfin, à l'heure actuelle, il est un peu tard pour en faire usage et l'on peut encore moins recourir à l'ensilage.

Restent les méthodes qui nécessitent la destruction des germes. La plus simple consiste à enlever les bourgeons à la main, à l'aide d'un couteau ou de tout autre instrument ; mais cette opération est longue et, conséquemment, peu pratique. On a, il est vrai, tenté la construction de dégermeurs mécaniques de différents modèles, mais les résultats obtenus jusqu'à présent ont été peu satisfaisants. On conçoit, d'ailleurs, combien il est difficile avec ces appareils d'atteindre tous les germes sans endommager profondément le tubercule, surtout quand la forme de celui-ci est irrégulière, tourmentée, et que les yeux se trouvent logés dans de fortes dépressions.

Pour la conservation de quantités importantes de pommes de terre, l'emploi des solutions caustiques est bien préférable à tous les moyens que nous venons de passer en revue. Sans nous attarder à signaler les différents essais tentés dans cette voie, nous indiquerons seulement ici le procédé imaginé par M. Schribaux qui l'a expérimenté à maintes reprises avec un plein succès. Voici en quels termes son auteur en recommande l'application :

« Pour détruire les bourgeons, il convient de tremper les tubercules *pendant dix heures* dans une solution d'acide sulfurique à 1-2 pour 100 ; 1 pour 100 pour les variétés potagères à peau mince, telles que la quarantaines des Halles, la saucisse, etc. ; 2 pour 100 pour les variétés fourragères à peau épaisse, telle que la Richter's imperator.

» La préparation de la solution s'obtient très facilement en versant, dans un tonneau en bois, 100 litres d'eau puis 1-2 litres d'acide sulfurique du commerce (marquant 66° à l'aréomètre Baumé). Il ne faut *jamais* procéder inversement, c'est-à-dire verser d'abord l'acide dans le récipient, autrement on s'exposerait à des projections du liquide caustique au moment où on y ajouterait l'eau.

» Après le trempage des tubercules dans la solution acide, on les lave à l'eau puis on les fait sécher ; on les conserve ensuite dans un endroit bien aéré, sur un grenier par exemple. Il ne pénètre pas d'acide dans la substance du tubercule ; la valeur alimentaire de celui-ci reste, par conséquent, ce qu'elle était avant le traitement. Le lavage à l'eau a emporté l'acide qui imprégnait la surface des pommes de terre, de sorte qu'on peut également les faire consommer sans crainte par les animaux.

» J'ai dit que la concentration de la solution acide ne devait pas être uniforme. Suivant les variétés et aussi suivant la saison à laquelle on opère, la peau du tubercule oppose à la pénétration de l'acide une résistance plus ou moins grande. Avant donc d'opérer sur de grandes quantités, on fera bien d'opérer sur une vingtaine de pommes de terre afin de déterminer la dose exacte de l'acide à employer. »

Il suffit de couper un tubercule en deux le lendemain du traitement pour se rendre compte, par l'épaisseur de la couche blanchâtre qui se forme sous la peau, de la profondeur à laquelle l'acide a pénétré.

Ajoutons que le meilleur moment pour traiter ainsi les pommes de terre est celui où les bourgeons commencent à entrer en végétation ; ils sont alors plus délicats et, par suite, plus faciles à détruire.

Rappelons aussi qu'à l'aide de ce procédé, d'une application facile, M. Schribaux a pu conserver des pommes de terre pendant plus d'un an sans qu'elles présentassent aucune trace d'altération. Elles étaient seulement un peu ridées à la surface par suite de la perte d'une partie de leur eau. Il va sans dire que les tubercules sains sont seuls susceptibles de conservation.

Pour conserver jusqu'au moment de leur emploi les pommes de terre de semence d'une valeur élevée, celles, par exemple, qui appartiennent à des variétés potagères ou qui figurent comme nouveautés sur les catalogues des marchands, voici comment on procède aux environs de Paris Après la récolte, on laisse les tubercules exposés pendant quelque temps à l'air et à la lumière pour en provoquer le verdissement. On les dispose ensuite sur de petites claies, debout, l'extrémité pourvue des principaux germes en haut ; ces clayettes sont alors placées dans un endroit froid et aéré, mais cependant à l'abri de la gelée. Grâce à leur construction, elles s'empilent facilement les unes sur les autres en laissant entre elles un espace suffisant pour permettre la circulation de l'air et le libre développement des germes. Lors de la plantation, on met les tubercules en terre dans la position qu'ils occupaient sur les clayettes : leur développement se poursuit ainsi sans interruption.

LÉON BUSSARD.

Extrait de « l'Agriculture Nouvelle. »

SYNDICAT DE CHARTRES

Marchandises en dépôt

Marchandises actuellement en dépôt :

Superphosphate minéral soluble au Citrate.

Phosphoguano ordinaire.

Phosphoguano surazoté.

Nitrate de soude.

Sulfate de cuivre.

Sulfate de fer.

Carbonate de soude.

Tourteaux de lin pour engraissement.

— de sésame blanc du Levant pour engraissement.

— de Coprah, Ceylan, pour vaches laitières.

Huile d'olive surfine, à 2 fr. le kilog.

Huile de sésame fine, à 1 fr. 11 le kilog.

Savon bleu à 0 fr. 50.

Savon blanc à 0 fr. 55 le kilog.

Les huiles sont fournies en bonbonnes de verre, cachetées et plombées par les expéditeurs, et par quantités de 25 kilog. environ.

Elles sont garanties absolument pures.

Les savons sont livrés en caisse de 25 à 30 kilog. également.

Enfin le dépôt contient également de l'huile minérale russe, (Ragosine) excellente et avantageuse pour le graissage des machines agricoles, au prix de 0 fr. 50 le kilog. (non logé), et de l'huile à brûler, double épuration à 0 fr. 80 le kilo. (logée), le tout en bonbonnes d'environ 25 kilog.

Toutes les substances ci-dessus sont fournies immédiatement contre paiement comptant, en s'adressant chez M. Mercier, comptable du syndicat, 4, place Saint-Michel, tous les jours de la semaine (dimanches et fêtes exceptés et le samedi avant midi).

Elles peuvent également être expédiées par chemin de fer transport à la charge de l'acheteur.

Le syndicat peut encore faire fournir à ses adhérents, et à des conditions très avantageuses :

1° Des ardoises provenant des mines d'Angers ;

2° Des tuiles ordinaires et des tuiles Muller.

3° De la chaux et du plâtre pour constructions ;

4° Des raisins pour boissons (Corinthe, Thyra, Samos, etc);

5° Des ronces artificielles et des grillages métalliques ;

6° Enfin toutes machines agricoles provenant des meilleurs fabriques, notamment des Trieurs Marot et des Tarares Denis.

Pour tous renseignements, s'adresser à l'Agent-Comptable.

Syndicat des Agriculteurs de la Mayenne

Les marchés du printemps pour les diverses fournitures au Syndicat étant expirés le 30 juin écoulé, de nouveaux marchés ont été passés, valables jusqu'au 31 décembre prochain.

Les prix des divers engrais sont les suivants :

Superphosphate minéral dosant au minimum en acide phosphorique soluble au citrate d'ammoniaque :

	Les 100 kilos.
14 0/0	8 15
12 0/0	7 10

Nitrate de soude dosant 15 à 16 0/0 d'azote en sacs d'origine 24 95

Phosphate fossile des Ardennes passant entièrement au tamis n° 100 et dosant au minimum :

ACIDE PHOSPHORIQUE		PHOSPHATE DE CHAUX TRIBASIQUE	
15 à 16 0/0	correspondant à	33 à 36 0/0 .	5 10
16 à 17 0/0	—	36 à 39 0/0 .	5 40
17 à 19 0/0	—	39 à 42 0/0 .	5 70

Guano du Pérou dosant 17 à 19 d'acide phosphorique et 5 à 6 0/0 d'azote 19 00

Phosphate de scories, dosant au minimum 14 0/0 d'acide phosphorique, correspondant à 31.50 de phosphate de chaux tribasique. . . 5 20

Phosphate de l'Oise, mouture passant en totalité au tamis n° 100 et dosant au minimum :

ACIDE PHOSPHORIQUE		PHOSPHATE DE CHAUX	
14 0/0	correspondant à	30.56 0/0 .	3 28
16 0/0	—	34.92 0/0 .	3 54
18 0/0	—	39 29 0/0 .	3 92

Chlorure de potassium dosant 50 0/0 de potasse 23 65

Sulfate de fer moulu 5 00

Noir animal de Raffinerie, dosant 18 à 20 0/0 d'acide phosphorique, correspondant de 39.29 à 43.66 de phosphate de chaux . . . 12 50

Plâtre tamisé, en vrac, cru 0 70

id. id. cuit 1 00

Le plâtre cru ne sera fourni qu'en vrac.

Pour le plâtre cuit logé, sacs en location à rendre dans le délai de 15 jours, 0 fr. 20 en sus par 100 kilos.

Phospho-Guano de Bondy, dosant de 2 à 3 0/0 d'azote et 8 à 10 0/0 d'acide phosphorique 10 75

Tous ces prix s'entendent pour marchandises rendues franco dans toutes les gares de la Mayenne et celles qui desservent le département, par wagons complets de 5.000 kilos au moins, sauf pour le plâtre dont les frais de transport restent à la charge de l'acheteur. Paiement à 30 jours, sous 2 0/0 d'escompte, ou à 90 jours sans escompte. Pour les phosphates fossiles des Ardennes, les phosphates de l'Oise et les scories, les frais de transport seront à la charge du destinataire qui devra les payer à la réception de la marchandise. Ces frais seront déduits sur la facture.

En raison des deux modes de paiement, nous rappelons aux intéressés qu'il faut indiquer dans la lettre de commande, lorsqu'on demande un wagon complet, le mode de paiement à appliquer. Toute commande ne portant pas cette indication sera portée payable à 3 mois.

Sur la demande de quelques syndiqués, pour la première fois depuis sa fondation, le syndicat a traité pour deux titres de superphosphate, dosant au minimum 14 0/0 et 12 0/0 d'acide phosphorique. Le premier sera fourni à 8 fr. 15 les 100 kilos, le deuxième à 7 fr. 10.

Malgré cette différence de prix par sac, c'est le titre le plus élevé qui reste le plus avantageux à employer ; le kilo d'acide phosphorique ressort à 0 fr. 582, tandis que ce prix est de 0 fr. 592 pour le superphosphate 12 0/0. C'est une différence de 0 fr. 10 par sac, soit 5 fr. par wagon de 5.000 kilos. Les engrais achetés soi-disant à bas prix, sont toujours ceux que le cultivateur paye le plus cher.

G. PEYRAS.

SYNDICAT DE LA MAYENNE

AVIS

Les membres du Syndicat des agriculteurs de la Mayenne sont informés que nous tenons *gratuitement* à leur disposition 4.000 kilos de *calcophosphate des Ardennes traité à l'acide sulfureux* (dosage 0/0 d'acide phosphorique), donné à titre d'essai par M. Rousseau, ingénieur, 6, rue Monge, à Paris.

Les personnes qui voudraient essayer ce produit sont priées de s'adresser à M. Léizour, président du syndicat.

CHEMINS DE FER DE L'OUEST

Prolongation de la durée de validité des billets d'aller et retour à prix réduits

La Compagnie des Chemins de fer de l'Ouest délivre de Paris à toutes les gares de son réseau (grandes lignes) et vice versa, des billets d'aller et retour comportant une réduction de 25 0/0 en 1re classe et de 20 0/0 en 2e et 3e classe sur le prix doublé des billets simples.

La durée de validité de ces billets vient d'être modifiés comme suit :

De 1 à 30 kilom.		1 jour.
De 31 à 125	—	2 jours.
De 126 à 250	—	3 jours.
De 251 à 400	—	4 jours.
De 401 à 500	—	5 jours.
De 501 à 600	—	6 jours.
Au-dessus de 600	—	7 jours.

L'amélioration consiste dans l'abaissement de 75 à 30 kilomètres de la 1re coupure et dans l'allongement d'un jour pour les parcours supérieurs à 400 kilomètres et de deux jours pour les parcours supérieurs à 600 kilomètres.

Ces délais de validité continuent à être augmentés, le cas échéant, des dimanches et jours de fête.

SAISON D'ÉTÉ 1893

Bains de Mer et Eaux Thermales

La gare de Laval délivre de mai à octobre des billets d'aller et retour individuels aux prix et conditions ci-après indiquées :

I. — Billets valables 3 jours (du samedi au lundi).

De Laval aux gares suivantes :	Prix 1re cl.	2e cl.	3e cl.
Caen.	26	19	
St-Malo, Dinard ou Dinan.	21	16	14 20
Lamballe	21	16	
Brest.	50	37	
St-Nazaire.	24	18	
Bagnoles-de-l'Orne, viâ Couterne.	15	11	7 50

II — Billets valables pendant 33 jours.

Ces billets sont délivrés par la gare de Laval pour toutes les stations balnéaires ou thermales du réseau de l'Ouest situées à plus de 250 kilomètres de ce point.

Ces billets comportent une réduction de 40 0/0 sur le tarif général, sous réserve des minima de perception ci-après indiqués par place, aller et retour :

1re classe : 56 francs.
2e classe : 37 francs 80.

Ces derniers billets doivent être demandés trois jours au moins avant celui du départ.

Excursion au Mont-Saint-Michel

La Compagnie des Chemins de fer de l'Ouest fait délivrer, de mai à octobre, des billets d'aller et retour, valables pendant 4 jours, de Laval au Mont-St-Michel, aux prix suivants :

17 fr. 55 en 1re classe.
13 fr. 75 en 2e classe.
10 fr. 70 en 3e classe.

En outre, des billets à prix réduits, *dits d'excursions*, sont délivrés pour visiter les villes et les côtes de la Normandie et de la Bretagne.

Le Gérant, H. LEROUX.

Laval, Imp. H. Leroux.

6e Année Août 1893 N° 59

Ce Bulletin paraît le 15 de chaque mois.

BULLETIN AGRICOLE
DE L'OUEST

Organe des Syndicats Agricoles des départements du Finistère, des Côtes-du-Nord, du Morbihan, de la Loire-Inférieure, d'Ille-et-Vilaine, de la Manche, de la Mayenne, de Maine-et-Loire, de la Sarthe, de l'Orne, du Calvados, de l'Eure, d'Eure-et-Loir et de la Seine-Inférieure.

Publié sous la direction de :

H. LÉIZOUR, (✻ M. A.) (♀ A.)
Professeur départemental d'Agriculture de la Mayenne, Directeur du Laboratoire agronomique, Président du Syndicat des Agriculteurs de la Mayenne.

GAROLA, (O. ✻ M. A.) (♀ A.)
Professeur départemental d'Agriculture d'Eure-et-Loir, Directeur de la Station agronomique de Chartres.

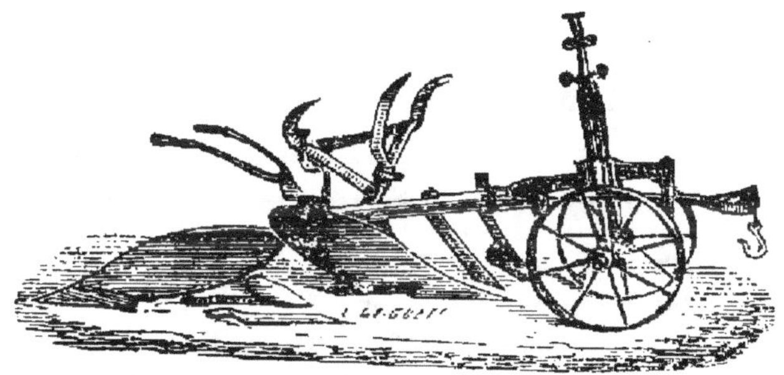

ABONNEMENTS

Les membres des syndicats adhérents sont abonnés gratuitement par leurs bureaux. — Pour les étrangers aux syndicats : **6 fr.** par an.

ANNONCES

De 1 à 4 annonces.	» **50**c la ligne.	De 8 à 12 annonces » **30**c la ligne
De 4 à 8 —	» **40**c —	Au-delà de 12. » **20**c —

Le bulletin publiera gratuitement les offres et demandes des Syndicats abonnés.

AVIS. — Tout ce qui concerne la rédaction, les Annonces et les Abonnements, doit être adressé à M. LÉIZOUR, rue de la Filature, 1, à Laval.

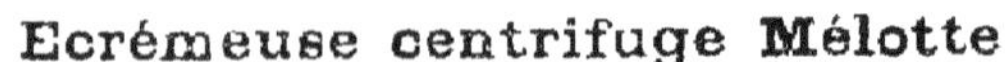

Ecrémeuse centrifuge Mélotte

200 *et* 300 *litres à l'heure. Force : une femme*

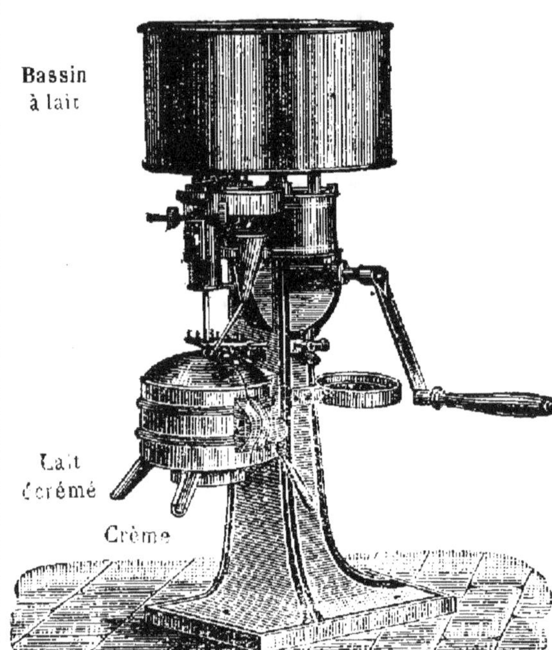

NOUVEAUX PERFECTIONNEMENTS

La plus légère, la plus facile à conduire, la plus puissante et la seule écrémeuse à **bras** pouvant réellement débiter **300 litres** avec le meilleur écrémage.

EDM. GARIN

Ingénieur Construct^{r} Mécanicien

(A CAMBRAI NORD)

Spécialité d'installations complètes de laiteries

ÉCRÉMEUSES CENTRIFUGES
à bras et à moteur

BARATTES, MALAXEURS

BARATTES ÉTAMÉES
à températeur

Machines à Vapeur

PRIX :

N° 1.	A bras, 100 lit^{res} à l'heure.	460 f.
2.	A bras, 200 lit^{res} à l'heure.	550
2 *bis*	A bras, 300 lit^{res} à l'heure.	650
	A moteur, en plus	26
3.	A moteur, 320 lit^{res} à l'heure.	750
4.	A moteur, 400 lit^{res} à l'heure.	950
4 *bis*.	A moteur, 700 à 800 litres à l'heure . . .	1200

OFFICE DE LA VACHERIE

VINGT-QUATRIÈME ANNÉE

Choix de Vacheries dans Paris et banlieue depuis 5,000 *francs jusqu'à* 100,000 *francs*

Seule maison recommandée par les Chambres syndicales des laitiers-nourrisseurs

VACHERIE **à céder**, près **Paris, après fortune,** tenue depuis 25 ans, clientèle bourgeoise, 23 vaches hollandaises premier choix, 300 litres hiver, 400 litres été, vendus 40 et 50 centimes, peu de frais généraux. Bail à volonté, vendeur propriétaire. Bénéfices annuels depuis 20 ans 12.000 francs. On traitera avec 20.000 francs argent ou garanties.

S'adresser à MM. Laporte et Lefranc, 93, boulevard Sébastopol, Paris.

Sont vendues, les vacheries annoncées précédemment.

BULLETIN AGRICOLE DE L'OUEST

Vesce commune d'hiver, vesce velue et autres fourrages.

La faible ressource en fourrages pouvant être réservés pour la nourriture d'hiver, a déterminé les cultivateurs à donner plus d'extension à la culture des plantes racines, des maïs, des choux, etc. Les racines et le maïs, d'une conservation facile par l'ensilage, pourront être avantageusement utilisés avec les fourrages secs pendant l'hiver.

Mais quelle que soit l'abondance de cette production fourragère automnale, elle ne pourra qu'exceptionnellement combler le vide laissé par les foins : les derniers mois d'hiver, et probablement les premiers mois du printemps, seront encore difficiles à passer dans de bonnes conditions alimentaires.

En cette occurence, le cultivateur doit s'employer à obtenir, pour le printemps prochain. une production fourragère aussi abondante et aussi précoce que possible. Mais par suite de la rareté et de la cherté des graines nécessaires, il est à craindre que ce résultat soit difficile à obtenir d'une façon satisfaisante.

La vesce d'hiver et la vesce velue sont les deux principales plantes qui permettraient de l'obtenir le plus facilement. Malheureusement la semence de ces précieux fourrages sera presque introuvable et d'un prix exorbitant. Le commerce livrera sous ces dénominations des graines quelconques, provenant de vesces de printemps, des criblures de grains, des graines étrangères vieilles et avariées, ressemblant plus ou moins à première vue à la graine demandée. Malgré leur origine suspecte, ces graines seront offertes à un prix fort élevé, et il est de notre devoir de mettre le cultivateur en garde contre les offres qui leur en seront faites.

En présence de cet état de choses, le Syndicat des agriculteurs de la Mayenne n'ayant pu obtenir de garantie pour la vesce d'hiver, a décidé qu'il ne s'occuperait pas de cette fourniture.

Pour la vesce velue, le Syndicat fera son possible pour en tenir à la disposition des cultivateurs, dont les demandes sont jusqu'à présent fort nombreuses.

Cette plante étant encore peu cultivée en France, la semence de provenance française sera de peu d'importance. Les grands approvisionnements viendront, comme par le passé, de la Russie et de l'Allemagne du Nord, où la récolte n'est peut être pas encore terminée. Ce ne sera probablement que vers fin courant qu'il sera possible de se rendre compte du stock livré au commerce français, d'après lequel le prix pourra en être établi.

Quoiqu'il en soit, d'après les renseignements que nous avons pu nous procurer, ce prix sera si élevé, qu'il est à prévoir que beaucoup de cultivateurs réduiront dans une large proportion ou même annuleront leurs demandes. D'après des prévisions qui paraissent fondées, il atteindra 140 à 150 fr. les 100 kilos, et ce chiffre pourra même être dépassé.

Afin d'éviter tout malentendu, nous nous empresserons, aussitôt que nous serons définitivement fixé à ce sujet, d'en informer ceux qui nous ont adressé des demandes, avec prière de nous faire connaître leur décision sans retard. Les commandes des cultivateurs qui ne répondront pas à notre lettre seront annulées et la commande générale sera faite en conséquence.

La graine de vesce velue livrée par le Syndicat présentera une garantie absolue.

Cette plante se sème pendant tout le mois de septembre, à raison de 100 à 120 kilos de graine à l'hectare, dans laquelle on mélange 35 à 40 litres de seigle ou d'avoine d'hiver.

La préparation du sol est la même que pour la vesce d'hiver. A défaut de fumier de ferme, le superphosphate est l'engrais qui convient le mieux.

Si la vesce manque, quel fourrage mettre à la place? En ce qui concerne la Mayenne, nous sommes fort embarassé pour donner notre avis. Nous ne pouvons conseiller que le trèfle incarnat, dont le produit, pour la variété précoce. est utilisable avant la vesce. La variété tardive pourrait remplacer la vesce, au point de vue de l'époque de la consommation.

Malheureusement la culture du trèfle incarnat n'est pas rentrée dans les habitudes du cultivateur mayennais. Il est vrai de dire que la réussite de ce fourrage n'est rien moins qu'assuré dans la Mayenne. Cet insuccès est-il dû à une mauvaise préparation du sol ou à tout autre cause? nous l'ignorons.

Pour ces raisons et aussi par suite du prix fort élevé de la graine, le Syndicat a hésité à s'approvisionner de semence. Il s'est borné d'en procurer à ceux qui d'avance lui avait transmis des demandes.

Cependant, en présence de la situation exceptionnelle dans laquelle se trouve le cultivateur cette année, il devrait donner une certaine extension à la culture du trèfle incarnat. Il serait indispensable, tout au moins, qu'il regarnisse, avec cette plante, les trèfles de saison qui sont partout fort clair-semés. Un hersage énergique, suivi, après le semis, d'un coup de rouleau, devraient en assurer la réussite.

Il ne faut pas oublier que le trèfle incarnat demande à être semé sur un sol rassis. Un hersage énergique ou un coup de scarificateur donnés sur le chaume, suffisent comme préparation du sol précédant le semis. La graine est enterrée par un léger coup de herse suivi du rouleau. Il faut 25 kilos de graine à l'hectare.

Le Ray-grass d'Italie pourrait aussi, en cette saison, être utilisé pour regarnir les trèfles, de la même façon que le trèfle incarnat.

Comme fourrages de première saison à consommer au printemps, nous indiquons en terminant par ordre de précocité :

1° La navette, qui se sème fin août, à raison de 12 kilos de graine à l'hectare.

2° Les navets, semés également fin août, à raison de 5 à 6 kilos à l'hectare.

L'entrepôt de Laval est approvisionné de ces deux graines.

3° Le colza, même époque pour le semis, 12 à 15 kilos de graines.

4° Le seigle et l'avoine d'hiver, dont les conditions de culture sont connues de tous.

Tous ces semis se feront dans de bonnes conditions sur un simple labour de déchaumage, avec une fumure de 4 à 500 kilos de superphosphate à l'hectare.

Enfin, comme fourrage à consommer en octobre, nous indiquons la moutarde blanche, qui peut être semée pendant tout le mois d'août, sur labour de déchaumage et fumure comme ci-dessus. Quantité de graine, 25 kilos à l'hectare.

G. PEYRAS.

Jus de tabac dénaturés pour les usages agricoles.

En vue de permettre aux cultivateurs de défendre leurs récoltes contre les ravages des nombreux insectes que la sécheresse, régnant depuis la fin de l'hiver, a fait éclore, le ministre de l'agriculture a demandé à son collègue des finances de faciliter aux intéressés les moyens de se procurer des jus de tabac dénaturés, dont l'emploi comme insecticide est vivement recommandé.

Le ministre des finances a prescrit, en conséquence, de donner la plus grande publicité aux dispositions concernant la vente de ce produit.

Dans ce but, l'administration des contributions indirectes rappelle au public qu'en vertu d'une décision ministérielle du 2 mars 1888, les jus de tabac, dénaturés par une addition de goudron de bois de Norwège et provenant des manufactures nationales, sont livrés aux intéressés par l'intermédiaire des entreposeurs placés dans chaque chef-lieu d'arrondissement, lesquels sont chargés de la transmission des demandes qui leur parviennent.

Le prix de ces jus, dont la densité est uniformément de 12° 1/2 est fixé à 0 fr. 375 le litre, pour une perception minima de 3 fr. 75, non compris les frais de transport.

Enfin, on rappelle également que toute personne peut, sans être astreinte à la moindre formalité, se livrer au commerce en détail des jus de tabac dénaturés, et constituer, à cet effet un dépôt, où chacun aurait la faculté de venir s'approvisionner sans perdre de temps et par quantités en rapport avec ses besoins.

Au surplus, les intéressés auraient à s'adresser, si besoin était, au service des contributions indirectes pour obtenir des renseignements plus complets.

Mode d'emploi.

1° En *arrosage* sur les plantes avec le jus étendu de 15 à 20 fois son volume d'eau, opérer de préférence le soir et non pendunt la forte chaleur.

2° En *fumigation*, procédé applicable dans les serres. On projette une certaine quantité de jus concentré sur des briques chauffées à une forte température, l'épaisse fumée qui se dégage aussitôt détruit les insectes.

3° Les jus de tabac sont également employés avec succès pour détruire les parasites, animaux tels que : poux, puces, acares des différentes gales, etc. On se sert à cet effet du jus à 5° environ et on l'applique à l'aide d'une brosse.

P. M.

Le ver gris ou ver court.

La noctuelle des moissons. — *Noctua* (agrostis) *segetum*

Dans le genre (noctua) on compte beaucoup d'espèces, mais c'est la noctuelle des moissons, appelée *ver gris*, *ver court* (bien que ce soit une chenille) qui est la plus nuisible à l'agriculture et à l'horticulture ; cette année particulièrement, beaucoup de cultivateurs de notre région de l'ouest se plaignent de ses dégâts, aussi avons nous jugé à propos de porter à leur connaissance les renseignements suivants :

Caractères. — Le ver gris est de couleur gris terreux, ardoisé, un peu luisant, portant quelques marques sombres, la tête et le premier anneau du corps sont noirs, trois lignes blanchâtres parallèles, dont une dorsale longent le corps de l'insecte. Il s'enroule sous forme d'anneau si on le touche et il est très résistant à l'écrasement malgré sa mollesse.

A l'âge adulte les lignes claires disparaissent et l'aspect de la chenille, qui peut atteindre de 4 à 4 centim. 1/2, est plus foncé.

Mœurs et dégats. — Ce ver gris peut devenir un grand fléau pour les jardins et surtout pour la grande culture. En 1865, la culture de la betterave fût tellement compromise dans le département du Nord que les cultivateurs perdirent plus de 5 à 6 millions.

La chenille de la noctuelle mange non seulement les racines, mais elle coupe les végétaux au collet et sa voracité s'étend sur des plantes fort diverses. Pendant le jour elle se cache à fleur de terre autour du collet de la racine qu'elle ronge, c'est après le coucher du soleil qu'elle sort de sa retraite et grimpe sur les feuilles, auxquelles elle ne fait pas, d'ordinaire, de graves atteintes. C'est précisément pour cette raison que certains champs, de betteraves notamment, ne semblent pas avoir de mal et si on regarde de près autour du collet on le trouve tout rongé et en grattant la terre à quelques centimètres, on trouve le coupable qui semble engourdi.

Pendant la nuit la chenille voyage beaucoup, elle se transporte d'une plante à l'autre et émigre même peu à peu d'une pièce à une autre. — Un des moyens de destruction, que nous indiquons ci-après, est basé sur ce déplacement.

C'est dans les 1ers jours de juin que le ver gris fait son apparition et sa croissance est terminée vers le milieu de juillet, c'est donc pendant cette période qu'il cause de grand préjudices (il y a bien une 2e génération vers la fin d'août, mais le tort qu'elle cause est moins grand), donc à la mi-juillet la croissance terminée les *vers gris* se transforment en *chrysalides* puis ensuite en *papillons* qui apparaissent dans le mois d'août. Ces papillons sont grisâtres, lourds, ils restent cachés toute la journée et ne sortent qu'au crépuscule pour aller butiner sur les trèfles, luzernes, etc.

La plupart des papillons ne doivent éclore que l'année suivante en mai, un peu plutôt un peu plus tard suivant le degré de la température, comme d'ailleurs pour le hanneton et autres insectes en général.

Les vers gris de 2e génération qui viennent de l'éclosion de la fin d'août, vu leur moindre nombre et l'état des cultures, ne font généralement guère de dégâts, nous signalons cependant cefait car on pourrait ne pas s'expliquer pourquoion trouve deces vers, pendant presque toute la durée de la végétation.

MOYENS DE DESTRUCTION. — Lorsqu'il est question d'un insecte nuisible, très nuisible même, comme c'est le cas échéant, on a toujours hâte de connaître le résultat final, du côté pratique. A ce sujetdisons tout de suite que lorsqu'il s'agit d'opérer la destruction du ver gris sur une grande échelle, les moyens que nous connaissons, les moyens qui ont été conseillés et mis en pratique jusqu'à ce jour, sont loin d'être satisfaisants.

Sans parler de tous les procédés qui furent tentés au début ; le mélange de plâtre avec l'acide chlorhydrique, la suie, la vinasse, le purin, la chaux vive, les cendres pyriteuses, les décoctions de toute sorte, etc., moyens qui ne donnèrent aucun résultat.

Examinons les procédés qui restent à conseiller :

Etant donné que la chenille de la noctuelle, le *ver gris*, se déplace beaucoup, qu'elle émigre lorsque la nourriture lui fait défaut, abandonnant le terrain dévasté, il y a dans ces promenades nocturnes un moyen de destruction qu'on appliqua dans le Nord, lors de la grande invasion. On fit des rigoles de 0 m 30 de largeur et de 0 m 60 de profondeur à parois bien verticales, des millions de chenilles vinrent y tomber et s'y entasser, les unes sur les autres sans pouvoir en sortir. Il serait possible d'éviter un tel travail, de creuser les rigoles moins profondes à la condition d'écraser les insectes et de nettoyer le fond de ces petits fossés dans lesquels les vers restent emprisonnés.

Un procédé employé par M. Denis Lecoq, horticulteur à Laval, qui a perdu par le *ver gris* des milliers de dahlias, balsamines, reines-marguerites, etc., semble applicable pour les jardins ; après avoir arrosé la terre copieusement le ver gris *sort à la surface*, il est alors possible à l'aide d'un balai, si la terre s'y prête, d'en ramasser la majeure partie.

Ces procédés s'appliquent au ver lui-même et il en est un qui semblerait plus pratique, dans certains cas, en s'attaquant à la chrysalide. — On sait que la chrysalide est enfoncée à quelques centimètres seulement. Pour que les papillons, à peine éclos, (fin mai) puissent traverser la couche de terre qui les sépare de la surface, il faut que cette terre soit très meuble (les cultures de betteraves, le jardinage, etc., où la terre est précisément très ameublie, sont donc très favorables pour la sortie). Or, si un tassement superficiel de la terre peut être opéré sans de grands embarras pour la culture, au moment voulu, les papillons incapables de percer un sol résistant, devront périr sans avoir réussi à se montrer au dehors.

On doit peut être attribuer leur disparition plus ou moins complète, certaines années, à ce que la terre est battue par les orages et que la croûte qui s'est formée empêche également la sortie ?

De plus, dans l'affermissement de la couche superficielle du sol, les vers qui ne peuvent vivre à découvert pendant la chaleur du jour, parviendraient difficilement à s'abriter et à circuler dans un sol trop ferme et de la sorte beaucoup d'entre eux viendraient à périr, c'est tout ce que nous leur souhaitons.

P. MASSERON.

Le logement des cidres

Il en sera cette année du logement des cidres comme du logement du vin, pour quelques contrées tout au moins, la futaille manquera et le moment est venu de songer à réunir le plus de tonneaux qu'on pourra.

On se souviendra à cette occasion que les meilleurs récipients pour le cidre sont les fûts qui ont contenu de l'huile à manger, celle d'olive principalement. On ne rince pas ces fûts, le bois imbibé d'huile dispense de l'ouillage, puisqu'il n'y a aucune perte, il se forme à la surface du liquide une légère couche huileuse qui le garantit des altérations, aussi ces tonneaux sont recherchés et peuvent être payés plus cher que d'autres.

Les fûts ayant contenu de l'eau-de-vie sont très bons aussi pour la conservation du cidre, bien que le liquide gagne moins qu'on ne suppose par un séjour dans ces récipients, et dans ceux-ci comme dans tous autres, on se trouvera toujours bien de verser par la bonde, après emplissage, environ un décilitre d'huile d'olive fraiche par hectolitre.

Les tonneaux ayant servi à loger du vin seront soumis à un nettoyage énergique. Il est utile de les défoncer par un bout, de les gratter fortement pour enlever le tartre qui tapisse les douves, de laver ensuite à l'eau salée ou acidulée d'acide sulfurique, de rincer à plusieurs reprises et après égouttage et séchage, de les mécher.

On pourrait aussi avec avantage, après avoir raclé l'intérieur, carboniser légèrement puis rogner à blanc les douelles, le cidre serait ainsi assuré d'un bon logement et se conserverait bien sans danger.

Enfin, en ce qui concerne les fûts neufs, on devra toujours les soufrer, les flamber à l'alcool, afin de détruire les moisissures qui ont pu se former à l'intérieur.

Mais le véritable logement économique des cidres dans les années d'abondance est la citerne construite en granit avec joints au ciment de Portland. Ces joints sont passés à l'huile dès que le ciment est bien ressuyé : une inspection minutieuse de ces citernes est faite chaque année et les cidres s'y conservent en excellent état jusqu'au moment de la vente. Les murs doivent être cependant d'une épaisseur suffisante pour que le cidre puisse travailler sans risques et on ne remplit jamais les citernes, sinon l'action du liquide en fermentation ferait tout éclater.

Importance des cultures fourragères de fin d'année.

Lorsque le foin vaut plus de 200 fr. les 1000 kilos, soit plus de 2 sous la livre ! Il ne faut pas qu'une récolte de navets, par exemple, soit bien abondante pour représenter comme valeur alimentaire, comparée au foin, plusieurs centaines de francs.

Si nous admettons par exemple une récolte moyenne de navets, en *culture spéciale*, de *30.000 kilos*, à l'hectare, ce qui ne serait pas rare cette année dans les pièces de terre qui n'ont rien donné, parce que la sécheresse les a rendues stériles. Une telle récolte aurait pour équivalent nutritif un poids de 2.700 kilos de foin, sans faire de calculs on voit de suite combien elle serait importante.

La *moutarde blanche* qui prospère sur toutes les terres et arrive même dans des situations très ingrates, à donner des rendements de 25.000 kilos de matières vertes à l'hectare est également recommandable. Nous rappelons qu'elle peut être semée à raison de 15 kilos à l'hectare jusqu'à la mi-septembre et lorsque les conditions sont favorables l'utilisation comme fourrage peut commencer 6 semaines après le semis.

Voici d'ailleurs ce qu'en dit le docteur Menudier dans le *Bulletin* du syndicat de la Charente-Inférieure.

Le 1er septembre dernier, sur un hectare de terre de médiocre qualité, mais bien meuble, je semai 700 kilos de scories, 15 kilos de moutarde blanche, et un coup de herse termina l'opération.

Le 15 octobre, la moutarde ayant 60 centimètres de hauteur, on commença dans le bas de la pièce où la gelée était à redouter, le fauchage, qui finit au 15 novembre ; à ce moment la moutarde était haute de 1 mètre.

Pendant un mois dix fortes bêtes bovines furent nourries avec cette plante mêlée avec un peu de paille hachée, qui fut continuellement mangée avec avidité.

Nous avons estimé que chaque bête nourrie avec du foin seul en aurait consommé par jours 15 kilos; soit pour les 10 bêtes et pendant 30 jours : 15×10×30=4.500 kilos. Au prix élevé auquel est le foin, 100 fr. les 500 kilos, la production de l'hectare de moutarde représente une somme de 450 fr.

La moutarde, qui passe pour être sensible à la gelée, y a très bien résisté, alors que tous les maïs du voisinage ont été entièrement gelés.

Parmi les autres plantes dont la culture et les résultats sont bien connus, citons la *navette*, le *colza*, le trèfle incarnat dont la précocité sera sans prix au printemps prochain alors que les greniers seront vides et qu'on aura de grandes difficultés à *joindre les deux bouts*.

*
**

Les cultures dérobées d'automne, comme l'a démontré M. Dehérain, dans les « *Annales agronomiques* » a de plus une grande importance en ce sens qu'elles utilisent et s'opposent aux pertes considérables *d'azote nitrique* entraîné chaque année dans les profondeurs du sol par les pluies d'automne ; ces pertes s'élèvent, d'après ses expériences, à 40 kilos d'azote par hectare, ce qui représente 260 kilos de nitrate de soude dont la valeur équivaut presque au loyer de la terre.

P. Masseron.

ASSOCIATION POMOLOGIQUE DE L'OUEST

Congrès pomologique à Vannes, du 17 au 22 octobre 1893.

La réception des fruits exposés, des cidres, poirés, eaux-de-vie, des fruits moulés et machines, etc., aura lieu le *lundi 16 octobre*, aux Halles de la ville de Vannes, avant 4 heures du soir.

Les personnes qui désirent concourir devront adresser leur déclaration écrite au plus tard le 9 octobre à M. le Maire de la ville de Vannes, c'est également à la Mairie de Vannes qu'il faut s'adresser pour les renseignements.

De nombreuses médailles d'or, de vermeil, d'argent et de bronze sont mises à la disposition de l'Association pour récompenser les lauréats des différentes sections, savoir : collections de pommes et poires de pressoir, 3 sections et 10 catégories, — cidres, poirés, eaux-de-vie, 3 sections, 9 catégories, — instruments, 6 sections, — concours spéciaux pour fruits moulés et pour le meilleur élevage du pommier.

Des questions très importantes seront discutées pendant les séances du congrès qui sont publiques.

P. M.

BIBLIOGRAPHIE

Amélioration de la culture de la pomme de terre (1) industrielle et fourragère (Instructions pratiques), par M. Aimé GIRARD, professeur au Conservatoire national des Arts et métiers, membre de la Société nationale d'Agriculture.

C'est au premier rang parmi les cultures à beaux bénéfices qu'il convient de placer la culture de la pomme de terre. Les recherches faites et les travaux publiés par M. Aimé Girard l'ont nettement établi et les résultats obtenus par les nombreux collaborateurs qui ont suivi ses conseils l'ont depuis confirmé.

Ces bénéfices, cependant, ne sauraient être la récompense des procédés routiniers suivis, de temps immémorial, pour cette culture en France ; afin de les obtenir, c'est chose indispensable que d'appliquer avec exactitude les procédés rationnels de culture intensive dont M. Aimé Girard a démontré l'efficacité.

C'est en suivant ces procédés que des centaines de cultivateurs ont pu aussi bien sur des pièces de quelques ares que sur des étendues de 50 hectares et même davantage élever le rendement moyen, qui en France ne dépasse pas 7.500 kilog. à l'hectare, aux rendements de 30.000 kilog, 35.000 kilog, et même exceptionnellement de 40.000 kilog. et 45.000 kilog. ; réalisés par la culture en terre fertile, ces recoltes représentent un bénéfice net de 400 fr. à 500 fr. au moins par hectare.

En terre pauvre ou médiocre, les résultats ne sont pas moins

(1) Librairie Gauthier-Villars et fils, quai des Grands-Augustins, 55. 1 vol. in-12 : 0,25 c.

beaux ; sur des terres louées quelquefois 10 fr. ou 15 fr l'hectare, on voit alors la récolte atteindre 20.000 kilog. et même 25.000 kilog., et donner au cultivateur un bénéfice net de 250 fr. à 300 fr. pour la même surface.

Les procédés à l'aide desquels peuvent être obtenus des produits aussi rémunérateurs ont été exposés en détail et l'importance en a été scientifiquement démontrée par M. Aimé Girard dans ses *recherches sur la culture de la pomme de terre industrielle et fourragère* (*voir* ci-dessous) ; dans cet Ouvrage, tous les cultivateurs aimant à approfondir les questions agricoles trouveront les enseignements les plus développés.

Mais, à coté de ces cultivateurs, il en est d'autres qui demandent un exposé plus succinct ; c'est à ceux-ci que s'adresse le petit opuscule que nous présentons au public agricole.

Dans ces *Instructions pratiques*, M. Aimé Girard s'est attaché à condenser, en quelques formules simples et précises, les conditions nécessaires à l'amélioration de la culture de la pomme de terre.

Pour favoriser la diffusion des procédés qu'on lui doit, et qui sont destinés à exercer une influence si grande sur l'une des branches de notre agriculture nous avons, tout en conservant à ce petit livre une forme digne du public auquel il s'adresse, fixé le prix de vente à la somme de 0 fr. 25.

Nous espérons que les agriculteurs de notre pays apprécieront l'importance de cet Ouvrage et que, lui accordant la faveur qu'il mérite, ils s'efforceront de le vulgariser.

Les procédés qui y sont indiqués, en effet, assurent, dès aujourd'hui, à la culture de la pomme de terre en France, une supériorité éclatante sur la culture de cette plante en Allemagne ; ils mettent à la disposition de la féculerie et de la distillerie, comme aussi ils apportent pour l'alimentation de notre bétail un produit agricole excellent et à bon marché.

Nous donnons ci-dessous la Table des matières contenues dans les Instructions pratiques que vient de rédiger M. Aimé Girard.

Table des Matières

Ecole pratique d'agriculture des Trois-Croix

Les examens d'admission à l'école pratique d'agriculture des Trois-Croix, près Rennes, auront lieu à la Préfecture le 21 août 1893, à 8 heures du matin.

Conditions d'admission. — Les candidats sont admis de 13 à 18 ans et doivent fournir les pièces suivantes : Demande des parents (sur papier timbré) — Extrait de l'acte de naissance. — Certificat de vaccine. — Certificat de bonne conduite.

Les candidats qui désirent obtenir des bourses devront s'adresser à M. HÉRISSANT, directeur de l'école, de même que pour obtenir tout renseignement complémentaire.

Les Guêpes

L'invasion de guèpes qui cause, cette année, de sérieux dommages aux récoltes de fruits, sans parler d'autres désagréments, mérite quelques indications pour la combattre dans la mesure du possible.

Les jeunes abeilles naissent successivement, en général, du 20 septembre au 10 octobre, c'est à ce moment que la population du guêpier atteint son maximum, 2.000 à 3.000 insectes.

On pourra donc opérer la destruction des nids de guèpes jusque dans l'arrière saison. Le moyen le plus simple consiste à verser un verre environ de pétrole dans le nid et à y mettre le feu, en opérant le matin, avant le départ des guèpes.

Pour prendre celles du dehors qui font le pillage, on pourra placer sur le sol des bouteilles à orifice étroit remplies à moitié d'eau miellée ou sucrée.

P. M.

Syndicat des Agriculteurs de la Mayenne.

AVIS

En parlant du renouvellement des marchés, nous avons omis, dans le précédent N° du bulletin, de signaler le phosphate de la Somme.

La fourniture de cet engrais, dosant de 40 à 45 0/0 de phosphate de chaux tribasique, a été obtenue au prix de 4 fr. 15 les 100 kilos.

Les ramilles pour la nourriture des animaux

L'emploi des ramilles broyées et fermentées pour nourrir le bétail est, paraît-il, pratiqué en Allemagne où l'on entretient avec cette substance de nombreux troupeaux en bon état.

Le Ministère de l'Agriculture fait exécuter des expériences, sous la direction de M. Grandeau, dans la forêt de Sénard, et les résultats obtenus par ces machines à broyer ne tarderaient pas à être connus.

P. M.

SYNDICAT DE CHARTRES

Marchandises en dépôt

Marchandises actuellement en dépôt :
Superphosphate minéral soluble au Citrate.
Phosphoguano ordinaire.

Phosphoguano surazoté.
Nitrate de soude.
Sulfate de cuivre.
Sulfate de fer.
Carbonate de soude.
Tourteaux de lin pour engraissement.
— de sésame blanc du Levant pour engraissement.
— de Coprah, Ceylan, pour vaches laitières.
Huile d'olive surfine, à 2 fr. le kilog.
Huile de sésame fine, à 1 fr. 11 le kilog.
Savon bleu à 0 fr. 50.
Savon blanc à 0 fr. 55 le kilog.

Les huiles sont fournies en bonbonnes de verre, cachetées et plombées par les expéditeurs, et par quantités de 25 kilog. environ.

Elles sont garanties absolument pures.

Les savons sont livrés en caisse de 25 à 30 kilog. également.

Enfin le dépôt contient également de l'huile minérale russe, (Ragosine) excellente et avantageuse pour le graissage des machines agricoles, au prix de 0 fr. 50 le kilog. (non logé), et de l'huile à brûler, double épuration à 0 fr. 80 le kilo. (logée), le tout en bonbonnes d'environ 25 kilog.

Toutes les substances ci-dessus sont fournies immédiatement contre paiement comptant, en s'adressant chez M. Mercier, comptable du syndicat, 4, place Saint-Michel, tous les jours de la semaine (dimanches et fêtes exceptés et le samedi avant midi).

Elles peuvent également être expédiées par chemin de fer transport à la charge de l'acheteur.

Le syndicat peut encore faire fournir à ses adhérents, et à des conditions très avantageuses :

1° Des ardoises provenant des mines d'Angers ;
2° Des tuiles ordinaires et des tuiles Muller.
3° De la chaux et du plâtre pour constructions ;
4° Des raisins pour boissons (Corinthe, Thyra, Samos, etc) ;
5° Des ronces artificielles et des grillages métalliques ;
6° Enfin toutes machines agricoles provenant des meilleurs fabriques, notamment des Trieurs Marot et des Tarares Denis.

Pour tous renseignements, s'adresser à l'Agent-Comptable.

CHEMINS DE FER DE L'OUEST

Paiement d'Intérêts et escompte de ce paiement

Obligations de l'ancienne Compagnie du Havre

ÉCHÉANCE DU 1er SEPTEMBRE 1893

Emprunt 1845, coupon n° 95. — Emprunt 1847, coupon n° 93.

Le Conseil d'administration a l'honneur de prévenir MM. les porteurs des Obligations de l'ancienne Compagnie du Havre (emprunts 1845-1847), de la mise en paiement, le 1er septembre prochain, avec faculté d'escompte un mois avant, de l'intérêt semestriel à échoir à cette date, sur lesdites obligations.

Cet intérêt, sous déduction des impôts établis par les lois de finances, s'élève :

pour les titres nominatifs, à. . . . 24 »
pour les titres au porteur, à 22 739

Les dépôts de coupons et de titres nominatifs seront reçus, en vue de ce paiement :

Quinze jours avant l'échéance,

à Paris, au siège de la Compagnie, et dans les gares désignées des réseaux de l'Ouest, de P.-L.-M., d'Orléans et de l'Est,

Vingt jours avant l'échéance,

dans les gares désignées de la Compagnie du Midi.

TERRE DE LA MOTTE DAUDIER

Commune de Niafles, par Craon (télégraphe, chemin de fer à 3 kilomètres) département de la Mayenne.

250 reproducteurs mâles et femelles de la race Durham pure, des tribus Gwynne, Beeswing, Catherine, Zemima, Niblet, Portia, Rosalind.

Les Durhams de M. le comte de Quatrebarbes ont remporté à Vannes et à Tours un 2e et un 3e prix, deux prix supplémentaires, une mention et une médaille d'or de la Société des Agriculteurs de France.

Moutons Dislhey et Southdown importés.

Mâles et femelles de la race porcine craonnaise pure.

Blés d'espèces améliorées à grand rendement pour semences, Dattel et autres.

S'adresser toute l'année à M. GENDRY, régisseur.

COMMERCE D'ALIMENTATION

A céder après fortune, ne demandant pas de connaissance. Bénéfices nets 15.000 francs. Chevaux, voiture de maître, pas besoin de fonds de roulement, toutes les affaires se traitant au comptant. Pavillon d'habitation, 10 pièces, cour, jardin, magasins, etc., etc. On traitera avec 20.000 francs. DAGORY, 149, rue Lafayette, Paris.

Commissionnaire expéditeur aux Halles

A céder. On traitera avec 50.000 francs. Bénéfices nets 30.000 fr.

GRAND HOTEL à céder

Après fortune, 46 numéros. Bénéfices nets 12.000 francs. On traitera avec 15.000 francs. Quartier riche. DAGORY, 149, rue Lafayette, Paris.

VINS DE BORDEAUX

Garantis naturels. — Médaillés à l'Exposition universelle de 1889.

VINS ROUGES

La pièce de 225 litres :

2mes Côtes 1890	100 f.
Paluds 1890	115
1res Côtes 1890.......	125
Côtes supér. 1889.....	150
Graves Portets 1889 ..	200
Graves La Brède 1889	250
Médoc Cussac 1889 ..	350

VINS BLANCS

La pièce de 225 litres :

Entre 2 Mers 1890....	110 f.
Petites Graves 1890 .	125
Graves 1889	150
1res Côtes Soupiac 1888	200
Barsac, sec 1888......	250
Ht Barsac, liquor, 1887	350
Sauternes, liquor. 1887	500

Double fût : 5 francs en sus.

Livraison en gare de départ. — Paiement à 90 jours net, ou à 30 jours avec 2 0/0 d'escompte.

S'adresser à M. G. BORD, secrétaire général du Syndicat agricole de CADILLAC (Gironde).

Le Gérant, H. LEROUX.

Laval, Imp. H Leroux

H. Leroux

6e Année Septembre 1893 No 60

Ce Bulletin paraît le 15 de chaque mois.

BULLETIN AGRICOLE
DE L'OUEST

**Organe des Syndicats Agricoles
des départements du Finistère, des Côtes-du-Nord,
du Morbihan, de la Loire-Inférieure, d'Ille-et-Vilaine, de la
Manche, de la Mayenne, de Maine-et-Loire, de la Sarthe,
de l'Orne, du Calvados, de l'Eure, d'Eure-et-Loir
et de la Seine-Inférieure.**

Publié sous la direction de :

H. LÉIZOUR, (✻ M. A.) (Q A.)
Professeur départemental d'Agriculture de la Mayenne, Directeur du Laboratoire agronomique, Président du Syndicat des Agriculteurs de la Mayenne,

GAROLA, (O. ✻ M. A.) (Q A.)
Professeur départemental d'Agriculture d'Eure-et-Loir,
Directeur de la Station agronomique de Chartres.

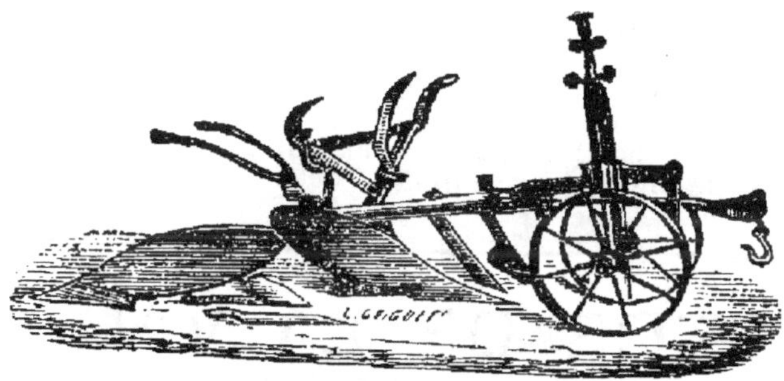

ABONNEMENTS

Les membres des syndicats adhérents sont abonnés gratuitement par leurs bureaux. — Pour les étrangers aux syndicats : **6 fr.** par an.

ANNONCES

De 1 à 4 annonces.	» 50c la ligne.	De 8 à 12 annonces	» 30c la ligne
De 4 à 8 —	» 40c —	Au-delà de 12.	» 20c —

Le bulletin publiera gratuitement les offres et demandes des Syndicats abonnés.

AVIS. — Tout ce qui concerne la rédaction, les Annonces et les Abonnements, doit être adressé à M. LÉIZOUR, rue de la Filature, 1, à Laval.

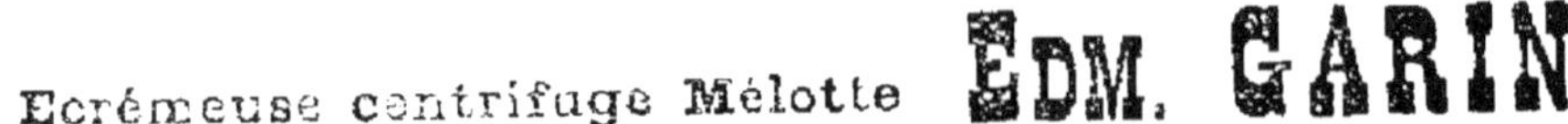

200 et 300 litres à l'heure. Force : une femme Ingénieur Construct[r] Mécanicien
(A CAMBRAI NORD)

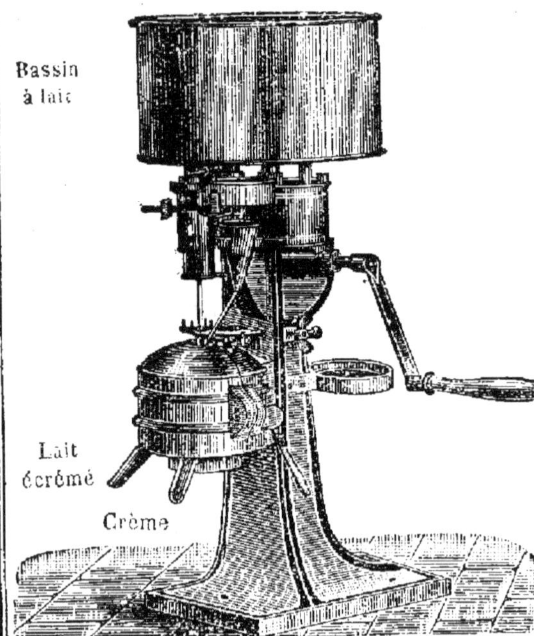

Spécialité d'installations complètes de laiteries

ÉCRÉMEUSES CENTRIFUGES à bras et à moteur

BARATTES. MALAXEURS

BARATTES ÉTAMÉES à températeur

Machines à Vapeur

PRIX :

N° 1.	A bras, 100 litres à l'heure.	460 f.
2.	A bras, 200 litres à l'heure.	550
2 *bis*	A bras, 300 litres à l'heure.	650
	A moteur, en plus	26
3.	A moteur, 320 litres à l'heure.	750
4.	A moteur, 400 litres à l'heure.	950
4 *bis*.	A moteur, 700 à 800 litres à l'heure . . .	1200

NOUVEAUX PERFECTIONNEMENTS

La plus légère, la plus facile à conduire, la plus puissante et la seule écrémeuse à **bras** pouvant réellement débiter **300** litres avec le meilleur écrémage.

OFFICE DE LA VACHERIE

VINGT-QUATRIÈME ANNÉE

Choix de Vacheries dans Paris et banlieue depuis 5,000 francs jusqu'à 100,000 francs

Seule maison recommandée par les Chambres syndicales des laitiers-nourrisseurs

VACHERIE **à céder**, près **Paris, après fortune,** tenue depuis 25 ans, clientèle bourgeoise, 23 vaches hollandaises premier choix, 300 litres hiver, 400 litres été, vendus 40 et 50 centimes, peu de frais généraux. Bail à volonté, vendeur propriétaire. Bénéfices annuels depuis 20 ans 12.000 francs On traitera avec 20.000 francs argent ou garanties.

S'adresser à MM. Laporte et Lefranc, 93, boulevard Sébastopol, Paris.

Sont vendues, les vacheries annoncées précédemment.

Concours départemental agricole de la Mayenne

La Commission d'organisation du concours agricole départemental de la Mayenne s'est réunie, à Laval, le 9 septembre et a arrêté le compte financier du concours de 1893, se soldant par un léger excédant de recettes.

Elle s'est occupée ensuite du concours de 1894, qui doit avoir lieu à Château-Gontier à la fin du mois d'août. Afin d'éviter aux lauréats des prix culturaux et d'enseignement agricole, de trop grands déplacements pour aller recevoir leurs prix, elle a décidé que les concours de fermes et d'enseignement agricole auraient lieu, en 1894, dans la circonscription de Château-Gontier, c'est-à-dire dans les cantons de Saint-Aignan-sur-Roë, Craon, Château-Gontier, Cossé-le-Vivien, Bierné, Grez-en-Bouère et Meslay.

Le Secrétaire du Concours,
Hte LEIZOUR.

Abondance des fruits à cidre. — Leur transport.

L'abondante production des fruits à cidre, coïncidant avec une production non moins abondante des vignobles français, a éveillé l'attention des producteurs des régions cidricoles sur la recherche de débouchés pour l'écoulement de l'excédent de leurs produits.

Il n'en est pas du cidre comme du vin. Celui-ci, d'une conservation facile, est toujours d'un placement assuré, quelle qu'en soit l'abondance. Que la vente en soit faite un peu plus tôt, un peu plus tard, l'année de la récolte ou les années suivantes, le vigneron n'a pas à s'inquiéter, surtout dans les années comme celle de 1893, qui fournissent toujours des vins de qualité supérieure. Dans ces conditions le stock restant en cave est un capital qui ne dort pas ; l'augmentation de valeur du produit par le temps représente, dans la plupart des cas, pour les vins classés principalement, un gros intérêt du capital. Le vigneron peut donc dormir sur les deux oreilles en attendant le moment propice qui se présentera, il en a la certitude, pour conclure un marché avantageux.

La quiétude du producteur de fruits à cidre ne saurait être la même, bien s'en faut. La conservation du cidre n'est pas chose facile ; contrairement aux résultats obtenus pour les vins, sa valeur décroit rapidement avec le temps. Exception faite de certains crûs supérieurs, dont la fabrication et les soins donnés aux produits ne laissent rien à désirer, après un an de fabrication le cidre est fort déprécié.

Il est donc très rationel que le producteur de fruits à cidre se préoccupe, dans les années d'abondance, au moment de la récolte, du placement, d'une partie tout au moins, de son excédent de production. La question, cette année, est on ne peut plus d'actualité.

Règle générale, dans une même année, tous les pays producteurs de cidre ne sont pas également bien partagés. Les plus favorisés expédient à leurs voisins pour combler les déficits, à titre de réciprocité, lorsque les rôles seront changés. Cette année il n'en est pas ainsi. Il y a pléthore dans toutes les contrées cidricoles et la quantité offerte dépasse de beaucoup les besoins de la consommation régionale de production.

La création de débouchés à distance s'impose donc. Or, pour avoir quelques chances de créer ces débouchés, d'équilibrer l'offre et la demande, il est une condition essentielle, la seule du reste à en assurer la réussite, c'est que le consommateur puisse se procurer les produits à un prix abordable, en rapport avec la quantité offerte.

Dans les centres mêmes de production et dans les localités avoisinantes, ce résultat sera facilement obtenu cette année. Mais, par suite du prix élevé des transports, il n'en sera pas de même à de grandes distances.

Nous avons sous les yeux les tarifs de toutes les compagnies de transport, relatifs aux fruits à cidre. Sauf sur les lignes de l'Etat, dont les prix sont sensiblement uniformes, ces tarifs sont presque le double, en moyenne, de ceux appliqués aux autres produits agricoles similaires : betteraves, pommes de terre, carottes, etc. Or, que nous sachions, il n'est pas pris plus de précautions pour l'expédition des pommes et des poires, que pour les betteraves et autres denrées. Sans avoir la moindre intention de critiquer le bien fondé des mesures appliquées dans les transports des diverses denrées, nous tenons à signaler ce fait qui nous paraît une anomalie, afin d'attirer, si possible, l'attention des personnes compétentes sur les résultats déplorables que cette situation peut entraîner dans le commerce des fruits à cidre cette année.

Il est incontestable, on ne saurait trop le répéter, qu'il y a urgence de créer de nouveaux débouchés à distance, à 400, 800 et même 1.000 kilomètres, s'il y a lieu. Mais, dans l'état actuel des choses, nous n'apercevons aucune chance de créer ces débouchés. Le prix du transport des fruits à cidre, pour ne citer que le tarif de la compagnie de l'Ouest est de 24 fr. 50 par 400 kilomètres et par tonn , alors que pour la pomme de terre destinée à la distillation il ne s'élève qu'à 11 fr. 05. En appliquant ce tarif, les frais de transport des fruits, pour une distance de 5 à 600 kilomètres, égaleraient cette année leur valeur respective. Cela équivaut presque à la prohibition de l'exportation. Y aurait-il impossibilité matérielle d'appliquer pour les grandes distances, et pendant les trois derniers mois de l'année, le tarif des pommes de terre aux fruits à cidre? Nous posons simplement la question, laissant à qui de droit le soin de l'étudier et au besoin de la résoudre. Tout le monde trouverait certainement son compte à cette solution, et les compagnies de transport seraient les premières à en bénéficier.

En présence de conditions exceptionnelles, il y a souvent urgence et grand avantage à recourir à des mesures d'exception.

G. PEYRAS.

La sécheresse et le manque de fourrages. — Le marc de pommes dans l'alimentation des animaux.

Plus sèche et plus stérile encore que l'année dernière, 1893 va jeter les cultivateurs dans un bien grand embarras pour entretenir leurs animaux jusqu'à une époque meilleure.

La récolte des foins, n'en parlons pas, chacun est malheureusement trop bien fixé sur ce qu'elle a été, les betteraves[1] et les carottes ont mal levé; irrégulières et de croissance misérable, on ne peut compter que sur de très petits rendements en général, il en est de même pour les choux qui, pourtant, forment la base de l'engraissement des bœufs dans la Mayenne.

Actuellement, il n'y a plus à compter que sur les regains de prairies basses, sur les luzernières et les trèfles, sur les semis de moutarde et navets, dont la récolte sera à la merci du temps qu'il fera cet automne.

Toutefois les ressources qu'on pourra tirer de ces divers côtés seront insuffisantes pour parer au déficit que nous avons sur la récolte des fourrages secs.

Ingénions-nous donc, par ailleurs, à chercher d'autres matières alimentaires pour arriver à entretenir, le moins mal possible, les animaux.

1. A propos de betteraves, dans quelques rares pièces favorisées, où la végétation est luxuriante, on nous signale une maladie, *la pourriture noire du collet*. Au sujet de la cause de cette maladie plusieurs opinions sont émises; ce serait d'après les uns le résultat d'un chaulage ou d'un marnage récent, d'autres prétendent que c'est dû à une végétation trop intense, par conséquent à un excès d'azote. Ces deux opinions se confirment puisque le chaulage décompose les matières organiques et met l'azote à la portée des plantes. En tous cas il ne me souvient pas d'avoir constaté cette maladie sur des terrains copieusement phosphatés.

(Qu'on nous permette, en passant, une simple observation. Les animaux, les maigres surtout, ne se vendent pas cher, les veaux sont pour rien; pour ne pas être obligé de trop diminuer le cheptel normal on n'élève pas, *on élève beaucoup moins qu'à l'ordinaire*, sous un prétexte qui semble juste de prime abord : C'est qu'on manque de provisions. Qu'arrivera-t-il ? C'est que si l'année prochaine les fourrages sont abondants, ce qu'il nous est bien permis d'espérer, les jeunes animaux seront au poids de l'or. Si nous avons trop d'animaux *sacrifions donc les plus âgés et entretenons des élèves*, trois veaux ne consommeront pas plus qu'une vache pendant cet hiver et ils vaudront le double l'année prochaine. Car tout le monde sera acheteur d'élèves et personne ne sera vendeur).

Ceci dit, revenons à la question fourrages. On a beaucoup préconisé, cette année, les feuilles des arbres, ensilées comme fourrages verts, cependant les recommandations qui ont été faites à ce sujet ne semblent pas avoir reçu une grande application dans les fermes, c'est un tort, car partout où cette récolte est possible, c'eût été autant de trouvé pour venir augmenter les ressources fourragères.

Voici le dosage des feuillards au mois de juillet :

Eau	55	0/0
Cendres	3,80	0/0
Matières azotées . . .	5,60	0/0
Graisse brute	1,50	0/0

On attribue à 100 kilos de feuillards une valeur nutritive égale à 65 kilos de foin. En septembre les feuilles deviennent coriaces, ligneuses et la proportion de matières nutritives ou azotées diminue notablement.

Néanmoins il serait quand même possible d'en ramasser un peu en tondant le côté des haies et de réunir le tout à l'état sec, *feuillards, herbes diverses, ronces, jeunes ajoncs*, etc., les animaux en mangeront une partie et le reste ira en litière.

A cette ressource sur l'usage laquelle nous ne pourrons jamais trop insister, il en est une autre dont l'importance sera considérable cette année, et l'utilité tout aussi bien démontrée.

Nous voulons parler des marcs de pommes.

En année ordinaire on utilise le marc de pommes principalement pour la nourriture des porcs, auxquels on le donne tel quel, arrosé simplement d'eau ou de boisson chaude en hiver. Mais dans une année aussi pauvre en fourrages et par contre aussi abondante en fruits que l'année 1893, les moutons et les bêtes à cornes, dont l'appétit sera aiguisé par une alimentation forcément parcimonieuse, accepteront fort bien le marc de pommes. Conservons-le donc précieusement.

Etant donné le bas prix des pommes (15 à 20 fr. les 500 kilos), il en sera traité de grandes quantités dans chaque ferme et on se contentera d'une seule pression, dans la plupart des cas. Le marc ne sera donc pas lessivé et de plus il sera produit en abondance.

Si l'on devait procéder comme dans les années ordinaires, à des trempages successifs pour tirer après le cidre pur, des cidres mitoyens ou simplement de la boisson, les tonneaux feraient certainement défaut.

Il y aurait cependant gaspillage à faire consommer des pommes par le bétail car en somme ce qu'on extrait de la pomme n'est autre chose que du jus plus ou moins sucré. Le sucre étant un aliment nutritif de très petite valeur, nous avons donc mieux à faire en conservant ce précieux liquide qui, dans deux ans, pourra bien être cher, car il est rare d'avoir deux bonnes récoltes de suite.

Conservation du marc. — Dans beaucoup de fermes de l'arrondissement de Laval, on conserve le marc de la façon suivante : Dans un endroit non loin des habitations, à l'abri des eaux pluviales on trouve une « *cave* » sorte de silo souvent entouré d'un petit mur, quelquefois un simple trou, dans le premier cas le marc se tient plus frais et se conserve mieux. On donne généralement à ces caves une forme carrée de deux mètres de côté, quelquefois trois mètres, si la ferme est grande, et 1 m. de profondeur. Un petit escalier étroit formé de 4 marches, permet de descendre au fond du silo pour retirer le marc à l'époque de l'utilisation. Fig. ci-dessous. Plan et coupe.

CAVE OU « SILO MAYENNAIS »

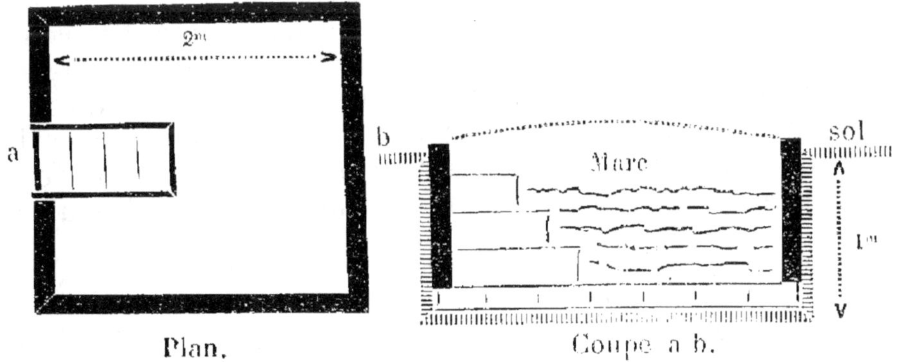

Plan. Coupe a b.

En sortant du pressoir le marc est jeté, après un émiettage succinct, dans cette fosse, puis piétiné fortement, car le principe de la conservation du marc est le suivant :

« Empêcher aussi complètement que possible l'accès de » l'air extérieur dans l'intérieur du tas que l'on veut » conserver et obtenir même l'expulsion de celui qui est » emprisonné dans les vides du tas. »

Le tassement est donc un point essentiel pour assurer la conservation. — Lor que le silo est rempli, il est simplement recouvert de quelques fagots pour éviter l'accès des volailles. Ainsi disposé, le marc se conserve assez bien et jusqu'en avril et mai les métayers de la Mayenne en font consommer à leurs porcs.

Puisqu'il se conserve bien avec ce procédé, disposé en silos comme on le fait dans le nord pour la pulpe de betteraves, le marc se conserverait également bien, sinon mieux et cela sans altération et sans une construction spéciale.

Il suffirait d'ouvrir une tranchée de 1 m. 40 de largeur et d'au moins 0 m. 50 de profondeur, à parois verticales, de garnir le fond et les côtés d'un mince filet de paille pour retrouver le marc propre lors de son utilisation.

Remplissage du silo. — Le brassage des pommes devant durer tout l'automne et une partie de l'hiver, il ne faudrait pas laisser un silo pendant tout ce temps en construction, sous peine d'obtenir un mauvais résultat. Il faudra donc opérer par fraction de la manière suivante : La tranchée ouverte sur une certaine longueur sera divisée en plusieurs compartiments séparés entre eux par des planches, chaque compartiment aura la longueur voulue pour ensiler le marc produit chaque semaine, ou, au plus, tous les dix ou quinze jours. Cette partie du silo sera couverte puis on passera à un autre compartiment et ainsi de suite. Il est inutile de dire que le marc ne doit rester à l'air que le moins possible, surtout si la température est élevée et qu'il faut éviter sa dessication, mais il n'est pas nécessaire de l'arroser. Pendant le remplissage du silo, émietter et tasser fortement le marc, surtout le long des parois, élever le tas à 0m50 hors de terre, mettre une légère couche de paille et recouvrir ensuite le silo avec la terre extraite, s'il y a lieu, on fera une petite rigole circulaire pour éloigner les eaux pluviales.

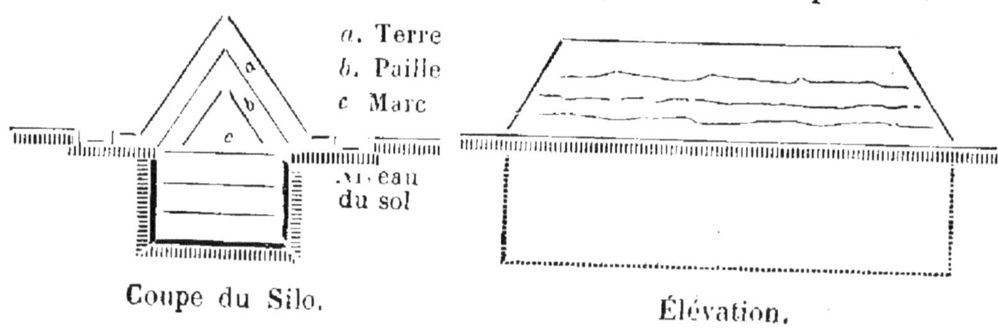

Coupe du Silo. Élévation.

Ainsi emmagasiné, le marc se conservera facilement jusqu'à la mi-mai.

Mode d'emploi du marc. — En commençant par de petites proportions mélangées aux aliments préférés des animaux, on arrive vite à les habituer à ce genre de nourriture, dont ils finissent par être très friands.

On découvrira le silo par sections, tel qu'il a été rempli, les planches qui formaient les compartiments se retrouveront à propos pour limiter la portion en vidange. Dans un local à l'abri de la gelée on apportera la provision journalière.

Donné seul, le marc ne saurait être consommé par les animaux, comme il contient encore les trois quarts de son poids d'eau, il est donc nécessaire, avant de le servir aux moutons et aux bêtes bovines, de l'associer avec des balles de froment, d'avoine ou de la paille hachée, d'y ajouter des betteraves si c'est possible en formant des couches successives dans lesquelles on recommande d'ajouter 50 gr. de sel dénaturé au tourteau (6 fr. les 100 kilos) par tête de gros bétail. Ce mélange préparé 24 ou 36 heures à l'avance, suivant la température, entrera en fermentation. Ce sera le moment de le servir aux animaux.

Valeur nutritive du marc. — Le marc de pommes est meilleur que celui de poires qui est lui, toujours très sec, car le poiré se tire bien mieux que le cidre, de plus il contient beaucoup de ligneux (cellulose), matière qui constitue le bois, ce qui fait qu'il est souvent employé comme combustible.

Le marc de pommes n'a cependant pas non plus une très grande valeur nutritive, il ne contient que 1,37 0/0 de matières azotées, alors que le foin de qualité moyenne en contient 9 0/0, mais enfin il permet de constituer une partie de la ration des bêtes à cornes, des moutons et des porcs, il forme du volume dans l'estomac. On ne saurait donc l'employer seul, mais seulement en alternant avec des aliments plus nourrissants, foin, tourteaux, farineux, etc.

Il est judicieux, en terminant, de faire remarquer que la bonne qualité du marc dépend surtout du soin apporté à la fabrication du cidre. Si les pommes sont altérées, si elles ont la pourriture noire, le marc perd une grande partie de sa valeur et n'est plus accepté qu'avec répugnance par le bétail. P. MASSERON.

Destruction des guêpes.

Pour arriver à une destruction efficace de ces insectes, il faut s'attaquer aux guêpiers, dont quelques-uns seulement sont connus. Dans nos pays la plupart des guêpiers sont sous terre, dans les haies où rien n'indique leur présence, si ce n'est le vol des guêpes qui, le plus souvent, passe inaperçu, en raison précisément du grand nombre de ces insectes que l'on rencontre partout cette année.

Les guêpiers connus peuvent, d'ailleurs, être détruits avec la plus grande facilité et sans aucun danger pour l'opérateur.

Ceux qui sont situés hors de terre peuvent être détruits en les arrosant de pétrole qu'on enflamme immédiatement, ou en les précipitant dans des sacs qui, une fois ficelés, sont immergés pendant quelques heures, dans un baquet rempli d'eau.

Pour les guêpiers souterrains, de beaucoup les plus nombreux, il faut commencer par boucher leur entrée, en pilonnant fortement la terre, puis à l'aide d'un bois pointu qu'on enfonce en terre verticalement, on recherche, en tatonnant, la situation exacte de l'agglomération souterraine. Lorsque le bois rencontre le guêpier, on le retire lentement et sans perdre de temps on verse dans le trou qu'il laisse, un demi litre (une chopine) de pétrole, ou de sulfure de carbone, ou d'ammoniaque (alcali volatil), puis on bouche bien le trou en pilonnant la terre.

Les vapeurs dégagées par ces liquides asphixient rapidement les guêpes, et si on a soin d'opérer le soir, après la rentrée de toutes les butineuses, chaque opération amène sûrement la destruction d'une colonie. L'eau bouillante, qu'on emploie souvent dans les campagnes, ne réussit que fort rarement, et seulement lorsque le guêpier est peu profond et qu'on dispose d'une grande quantité d'eau.

Les vapeurs de sulfure de carbone s'enflammant très facilement, il faut éviter de se servir de ce liquide à proximité d'une lumière ou d'un feu quelconque.

Comme dans toutes ces opérations, même lorsqu'on les pratique la nuit, on risque quelques piqûres, il est toujours prudent de se munir d'un petit flacon d'alcali volatil, dont une ou deux gouttes, appliquées immédiatement sur la piqûre, empêchent l'enflure et suppriment presque complètement la douleur.

La Tourbe litière.

Les publications agricoles font beaucoup de bruit autour de cette question, aussi croyons-nous qu'il est de notre devoir également d'en dire un mot : La tourbe, chacun le sait, est le produit de la décomposition d'herbes marécageuses accumulées sur une épaisseur parfois très-importante. On en rencontre un peu partout, même dans nos prairies basses. Les endroits où le sol tremble sous les pieds en passant qu'on appelle dans les campagnes des « *varrassiers* ou *marouins* » sont des amas de cette nature.

A l'origine les petites tourbières de nos pays étaient des cuvettes, c'est-à-dire des parties déclives toujours sourceuses et humides où se sont développées et décomposées successivement les herbes marécageuses, qui, générations sur générations, sont arrivées à combler ces cuvettes et même à former des boursouflures assez dangereuses, on se contente généralement de les assainir par de larges rigoles à ciel ouvert et aux parois très inclinés.

Mais dans le nord de la Hollande, ces amas, formés principalement de *mousses décomposées*, couvrent des étendues considérables, aussi l'industrie s'est-elle livrée à son exploitation. Elle lui fait subir une préparation qui consiste à la dessécher d'abord, puis ensuite à la comprimer en balles de 150 kilos pour en faciliter l'exportation.

Avantages et mode d'emploi. — Très riche en azote, la tourbe litière absorbe le plus grand volume en parties liquides du fumier. Ses propriétés absorbantes sont telles que 100 kilos produisent le même effet que 220 kilos de paille.

Il y a donc une économie à réaliser, pour les acheteurs de paille, pendant que cette dernière est si chère.

Il suffit de faire un lit de 0m15 d'épaisseur sous les animaux, puis de remuer cette couche en y ajoutant environ 2 k. 500 de nouvelle tourbe par animal tous les jours, pour entretenir un bon couchage. Dans la pratique on se contente d'enlever le fumier et de renouveler le fond de cette litière une fois par mois. (Cette litière est surtout recommandable pour les chevaux fatigués sur leurs membres).

Inconvénients. — Il n'y en a qu'un seul, c'est la dépense qu'il faut faire pour obtenir la tourbe. — En agriculture on est pas riche cette année ! Aussi les cultivateurs qui sont à même de se procurer de la litière (1) dans les bois en profiteront, mais à ceux qui seraient désireux d'en employer ou simplement d'en essayer, nous faisons savoir, à titre de renseignement, que les prix étaient cotés, en juin dernier, à 32 fr. les 1000 kilos, en

(1) Nous engageons beaucoup les cultivateurs à employer largement la terre sèche, recouverte par la litière, sous les animaux. C'est une matière absorbante, économique et de premier ordre. M. Léizour, dans ses conférences agricoles conseille cette pratique aux cultivateurs et il les engage à réserver à l'abri, des tombes de terre pendant que celle-ci est sèche.

gare de Caen, par M. L. Verel, quai de Juillet, à Caen, et que les frais de transport sont environ de 6 fr. les 1000 kilos pour la Mayenne.

P. Masseron.

École pratique d'agriculture de Beauchêne.

Les examens d'admission à l'école de Beauchêne auront lieu le 25 septembre, à 1 heure, au siège de l'établissement.

Les demandes devront être adressées au directeur avant le 25 septembre.

Les candidats doivent être âgés de 14 ans au moins et de 18 ans au plus.

Le prix de la pension est de 450 fr. par an.

L'Etat et le département entretiennent des boursiers. A chaque promotion d'élèves huit bourses sont accordées : 3 sur les fonds de l'Etat et 5 sur ceux du département.

Les candidats pourvus du certificat d'études primaires sont reçus de droit, jusqu'à concurrence des places disponibles.

Les candidats aux bourses quelque soient les titres dont ils sont pourvus doivent subir l'examen.

L'école de Beauchêne a pour but de faire des agriculteurs praticiens.

Les travaux pratiques ont une grande importance à l'école de Beauchêne.

Les élèves font tous les travaux de la ferme quels qu'ils soient.

Travaux agricoles, pensage des animaux, jardinage, laiterie, etc.

Le temps des élèves est partagé de façon que la moitié de la journée soit consacrée à l'étude et aux leçons et aux travaux de laboratoire et l'autre moitié aux travaux pratiques de l'exploitation.

A cet effet les divisions d'élèves alternent aux travaux pratiques et aux leçons, de telle sorte qu'une division soit à l'étude et aux leçons de midi à midi du jour suivant.

La durée des cours est de deux années.

Les élèves à leur sortie de l'école reçoivent, s'ils en sont jugés dignes, un diplôme, qui peut leur ouvrir toutes les carrières agricoles.

Une préoccupation constante à l'école de Beauchêne est d'entretenir chez les jeunes gens le goût du travail afin qu'à leur sortie de l'école ils puissent faire, ou de bons chefs de culture, ou de bons jardiniers et surtout des cultivateurs intelligents et laborieux.

CHEMINS DE FER DE L'OUEST

Paiement d'intérêts et escompte de ce paiement

ÉCHÉANCE DU 1er OCTOBRE 1893

Actions de capital. — Obligations 3 0/0, 2me série.

Le Conseil d'administration a l'honneur de prévenir MM. les porteurs des titres ci-dessus désignés de la mise en paiement, à l'échéance du 1er octobre prochain, avec faculté d'escompte un mois avant, des coupons d'intérêt ci-après :

		Montant net d'impôts :	
	N° du coupon	Titres nominatifs	Titres au porteur
Actions de capital (intérêt annuel)	77	16 80	15 729
Obligations 3 0/0, 2e série (intérêt semestriel.	21	7 20	6 739

Les paiements seront faits :

1° A présentation, à la caisse de la Compagnie, à Paris, gare Saint-Lazare (bureau des titres), de dix heures du matin à deux heures de l'après-midi, les dimanches et fêtes exceptés ;

2° Sous un délai de quinze jours, à dater du dépôt des coupons ou des titres nominatifs ne donnant pas lieu à d'autres opérations que celles de la vérification :

dans les gares du réseau de l'Ouest désignées pour ce service,

dans toutes les gares de province du réseau français de la Compagnie P.-L.-M., et à ses bureaux des titres de Lyon, de Marseille et d'Alger,

dans toutes les gares du réseau d'Orléans,

dans les principales gares du réseau de l'Est ;

3° Sous un délai de vingt jours, dans les principales gares du réseau du Midi (Bordeaux excepté) ;

4° Sans frais ni commission, mais sous réserve de délais, à tous les guichets :

de la Société Générale,

de la Société générale alsacienne de Banque,

du Crédit Lyonnais,

du Crédit industriel et commercial et chez tous ses correspondants de province ;

5° A tous les guichets de la Banque de France, dans les délais et conditions d'usage.

Les dépôts de coupons et de titres nominatifs seront reçus :

Quinze jours avant l'échéance,

à Paris, au siège de la Compagnie, et dans les gares désignées des réseaux de l'Ouest, de P.-L.-M., d'Orléans et de l'Est,

Vingt jours avant l'échéance,

dans les gares désignées de la Compagnie du Midi.

SYNDICAT DE CHARTRES

La distribution des récompenses créées par le syndicat agricole de Chartres, en faveur des instituteurs qui se sont distingués dans l'enseignement de l'agriculture et conformément au règlement inséré au Bulletin agricole de l'Ouest, n° de mai 1891, a eu lieu le 21 août, à l'issue de la réunion générale de la société de secours mutuels des instituteurs et institutrices d'Eure-et-Loir.

Ont obtenu :

1er prix : Un objet d'art, *le Vanneur* d'Auguste Moreau, M. Buisson, instituteur à Sours ;

2e prix : Une grande médaille de bronze et *L'économie rurale*, par Lecouteur, M. Suzanne, instituteur à Houville ;

Mention honorable, *les Plantes nuisibles*, par Cornevin, M. Laroche, instituteur à Voves ;

Mention honorable : *L'Agriculture générale*, par Boitel, M. Roussin, instituteur à Berchères-la-Maingot.

En 1894, le même concours aura lieu dans la seconde zône comprenant les cantons de Courville, Châteauneuf, Illiers, Brou, La Loupe, Senonches, Thiron, Nogent-le-Rotrou et Authon.

SYNDICAT DE CHARTRES

Marchandises en dépôt

Marchandises actuellement en dépôt :

Superphosphate minéral soluble au Citrate.

Phosphoguano ordinaire.

Phosphoguano surazoté.

Nitrate de soude.

Sulfate de cuivre.

Sulfate de fer.

Carbonate de soude.

Tourteaux de lin pour engraissement.

— de sésame blanc du Levant pour engraissement.

— de Coprah, Ceylan, pour vaches laitières.

Huile d'olive surfine, à 2 fr. le kilog.

Huile de sésame fine, à 1 fr. 11 le kilog.

Savon bleu à 0 fr. 50.

Savon blanc à 0 fr. 55 le kilog.

Les huiles sont fournies en bonbonnes de verre, cachetées et plombées par les expéditeurs, et par quantités de 25 kilog. environ.

Elles sont garanties absolument pures.

Les savons sont livrés en caisse de 25 à 30 kilog. également.

Enfin le dépôt contient également de l'huile minérale russe, (Ragosine) excellente et avantageuse pour le graissage des machines agricoles, au prix de 0 fr. 50 le kilog. (non logé), et de l'huile à brûler, double épuration à 0 fr. 80 le kilo. (logée), le tout en bonbonnes d'environ 25 kilog.

Toutes les substances ci-dessus sont fournies immédiatement contre paiement comptant, en s'adressant chez M. Mercier, comptable du syndicat, 4, place Saint-Michel, tous les jours de la semaine (dimanches et fêtes exceptés et le samedi avant midi).

Elles peuvent également être expédiées par chemin de fer transport à la charge de l'acheteur.

Le syndicat peut encore faire fournir à ses adhérents, et à des conditions très avantageuses :

1° Des ardoises provenant des mines d'Angers ;

2° Des tuiles ordinaires et des tuiles Muller.

3° De la chaux et du plâtre pour constructions ;
4° Des raisins pour boissons (Corinthe, Thyra, Samos, etc);
5° Des ronces artificielles et des grillages métalliques ;
6° Enfin toutes machines agricoles provenant des meilleurs fabriques, notamment des Trieurs Marot et des Tarares Denis.

Pour tous renseignements, s'adresser à l'Agent-Comptable.

Monsieur PICHARD, receveur municipal, quai Béatrix, Laval, offre pour semence du blé de Bordeaux, à 24 fr. les 100 kilos, livrés dans les toiles de l'acheteur.

Des échantillons sont déposés au laboratoire et l'entrepôt du Syndicat.

M. VICTOR CHRÉTIEN, propriétaire (Bel-Air, Laval) offre pour semence des blés passés au trieur, Dattel et St Laud, à raison de 21 fr. les 100 kilogr., sauf variation. Ces blés sont vendus dans les sacs de l'acheteur, ou toile à payer, pris chez le vendeur (Bel-Air, Laval), ou rendus franco gare Laval. — Ils sont payables contre livraison, avec retour d'argent sans frais pour le vendeur. On trouvera des échantillons soit chez lui, soit à l'entrepôt du Syndicat agricole.

Association pomologique de l'Ouest.

Nous rappelons à nos lecteurs que le Congrès pomologique aura lieu à Vannes, du 17 au 27 octobre 1893.

Les déclarations doivent être adressées à M. le Maire de Vannes au plus tard le 9 octobre.

M. LELASSEUX, à Roz-sur-Couesnon (Ille-et-Vilaine), offre: 1° blé de Bordeaux, 28 fr. les 100 kg. ; 2° blé Dattel, 28 fr. les 100 kg. ; 3° blé bleu de Noé, 28 fr. les 100 kg. ; 4° blé Japhet (nouveauté), 30 fr. les 100 kg. Toile perdue sur wagon Pontorson.

Il offre également diverses variétés de pommes de terre, notamment la pomme Eléphant blanc, la pomme de terre Reine des Polders, etc.... et autres variétés de table, excellentes de qualité et à grand rendement.

Syndicat agricole, Fresnay-sur-Sarthe.

Blés triés pour semence. — Dattel, Hallett, Nursery, Saint-Laud à 27 fr. les 100 kil. logé, gare Fresnay.

V. RIBOT, *gérant*.

M. MOUSSU, cultivateur aux Loges de Beaulieu, offre des blés de semences. Savoir :

Blé barbu à gros grains, à 28 fr. les 100 kilos.

Blé Bordier à 28 fr. les 100 kil.

Marchandises prises chez le vendeur ou en gare de Cossé-le-Vivien, dans les toiles de l'acheteur. Paiement contre remboursement.

TERRE DE LA MOTTE DAUDIER

Commune de Niafl s, p r Craon (télégraphe, chemi de fer à 3 kilomètres) département de la Mayenne.

250 reproducteurs mâles et femelles de la race Durham pure, des tribus Gwynne, Beeswing, Catherine, Zemima, Niblet, Portia, Rosalind.

Les Durhams de M. le comte de Quatrebarbes ont remporté à Vannes et à Tours un 2e et un 3e prix, deux prix supplémentaires, une mention et une médaille d'or de la Société des Agriculteurs de France.

Moutons Dislhey et Southdown importés.

Mâles et femelles de la race porcine craonnaise pure.

Blés d'espèces améliorées à grand rendement pour semences, Dattel et autres.

S'adresser toute l'année à M. GENDRY, régisseur.

COMMERCE D'ALIMENTATION

A céder après fortune, ne demandant pas de connaissance. Bénéfices nets 15.000 francs. Chevaux, voiture de maître, pas besoin de fonds de roulement, toutes les affaires se traitant au comptant. Pavillon d'habitation, 10 pièces, cour, jardin, magasins, etc., etc. On traitera avec 20.000 francs. DAGORY, 149, rue Lafayette, Paris

Commissionnaire expéditeur aux Halles

A céder. On traitera avec 50.000 francs. Bénéfices nets 30.000 fr.

GRAND HOTEL à céder

Après fortune, 46 numéros. Bénéfices nets 12.000 francs. On traitera avec 15.000 francs. Quartier riche. DAGORY, 149, rue Lafayette, Paris.

VINS DE BORDEAUX

Garantis naturels. — Médaillés à l'Exposition universelle de 1889.

VINS ROUGES

La pièce de 225 litres :

2mes Côtes 1890	100 f.
Paluds 1890	115
1res Côtes 1890	125
Côtes supér. 1889	150
Graves Portets 1889	200
Graves La Brède 1889	250
Médoc Cussac 1889	350

VINS BLANCS

La pièce de 225 litres :

Entre 2 Mers 1890	110 f.
Petites Graves 1890	125
Graves 1889	150
1res Côtes Soupiac 1888	200
Barsac, sec 1888	250
Ht Barsac, liquor, 1887	350
Sauternes, liquor. 1887	500

Double fût : 5 francs en sus.

Livraison en gare de départ. — Paiement à 90 jours net, ou à 30 jours avec 2 0/0 d'escompte.

S'adresser à M. G. BORD, secrétaire général du Syndicat agricole de CADILLAC (Gironde).

Le Gérant, H. LEROUX.

Laval, Imp H Leroux

H. Leroux

6e Année — Octobre 1893 — N° 61

Ce Bulletin paraît le 15 de chaque mois.

BULLETIN AGRICOLE DE L'OUEST

Organe des Syndicats Agricoles des départements du Finistère, des Côtes-du-Nord, du Morbihan, de la Loire-Inférieure, d'Ille-et-Vilaine, de la Manche, de la Mayenne, de Maine-et-Loire, de la Sarthe, de l'Orne, du Calvados, de l'Eure, d'Eure-et-Loir et de la Seine-Inférieure.

Publié sous la direction de :

H. LÉIZOUR, (✻ M. A.) (O A.)
Professeur départemental d'Agriculture de la Mayenne, Directeur du Laboratoire agronomique, Président du Syndicat des Agriculteurs de la Mayenne,

GAROLA, (O. ✻ M. A.) (O A.)
Professeur départemental d'Agriculture d'Eure-et-Loir, Directeur de la Station agronomique de Chartres.

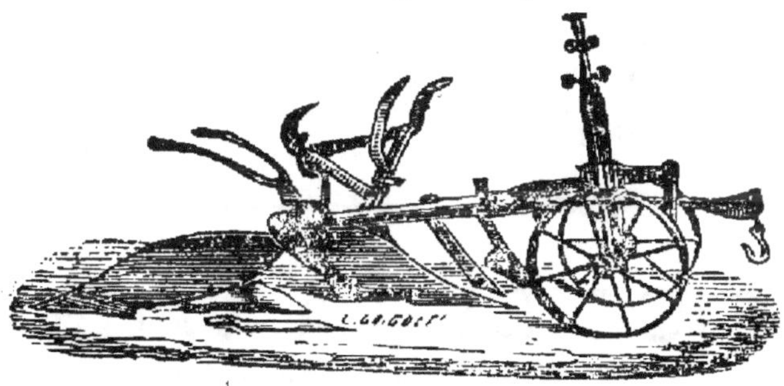

ABONNEMENTS

Les membres des syndicats adhérents sont abonnés gratuitement par leurs bureaux. — Pour les étrangers aux syndicats : **6 fr.** par an.

ANNONCES

De 1 à 4 annonces.	» 50c la ligne.		De 8 à 12 annonces	» 30c la ligne
De 4 à 8 —	» 40c —		Au-delà de 12.	» 20c —

Le bulletin publiera gratuitement les offres et demandes des Syndicats abonnés.

AVIS. — Tout ce qui concerne la rédaction, les Annonces et les Abonnements, doit être adressé à M. LÉIZOUR, rue de la Filature, 1, à Laval.

391

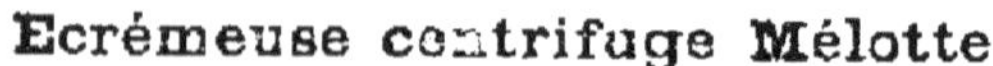

Ecrémeuse centrifuge Mélotte

200 et 300 litres à l'heure. Force : une femme

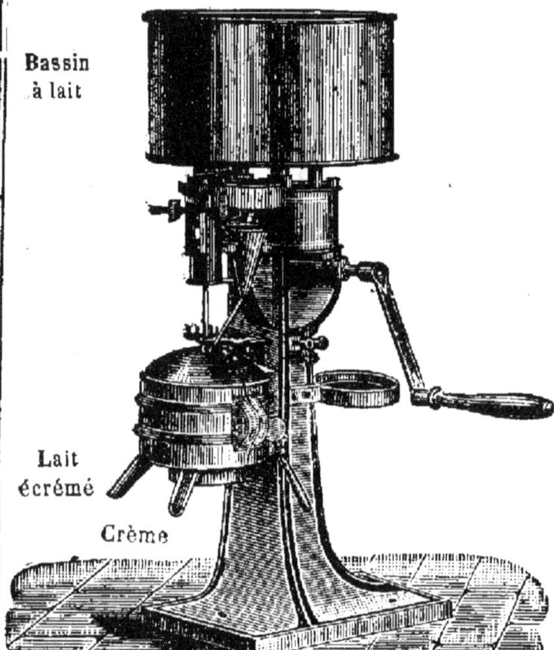

NOUVEAUX PERFECTIONNEMENTS

La plus légère, la plus facile à conduire, la plus puissante et la seule écrémeuse à **bras** pouvant réellement débiter **300 litres** avec le meilleur écrémage.

EDM. GARIN

Ingénieur Construct^r^ Mécanicien

(A CAMBRAI NORD)

Spécialité d'installations complètes de laiteries

ÉCRÉMEUSES CENTRIFUGES à bras et à moteur

BARATTES, MALAXEURS

BARATTES ÉTAMÉES à température

Machines à Vapeur

PRIX :

N° 1. A bras, 100 litres à l'heure.	460 f.
2. A bras, 200 litres à l'heure.	550
2 *bis* A bras, 300 litres à l'heure.	650
A moteur, en plus	26
3. A moteur, 320 litres à l'heure.	750
4. A moteur. 400 litres à l'heure.	950
4 *bis*. A moteur, 700 à 800 litres à l'heure . . .	1200

OFFICE DE LA VACHERIE

VINGT-QUATRIÈME ANNÉE

Choix de Vacheries dans Paris et banlieue depuis 5,000 francs jusqu'à 100,000 francs

Seule maison recommandée par les Chambres syndicales des laitiers-nourrisseurs

VACHERIE **à céder**, Paris, plein centre, décès, 27 vaches, 1er choix, 320 litres vendus moitié 40 c. et moitié 60 c. ni cheval, ni voiture. Frais généraux peu élevés. Ancienne maison. Bénéfices annuels 13.000 francs garantis. On traitera avec 20.000 fr. argent ou garanties.

S'adresser à MM. Laporte et Lefranc, 93, boulevard Sébastopol, Paris.

Sont vendues, les vacheries annoncées précédemment.

BULLETIN AGRICOLE DE L'OUEST

Alimentation des animaux

Dans les contrées à grande production animale, comme la nôtre, l'alimentation des animaux de la ferme est, en tout temps, une des grosses questions qui préoccupent ou qui devraient préoccuper le cultivateur, car c'est de sa solution que dépend, en grande partie, son état de prospérité ou de misère. En temps de disette fourragère, comme celui que nous traversons, cette question domine toutes les autres.

Lorsqu'on récolte sur la ferme une quantité normale de fourrages de qualité moyenne, le problème à résoudre est assez simple ; ce qui ne veut pas dire qu'il soit compris de la plupart des éleveurs. Il se résume à faire produire par les fourrages dont on dispose, la plus grande somme possible de produits animaux, en évitant le gaspillage et en réduisant à son minimum le rapport de ce que les animaux sont obligés de consommer pour ne pas mourir de faim, à ce qu'ils consomment pour produire.

Dans la plupart de nos fermes il y a peu de gaspillage. Il est assez rare que les animaux reçoivent des rations supérieures à celles qu'ils sont capables d'utiliser.

En revanche, la quantité d'aliments consommés pour entretenir simplement la vie des animaux est très considérable, et c'est une faute très grave, dont nos agriculteurs ne paraissent pas vouloir se rendre compte. Tous savent, cependant, que pour qu'un animal ne meure pas, il faut qu'il mange ; mais il en est peu qui continuent le raisonnement et se disent que tout animal qui ne mange que ce qu'il a besoin pour vivre ne peut rien produire pour son propriétaire et que par suite, sa consommation se fait en pure perte.

Mais ce qui est vrai en temps ordinaire, ne l'est plus en temps de disette, pendant lequel le problème, au contraire, consiste à faire vivre sur la ferme, le plus d'animaux possible, sans se préoccuper, momentanément, des produits de toute sorte qu'on en obtiendra, mais seulement de les conserver pour le temps où, les fourrages devenant plus abondants, on en aura besoin de nouveau pour les utiliser.

En vue de cette conservation des animaux, chacun s'ingénie à trouver des matières alimentaires capables d'augmenter soit le volume soit la qualité nutritive des rations qui, par suite du manque de foin et des autres fourrages habituels, ne peuvent plus être complétées comme en temps ordinaire.

Afin de permettre aux lecteurs du « *Bulletin agricole de l'Ouest* » de se rendre compte de la valeur nutritive du plus grand nombre possible des denrées alimentaires auxquels ils pourront avoir recours, nous donnons dans le présent bulletin, un extrait des tables de Woolff, que chacun pourra consulter à loisir.

Pour se servir avec fruit des chiffres de ce tableau, il suffira de se rappeler que ce sont les matières protéiques ou albuminoïdes qu'il faut surtout envisager. En d'autres termes, il faut qu'une ration, suffisamment volumineuse pour remplir l'estomac de l'animal, contienne assez de matières protéiques pour le nourrir.

Il va sans dire qu'il est nécessaire que ces matières soient digestibles, car ce n'est pas ce que l'animal mange, mais bien ce qu'il digère, qui le nourrit.

Ce n'est pas seulement pendant la disette fourragère actuelle que les cultivateurs auront avantage à consulter ce tableau. Ils pourront en tirer un grand profit en tout temps, s'ils veulent s'en servir pour combiner économiquement les meilleures rations de leur bétail.

H[te]. LÉIZOUR.

I. — Tableau présentant la composition moyenne des fourrages et leur richesse en éléments digestibles.

NOMS DES FOURRAGES	EAU	CENDRES	SUBSTANCE ORGANIQUE	PROTÉINE BRUTE	CELLULOSE BRUTE	Principes extractifs non azotés	GRAISSE BRUTE	Eléments digestibles: Albumine	Hydrates de carbonne	Graisse
I. — Foins	0/0	0/0	0/0	0/0	0/0	0/0	0/0	0/0	0/0	0/0
Foin de qualité moyenne.	14.3	6.2	79.5	9.7	26.3	41.6	2.3	5.4	41.1	0.9
Trèfle incarnat.	16.0	5.3	78.7	12.3	26.0	38.2	2.2	7.0	38 1	1.2
Trèfle blanc.	16.5	6.0	77.5	14 5	25.6	33.9	3.5	8.1	35.9	2.0
Luzerne.	16.0	6.2	77.8	14.4	33.0	27.9	2.5	9.4	28 3	1.0
Esparcette ou sainfoin dans la floraison.	16.7	6.2	77.1	13.3	27.1	34.2	2.5	7.6	35.8	1.4
Trèfle hybride.	16.0	6 0	78.0	15.0	27.0	32.7	3.3	8.6	34.8	1.8
Lupuline ou minette.	16.7	6.0	77.3	14.6	26.2	33.2	3.3	9.2	36.4	2.0
Vesce fourragère dans la floraison.	16.7	8.3	75 0	14.2	25.5	32.8	2.5	9.4	32.5	1.5
Mélange de vesce et avoine.	16.7	7.2	76.1	12.6	28.0	33.2	2.3	7.2	35.9	1.1
Pois dans la floraison.	16.7	7.0	76.3	14.3	25.2	34.2	2.6	9.4	33.1	1.6
Seigle, fourrage.	14.3	5.1	80.6	10.4	23.1	44.5	2.8	6.6	44.3	1.3
Ray-grass d'Italie en fleurs.	14.3	7.8	77.9	11.2	22.9	40.6	3.2	7.1	41.5	1.4
Ray Grass d'Angleterre en fleur.	14.3	6.5	79.2	10.2	30.2	36.1	2.7	5.1	35.3	0.8
Avoine élevée (fromental).	14.3	9.9	75.8	11 1	29.4	32.6	2.7	5.6	33.1	0.8
Moha.	13.4	5.7	80.9	10.8	29 4	38.5	2.2	6.1	41.0	0.9
Feuillard, fin Juillet.	16.0	7.0	77.0	10.5	14.2	49.3	3.0	7.4	46.2	1.4
II. — Fourrages verts										
Herbe peu de temps avant la floraison.	75.0	2.1	22.9	3.0	6.0	13.01	0.8	2.0	13.0	0.1
Herbe de pâturage.	80.0	2.0	18.0	3.5	1.5	9.2	0.8	2.4	9.9	0.4
Ray-grass d'Italie.	73.4	2.8	23.8	3.6	7.1	12.1	1.0	2.3	12.6	0.1
Ray-grass d'Angleterre.	70.0	2.0	28.0	3.6	10.6	12.8	1.0	1.8	12.2	0.3
Fléole (Timothy).	70.0	2.2	27.8	3.4	8.0	16.3	1.1	2.1	16.0	0.5
Seigle fourrage.	76.0	1.6	22.4	3.3	7.9	10.4	0.8	1.9	11.0	0.4
Avoine fourrage.	81.0	1.4	17.6	2.3	6.5	8.3	0.5	1.3	8.9	0.2
Vesce fourrage.	84.0	1.4	14.6	2.4	5.4	6.4	0.4	1.4	6.9	0.2
Maïs vert.	82.2	1.1	16.7	1.2	4.7	10.3	0.5	0.8	9.9	0.2
Sorgho.	77.3	1.1	21.6	2.5	6 7	11.7	0.7	1.6	11.9	0.3
Moha en fleur.	70.0	1.9	28.1	3.7	10.2	13.4	0.8	2.1	14.2	0.3
Trèfle rouge avant la floraison.	83.0	1.5	15.5	3.3	1.5	7.0	0.7	2 3	7.4	0.5
Trèfle rouge en pleine fleur.	78.0	1.7	20.3	3.2	6.8	9.5	0.8	1.8	9.6	0.5
Trèfle blanc en fleur.	80.5	2.0	17.5	3.5	6.0	7.2	0.8	2.2	7.9	0.5
Trèfle hybride, commencement de la floraison.	85.0	1.5	13.5	3.3	1.5	5.1	0.6	2.1	5.8	0.4
Luzerne, commencement de la floraison.	74.0	2.0	24.0	4.5	9.5	9.2	0.8	3.2	9.1	0.3
Eparcette en fleur (Sainfoin).	80.0	1.5	18.5	3.2	6.5	8.2	0.6	2.1	8.0	0.3
Trèfle incarnat.	81.5	1.6	16.9	2.7	6.2	7.3	0.7	1.5	7.5	0.3
Lupuline.	80.0	1.5	18.5	3.5	6.0	8.2	0.8	2.2	8.7	0.5
Fèveroles, commencement de la floraison.	87.3	1.0	11.7	2.8	3.5	5.1	0.3	2.0	5.9	0.2

NOMS DES FOURRAGES	EAU	CENDRES	SUBSTANCE ORGANIQUE	PROTÉINE BRUTE	CELLULOSE BRUTE	Principes extractifs non azotés	GRAISSE BRUTE	Eléments digestibles		
								Albumine	Hydrates de carbonne	Graisse
	0/0	0/0	0/0	0/0	0/0	0/0	0/0	0/0	0/0	0/0
Vesce, fourrage en fleur.	82.0	1.8	16.2	3.5	5.5	6.6	0.6	2.5	6.7	0.3
Sarrasin.	85.0	1.4	13.6	2.4	4.2	6.4	0.6	1.5	6 6	0.4
Ajones.	51.5	4.0	44.5	4.5	21.0	17.0	2.0	2.3	17.1	0.8
Colza vert.	87.0	1.6	11.4	2.9	4.2	3.7	0.6	2.0	4.8	0.4
Chou fourrage.	84.7	1.6	13.7	2.5	2.4	8.1	0.7	1.8	8.2	0.4
Feuilles de carotte.	82.2	3.6	14.2	3.2	3.0	7.1	1.0	2.2	7.0	0.5
Feuilles de betterave, fourrage.	90.5	1.8	7.7	1.9	1.3	4.0	0.5	1.2	4.0	0.2
Feuilles de Rutabaga.	88 4	2.3	9.3	2.1	1.6	5.2	0.5	1.5	5.1	0.3
Feuilles de Topinambour vertes.	80.0	2.7	17.3	3.3	3.4	9.8	0.8	2.0	9.4	0.4
Foin aigre de maïs.	83.5	1.1	15.4	1.2	5.3	8.0	0.9	0 8	8.6	0.4
III. — Pailles										
Froment d'hiver.	14.3	4.6	81.1	3.0	44.0	32.6	1.5	0.8	31.9	0.4
Seigle d'hiver.	14.3	4.1	81.6	2.5	48.0	29.8	1.3	0.7	32.8	0.4
Epeautre d'hiver.	14.3	5.0	80.7	2.5	45.0	31.8	1.4	0.7	32.1	0.4
Orge d'hiver.	14.3	5.5	80.2	3.3	43.0	32.5	1.4	0.8	31.4	0.4
Orge de printemps.	14.3	4.1	81.6	4.0	40.0	36.2	1.4	1.4	36.9	0 4
Avoine.	14.3	4.0	81.7	3.5	42.0	34.2	2.0	1.3	37.4	0.6
Paille de céréales d'hiver Q. M	14.3	4.8	80.9	2.8	45.0	32.9	1.4	0.8	32.1	0.4
Vesce.	16.0	4.5	79.5	7.5	42.0	29.0	1.0	3.4	31.9	0.5
Pois.	16.0	4.5	79.5	6.5	38.0	34.2	1.0	2.9	33.4	0.5
Fèverole.	16.0	4.6	79.4	10.2	34.0	31.2	1.0	5.0	35.2	0.5
Paille de légumineuse Q. M.	16.0	4.5	79 5	8.1	38.0	32.4	1.0	3.8	33.5	0.5
Lentille.	16.0	6.5	77.5	14 0	33.6	27.9	2 0	6.9	30.8	1.2
Lupin.	16.0	4.1	79.9	5.9	40.8	32.1	1.1	2.2	41.6	0.3
Trèfle ayant grainé.	16.0	5.6	78.4	9.4	42.0	25.0	2.0	4.2	28.5	1.0
Colza.	16.0	4.1	79.9	3.5	40.0	35.4	1.0	1.4	35.0	0.5
Maïs.	15.0	4.2	80.8	3.0	40.0	36.7	1.1	1.1	37.0	0.3
IV. Balles siliques, etc.										
Froment.	14.3	9.2	73.7	4.5	36.0	35.6	1.4	1.4	32.8	0.4
Epeautre.	14.3	8.3	77.2	3.5	40.0	32.6	1.3	1.1	33.9	0.4
Seigle.	14.3	7.5	78 2	3.6	13.5	29.9	1.2	1.1	34.9	0.4
Avoine.	11.3	10.0	75.7	4.0	34 0	36.2	1.5	1.6	36.6	0.6
Orge.	14.3	13.0	72.7	3.0	30.0	38.2	1.5	1.2	35.0	0.6
Vesce.	15.0	8.0	77.0	8.5	33.0	33.5	2.0	4.2	34.3	1.2
Pois.	15.0	6.0	79.0	8.1	32.0	36.9	2.0	4.0	36 2	1.2
Fèverole.	15.0	5.5	79.5	10.5	33.0	34.0	2.0	5.1	34.7	1.2
Colza.	14.0	8.5	77.5	4.0	40.6	31.3	1.6	2.0	33.4	0.7
Balles de maïs.	14.0	2.8	83.2	1.4	37.8	42.6	1.4	0.6	41.7	0.4
V. — Racines et tubercules.										
Pomme de terre.	75.0	0.9	24.1	2.1	1.1	20.6	0.3	2.1	20.6	0.3
Topinambour.	80.0	1.0	19.0	2.0	1.3	15.4	0.3	2.0	15.4	0.3
Betterave fourragère.	88.0	0.8	11.2	1.1	0 9	9.1	0.1	1.1	9.1	0.1

NOMS DES FOURRAGES	EAU	CENDRES	SUBSTANCE ORGANIQUE	PROTÉINE BRUTE	CELLULOSE BRUTE	Principes extractifs non azotés	GRAISSE BRUTE	Éléments digestibles		
								Albumine	Hydrates de carbonne	Graisse
	0/0	0/0	0/0	0/0	0/0	0/0	0/0	0/0	0/0	0/0
Betterave à sucre.	81.5	0.7	17.8	1.0	1.3	15.4	0.1	1.0	15.4	0.1
Carotte.	85.0	0.9	14.1	1.4	1.7	10.8	0.2	1.4	10.8	0.2
Rutabaga.	87.0	1.0	12.0	1.3	1.1	9.5	0.1	1.3	9.5	0.1
Navet de récolte dérobée.	91.5	0.7	7.8	0.9	0.8	6.0	0.1	0.9	6.0	0.1
Panais.	88 3	0.7	11.0	1.6	1.0	10.2	0.2	1.6	10.2	0.2
VI. — Grains, Graines et fruits.										
Froment.	14 4	1.7	83.9	13.0	3.0	66.4	1.5	11.7	63.1	1 2
Epeautre avec glume.	14.8	3.7	81.5	10.0	16.5	52.5	1.5	7.5	39.4	1.1
Grains d'Epeautre sans glume.	11.5	1.7	83.8	13.5	1.5	67.2	1.6	12.2	63.8	1.3
Seigle.	14.3	1.8	83.9	11.0	3.5	67.4	2.0	9.9	61.0	1.6
Orge.	11.3	2.2	83 5	10.0	7.1	63.9	2.5	8.0	57.5	1.7
Avoine.	14.3	2.7	83.0	12.0	9.3	55.7	6.0	9.0	41.8	4.7
Maïs.	14.1	1.5	84.1	10.0	5.5	62.1	6 5	8.1	57.8	4.8
Millet.	14.0	3.0	83.0	12.7	9.5	57.5	3.3	9.5	43.1	2.6
Sarrazin.	14.0	1.8	84.2	9.0	15.0	58.7	1.5	6.8	44.0	1.2
Riz mondé.	14.0	0.3	85.7	7.7	2.2	75.4	0 4	6.9	71 6	0.3
Pois.	14.3	2.4	84.3	22.1	6.4	52.5	2.0	20.2	49.9	1.7
Fèverole.	14.5	3.1	82.4	25.5	9.4	45.9	1.6	23.0	43.6	1.4
Vesce.	14.3	2.7	83.0	27.5	6.7	45.8	3.0	21.8	43.5	2.5
Lentille	14.5	3.0	82.5	23.8	6.9	49.2	2.6	21.4	46.7	2.2
Lin.	12.3	3.4	84.3	20.5	7.2	19.6	37.0	17.2	15.3	35.2
Colza.	11.8	3.9	84.3	19.4	10.3	12.1	42.5	15.5	9.3	40.4
Chanvre.	12.2	4.5	83.3	16.3	12.1	21.3	33 6	12.2	15.0	30.2
Glands décortiqués et séchés.	17.0	1.6	81.4	5.1	4.5	67.6	4.2	3.8	60.8	2.9
Glands frais non décortiqués.	56.0	1.0	43.0	2.0	4.5	31.2	2.3	1.4	27.4	1.6
Châtaigne fraiche.	49.2	1.4	49.4	6.4	2.9	38.7	1.4	5.1	34.8	1.0
Pommes et poires.	83.1	0.4	16.5	0.4	4.3	11.8	—	0.3	10.6	—
Citrouille.	91.4	0.7	7.9	1.2	1.5	5.2	—	0 9	4.7	—
Courge.	89.1	1.0	9.9	0.6	2.7	6.5	0.1	0.4	5.8	0.1
VII. — Produits et déchets industriels.										
Pulpes de betterave press.	70.0	3.4	26 0	1.8	6.3	18.3	0.2	1.8	18.3	0.2
Résidus fibreux d'amidonnerie de pommes de terre.	85.0	0.4	14.6	0.8	2.3	11.4	0.1	0.8	11.4	0.1
Pulpes d'amidonnerie de froment.	72.0	0.7	27.3	6 3	3.0	16.5	1.5	5 4	14.8	1.2
Drèches de brasserie.	76.6	1.2	22.2	4.9	6 2	10.6	0.5	3.9	9.5	0.4
Germes d'orge maltée.	8.0	6.8	85.2	23.0	17.5	42.2	2.5	18.4	38.0	1.7
Malt vert en germes.	47.5	1.7	50.8	6.5	4.3	38.5	1.5	5.2	31.7	1.0
Malt touraillé sans germes.	7.5	2.3	90.2	9.4	8.7	69.8	2.3	7.5	62.8	1.6
Son de froment.	13.1	5 4	81.5	14.0	17.8	45.9	3.8	10.9	37.6	3.4
Son de seigle.	12.5	5.2	82.3	14.5	15.0	49.3	3.5	11.3	40.4	3.0
Son de gruau de froment.	11.3	4.1	81.6	19.9	9.3	50.9	4.5	15.5	41.7	4.0
Son de maïs.	12.0	2.3	85.7	8.0	12.5	61.2	4.0	6.2	50.0	3.6

NOMS DES FOURRAGES	EAU	CENDRES	SUBSTANCE ORGANIQUE	PROTÉINE BRUTE	CELLULOSE BRUTE	Principes extractifs non azotés	GRAISSE BRUTE	Eléments digestibles		
								Albumine	Hydrates de carbonne	Graisse
	0/0	0/0	0/0	0/0	0/0	0/0	0/0	0/0	0/0	0/0
Son de sarrazin.	14.0	3.1	82 6	17.1	14.7	46.4	4.4	13.5	38.1	3.9
Son d'orge.	12·0	4.1	83.9	14.8	19.4	45.6	4.1	11.5	37.4	3.6
Farine fourragère d'orge	11.1	5.7	83.2	11.6	31.9	34.8	4.9	8.1	24.4	3.4
Tourteau de colza.	15.0	7.4	77.6	30.3	13.8	23.8	9.5	24.2	18.3	7.7
Tourteau de lin.	11.5	7.9	80.6	28.3	11.0	37.3	10.0	23.8	29.0	8.9
Tourteau de cameline.	15.0	6.9	78.1	25.7	13.0	30.9	8.5	21.6	24.1	7.6
Tourteau de pavot.	10.0	8.4	81.6	32.5	11.4	29.6	8.1	27.3	23.1	7.2
Tourteau de chenevis.	10.5	6.0	83.5	27.0	22.0	28.3	6.2	20.0	20.8	5.0
Tourteau de faines non décortiquées.	10.0	5.2	84.8	24.0	30.5	23.8	6.5	17.8	16.7	5.2
Tourteau de madia.	11.2	6.7	82.1	31.6	25.7	9.8	15.0	22.1	6.9	12.8
Tourteau d'arachide non décortiquée.	9.8	7.1	83.1	32.1	21.9	18.8	10.3	25.7	14.5	8.3
Tourteau d'arachide décorquée.	7.5	12.5	80.0	47.5	8.2	17.2	7.1	42.8	15.5	6.4
Tourteau de noix.	13.7	5.0	81.3	34 6	6.4	27.8	12.5	31.1	25.0	11.2
Tourteau de palme.	9.1	3.6	87.3	16.3	21.5	36.4	13.1	16.3	33.5	13.1
Tourteau de sésame.	11.5	11.8	76.7	34.5	9.5	21.0	11.7	28.1	16.4	10.4
Tourteau de graine de coton.	11.5	6.3	82.2	24.6	20.8	30.6	6.2	18.1	14.1	5.6
Tourteau de graines de coton sans les balles.	10.1	7.7	82.2	34.3	9.6	27.4	10.9	28.8	17.0	9.9
Tourteau de germes de maïs.	10.2	7.2	82.6	15.4	10.3	45.6	11.3	12.3	41.0	10.2
Tourteau de graines de citrouille.	12.0	8.1	79.9	55.6	4.9	8.0	11.4	50.0	7.2	10.3
Tourteau de coprah blanc.	13.84	5.8	80.4	20.75	11.64	39.07	8.9	»	»	»
Tourteau de coprah ordinaire.	17.46	5.8	76.7	20.25	9 36	40.6	6.5	»	»	»
Tourteau de navette.	15.0	8.0	77.0	28.3	15.0	24.2	9.5	»	»	»
Marc de pommes.	75.7	0.6	23.7	1.37	12.8	5.0	1.2	»	»	»
Farine de viande d'Amérique.	11.5	3.7	84.8	72.8	—	—	12.0	69.9	—	10.1
Hannetons frais.	70.4	2.3	27.3	18.8	4.8	—	3.7	13.0	—	3.1
Hannetons secs.	13.5	6.7	79.8	55.5	13.9	—	10.9	38.0	—	9.1
Lait de vache.	87.5	0.7	11.8	3.2	—	5.0	3.6	3.2	5.0	3.6
Lait écrêmé.	90.0	0.8	9.2	3.0	—	5.6	0.6	3.0	5.6	0.6
Lait de beurre.	90.1	0.5	9.4	3.0	—	5.4	1.0	3.0	5.4	1.0
Lait de fromage.	93.3	0.6	6.1	0.8	—	5.0	0.3	0.8	5.0	0.3
Crême.	62.0	0.6	37.4	2.7	—	2.9	31.8	2.7	2.9	31.08

Tableau des facteurs de rationnement du bétail ou des rations typiques.

ESPÈCES CONDITIONS DIVERSES DE L'ENTRETIEN	SUBSTANCE ORGANIQUE TOTALE	Principes digestibles			RAPPORT NUTRITIF
		ALBUMINE	Hydrates de carbone	GRAISSE	
A. — Ration normale journalière par 1.000 kilog. poids vivant					
	kil.	kil.	kil.	kil.	kil.
1. *Bœufs*, au repos à l'étable	17.5	0.7	8.0	0.15	1: 12.0
2. *Bêtes à laines*, grandes races	20.0	1.2	10.3	0.20	1: 9.0
» fines races	22.5	1.5	11.4	0.25	1: 8.0
3. *Bœufs*, soumis à un travail moyen	24.0	1.6	11.3	0.30	1: 7.5
» soumis à un travail énergique	26.0	2.4	13.2	0.50	1: 6.0
4. *Chevaux*, soumis à un travail modéré	22.5	1.8	11.2	0.60	1: 7.0
» soumis à un travail énergique	25.5	2.8	13.4	0.80	1: 5.5
5. *Vaches laitières*	21.0	2.5	12.5	0.40	1: 5.4
6. *Bœufs à l'engrais*, 1re période	27.0	2.5	15.0	0.50	1: 6.5
» 2e période	26.0	3.0	14.8	0.70	1: 5.5
» 3e période	25.0	2.7	11.8	0.60	1: 6.0
7. *Moutons à l'engrais*, 1re période	26.0	3.0	15.2	0.50	1: 5.5
» 2e période	25.0	3.5	14.1	0.60	1: 1.5
8. *Porcs à l'engrais*, 1re période	36.0	5.0	27.5		1: 5.5
» 2e période	31.0	4.0	21.0		1: 6.0
» 3e période	23.5	2.7	17.5		1: 6.5
9. *Bêtes bovines en croissance* :					
poids moyen vivant					
Agées de 2 à 3 mois 75 kilog.	22.0	4.0	13.8	2.0	1: 4.7
« 3 à 6 « 150 kilog.	23.4	3.2	13.5	1.0	1: 5.0
« 6 à 12 « 250 kilog.	24.0	2.5	13.5	0.6	1: 6.0
« 12 à 18 « 350 kilog.	24.0	2.0	13.0	0.4	1: 7.0
« 18 à 24 « 425 kilog.	24.0	1.6	12.0	0.3	1: 8.0
10. *Bêtes ovines en croissance* :					
Agées de 5 à 6 mois 28 kilog.	28.0	2.2	15.6	0.8	1: 5.5
« 6 à 8 « 33,5 kilog	25.0	2.7	13.3	0.6	1: 5.5
« 8 à 11 « 37,5 kilog	23.0	2.1	11.4	0.5	1: 6.0
« 11 à 15 « 41 kilog	22.5	1.7	10.9	0.4	1: 7.0
« 15 à 20 « 42,5 kilog	22.0	1.4	10.4	0.3	1: 8.0
11. *Porcs à l'engrais en croissance* :					
Agés de 2 à 3 mois 25 kilog	42.0	7.5	30.0		1: 4.0
« 3 à 5 « 50 kilog	34.0	5.0	25.0		1: 5.0
« 5 à 6 « 62,5 kilog	31.5	4.3	23.7		1: 5.5
« 6 à 8 « 65 kilog	27.0	3.4	20.4		1: 6.0
« 8 à 12 « 125 kilog	21.0	2.5	16.2		1: 6.5

ESPÈCES CONDITIONS DIVERSES DE L'ENTRETIEN	SUBSTANCE ORGANIQUE TOTALE	Principes digestibles			RAPPORT NUTRITIF
		ALBUMINE	Hydrates de carbonne	GRAISSE	
B. — Ration normale journalière par tête					
Bêtes bovines en croissance :	kil.	kil.	kil.	kil.	kil.
Agées de 2 à 3 mois d'un poids moyen vivant de 75 kilog. . . .	1.650	0.300	1.050	0.150	1 : 4.7
« de 3 à 6 « 150 kilog. . . .	3.500	0.500	2.050	0.150	1 : 5.0
« de 6 à 12 « 250 kilog. . . .	6.000	0.650	3.400	0 150	1 : 6.0
« de 12 à 18 « 350 kilog. . . .	8.400	0.700	4.550	0.140	1 : 7.0
« de 18 à 24 « 425 kilog. . . .	10.200	0.700	5.150	0.130	1 : 8.0
Moutons en croissance :					
Agés de 5 à 6 mois d'un poids moyen vivant de 28 kilog . . .	0.800	0.090	0.435	0.023	1 : 5.5
« de 6 à 8 « 33,5 kilog. . . .	0.850	0.085	0 425	0.020	1 : 5.5
« de 8 à 11 « 37,5 kilog. . . .	0.850	0.080	0.425	0.019	1 : 6.0
« de 11 à 15 « 41 kilog. . . .	0.900	0.070	0.445	0.016	1 : 7.0
« de 15 à 20 « 42,5 kilog. . . .	0.950	0.060	0.440	0.013	1 : 8.0
Porcs à l'engrais en croissance :					
Agés de 2 à 3 mois d'un poids moyen vivant de 25 kilog. . . .	1.050	0.190	0.750		1 : 4.0
« de 3 à 5 « 50 kilog. . . .	1.700	0.250	1.250		1 : 5.0
« de 5 à 6 « 62,5 kilog. . . .	1.950	0.270	1.480		1 : 5.5
« de 6 à 8 « 85 kilog . . .	2.300	0.290	1.735		1 : 6.0
« de 8 à 12 « 125 kilog . . .	2.600	0.013	2.025		1 : 6.5

Extrait de l'*Etude de l'Alimentation rationnelle des animaux domestiques* par le Dr Emile Wolff.

Syndicat des Agriculteurs de la Mayenne.

Malgré l'avis inséré dans le bulletin de novembre 1891 et la décision prise par le bureau du Syndicat : que tout cultivateur désireux d'obtenir une livraison de 10 sacs d'engrais et au-dessus, serait tenu de prévenir huit jours à l'avance, peu de syndiqués se décident à prévenir.

Pour nous guider dans nos approvisionnements nous consultons les fournitures des années précédentes et suivant la proportionnalité des demandes, nous établissons de notre mieux les commandes.

Notre grande préoccupation est que l'entrepôt soit constamment approvisionné, pour éviter des déplacements inutiles.

Mais quoi que nous fassions, par suite de l'inertie des cultivateurs, nous n'arrivons pas au résultat désiré. Dans ces derniers temps, nous avons été, à notre grand regret, à plusieurs reprises à court de superphosphate. Comment pouvait-il en être autrement ?

En 1892, du 1er septembre au 10 octobre, il nous a été demandé, à l'entrepôt de Laval, 125 sacs de superphosphate.

Entre ces deux dates nous en avons livré cette année 900 sacs, soit dans la proportion de 1 à 8. Le 6 courant jour de la foire, 250 sacs ont été pris dans le magasin et nous avons dû en refuser une cinquantaine.

Comme les expéditions sont souvent très lentes à parvenir, en présence de pareils écarts dans les demandes, nous ne voyons pas la possibilité d'éviter les mécomptes, si chacun n'y met du sien, c'est-à-dire si on ne se donne pas la peine de prévenir d'une manière générale, comme un petit nombre en a déjà pris l'habitude.

Nous croyons aussi devoir rappeler à MM. les Syndiqués que les entrepôts ne tiennent pas des semences de céréales. Le Syndicat ne s'occupe de ces semences qu'en facilitant, par des annonces gratuites dans le bulletin, les relations entre vendeurs et acheteurs. Des échantillons sont déposés à l'entrepôt de Laval à la disposition des cultivateurs. Il est en outre répondu aux renseignements demandés, mais c'est tout.

G. Peyras.

Marchands grainiers fraudeurs. — Fraude sur la nature de la marchandise. — Falsification des semences de moutarde blanche.

Lorsqu'un produit quelconque atteint un prix élevé, il se trouve toujours des négociants peu scrupuleux pour le frelater avec un produit de même apparence, mais d'une valeur marchande moindre. Quand il s'agit de semences agricoles, les exemples ne sont que trop facile à indiquer. A la *luzerne*, qui vaut en moyenne 200 fr. les 100 kilog., on ajoute de la minette, qui en coûte 80. Un professeur d'agriculture de l'Ouest m'écrivait, il y a quelque temps, qu'un seul négociant de sa région réalisait de ce chef un bénéfice annuel d'au moins 10.000 fr. On ajoute du ray-grass anglais à la *fétuque des prés*, de la houque laineuse au *vulpin des prés*. A l'*avoine jaunâtre* on substitue une mauvaise herbe commune dans les clairières des bois, la canche flexueuse, que les marchands grainiers désignent jusque dans leurs catalogues sous le nom d'*avoine jaunâtre du commerce* ! 99 fois sur 100 on constate cette fraude lucrative entre toutes, l'avoine jaunâtre authentique étant cotée de 300 à 500 fr. les 100 kilog., alors que la canche flexueuse vaut environ huit fois moins.

(A suivre).

E. SCHRIBAUX,
Directeur de la Station d'essais de semences à l'institut national agronomique.

Ecole pratique d'agriculture de Beauchêne.

Avis.

Les examens de sortie de l'école pratique d'agriculture de Beauchêne (Mayenne) ont eu lieu le 25 septembre dernier.

Cinq élèves ont reçu leur diplôme.

MM. 1° Salin, de Bais (Mayenne).
2° Julienne, du Plessis-Dorin (Loir-et-Cher).
3° Lemée, de Bais (Mayenne).
4° Meslier, de Jublains (Mayenne).
5° Lahaye, de Chantrigné (Mayenne).

L'élève Salin a été reçu à l'école nationale de Grand-Jouan avec le n° 8 sur 34 élèves admis.

La commission de surveillance a demandé à M. le Ministre de l'agriculture de bien vouloir accorder une médaille d'or à M. Salin, une médaille d'argent à M. Julienne, une médaille de bronze à M. Lemée.

Le même jour ont eu lieu les examens d'entrée. Plusieurs bourses de l'Etat et du département n'ayant pas été données, les candidats qui désireraient concourir pour l'obtention de ces bourses sont priés d'envoyer leurs demandes au directeur de l'école avant le 1er novembre, époque à laquelle auront lieu de nouveaux examens.

Ecole pratique d'agriculture des Trois-Croix. — Résultats des examens.

Les examens de sortie de l'école pratique d'agriculture des Trois-Croix ont eu lieu le 2 octobre, sous la présidence de M. Prillieux, inspecteur général de l'enseignement agricole, 12 élèves ont obtenu le diplôme d'enseignement des écoles pratiques d'agriculture.

Ce sont :	Avec une moyenne de :
1er Gourdon	16.98
2e Guy Monluc de la Rivière . .	15.23
3e Friant	14.77
4e Ch. Monluc de la Rivière . .	14.59
5e Paves.	14.11
6e Bombault	13.71
7e Roussel	13.08
8e Daniel	12.97
9e Le Bihan.	12.37
10e Sorais.	12.30
11e Marquis	12.11
12e Guillouët.	12.06

La Commission d'examen a demandé à M. le Ministre de l'agriculture d'accorder une médaille d'or à Gourdon, une médaille d'argent à Guy Monluc de la Rivière, une médaille de bronze à Friant.

En outre, ont été reçus aux écoles régionales d'agriculture :

Gourdon, avec le n° 34 sur 263 candidats ayant subi avec succès l'examen écrit.

Guy Monluc de la Rivière, avec le n° 123.

Bombault, avec le n° 123.

Charles Monluc de la Rivière, avec le n° 133.

Friant, avec le n° 178.

Exposition internationale de culture fruitière et dérivés, organisée à Saint-Pétersbourg par la société de culture fruitière de Russie en 1894.

La Société de culture fruitière de Russie organise à Saint-Pétersbourg, une exposition internationale pour l'automne 1894. Les personnes qui désirent prendre part à cette exposition sont priées de s'adresser à M. Eugène VIMONT, 33, rue J.-J. Rousseau, Paris.

A vendre Pommiers à cidre, meilleures espèces, aux prix suivants :

de 7 à 8	centimètres.	0 40
de 8 à 9	—	0 60
de 9 à 10	—	0 80
de 10 à 11	—	1 »
de 11 à 12	—	1 25
de 12 à 15	—	1 50

Franco en gare la plus proche pour la Mayenne.

S'adresser à M. Gagneux, Charles, maire de Distré, près Saumur (Maine-et-Loire). Des échantillons sont exposés à l'entrepôt central du Syndicat des agriculteurs de la Mayenne, 48, rue Solférino, à Laval.

SYNDICAT DE CHARTRES

Marchandises en dépôt

Marchandises actuellement en dépôt :
Superphosphate minéral soluble au Citrate.
Phosphoguano ordinaire.
Phosphoguano surazoté.
Nitrate de soude.
Sulfate de cuivre.
Sulfate de fer.
Carbonate de soude.
Tourteaux de lin pour engraissement.
— de sésame blanc du Levant pour engraissement.
— de Coprah, Ceylan, pour vaches laitières.
Huile d'olive surfine, à 2 fr. le kilog.
Huile de sésame fine, à 1 fr. 11 le kilog.
Savon bleu à 0 fr. 50.
Savon blanc à 0 fr. 55 le kilog.

Les huiles sont fournies en bonbonnes de verre, cachetées et plombées par les expéditeurs, et par quantités de 25 kilog. environ.

Elles sont garanties absolument pures.

Les savons sont livrés en caisse de 25 à 30 kilog. également.

Enfin le dépôt contient également de l'huile minérale russe, (Ragosine) excellente et avantageuse pour le graissage des machines agricoles, au prix de 0 fr. 50 le kilog. (non logé), et de l'huile à brûler, double épuration à 0 fr. 80 le kilo. (logée), le tout en bonbonnes d'environ 25 kilog.

Toutes les substances ci-dessus sont fournies immédiatement contre paiement comptant, en s'adressant chez M. Mercier, comptable du syndicat, 4, place Saint-Michel, tous les jours de la semaine (dimanches et fêtes exceptés et le samedi avant midi).

Elles peuvent également être expédiées par chemin de fer transport à la charge de l'acheteur.

Le syndicat peut encore faire fournir à ses adhérents, et à des conditions très avantageuses :

1° Des ardoises provenant des mines d'Angers ;
2° Des tuiles ordinaires et des tuiles Muller.

3° De la chaux et du plâtre pour constructions ;
4° Des raisins pour boissons (Corinthe, Thyra, Samos, etc) ;
5° Des ronces artificielles et des grillages métalliques ;
6° Enfin toutes machines agricoles provenant des meilleurs fabriques, notamment des Trieurs Marot et des Tarares Denis.

Pour tous renseignements, s'adresser à l'Agent-Comptable.

M. **Maignan**, à la Rouairie, de Saint Berthevin, offre les blés de semence ci-après : Blés Hallet, Bordeaux, Dattel, à 23 fr. les 100 kilos, — Blé Japhet à 25 fr. les 100 kilos, toiles de l'acheteur en gare départ. Ces blés sont triés, des échantillons sont déposés à l'Entrepôt central du Syndicat, 48, rue Solférino, Laval.

Monsieur PICHARD, receveur municipal, quai Béatrix, Laval, offre pour semence du blé de Bordeaux, à 22 fr. les 100 kilos, livrés dans les toiles de l'acheteur.

Des échantillons sont déposés au laboratoire et à l'entrepôt du Syndicat.

M. VICTOR CHRÉTIEN, propriétaire (Bel-Air, Laval) offre pour semence des blés passés au trieur, Dattel et St-Laud, à raison de 21 fr. les 100 kilogr., sauf variation. Ces blés sont vendus dans les sacs de l'acheteur, ou toile à payer, pris chez le vendeur (Bel-Air, Laval), ou rendus franco gare Laval. — Ils sont payables contre livraison, avec retour d'argent sans frais pour le vendeur. On trouvera des échantillons soit chez lui, soit à l'entrepôt du Syndicat agricole.

Association pomologique de l'Ouest.

Nous rappelons à nos lecteurs que le Congrès pomologique aura lieu à Vannes, du 17 au 27 octobre 1893.

M. LELASSEUX, à Roz-sur-Couesnon (Ille-et-Vilaine), offre: 1° blé de Bordeaux, 28 fr. les 100 kg. ; 2° blé Dattel, 28 fr. les 100 kg. ; 3° blé bleu de Noé, 28 fr. les 100 kg. ; 4° blé Japhet (nouveauté), 30 fr. les 100 kg. Toile perdue sur wagon Pontorson.

Il offre également diverses variétés de pommes de terre, notamment la pomme Eléphant blanc, la pomme de terre Reine des Polders, etc.... et autres variétés de table, excellentes de qualité et à grand rendement.

Syndicat agricole, Fresnay-sur-Sarthe.

Blés triés pour semence. — Dattel, Hallett, Nursery, Saint-Laud à 27 fr. les 100 kil. logé, gare Fresnay.

V. RIBOT, *gérant*.

M. MOUSSU, cultivateur aux Loges de Beaulieu, offre des blés de semences. Savoir :

Blé barbu à gros grains, à 28 fr. les 100 kilos.

Blé Bordier à 28 fr. les 100 kil.

Marchandises prises chez le vendeur ou en gare de Cossé-le-Vivien, dans les toiles de l'acheteur. Paiement contre remboursement.

Le Gérant, H. LEROUX.

Laval, Imp. H. Leroux.

6e Année — Novembre 1893 — N° 62

442

Ce Bulletin paraît le 15 de chaque mois.

BULLETIN AGRICOLE
DE L'OUEST

Organe des Syndicats Agricoles
des départements du Finistère, des Côtes-du-Nord,
du Morbihan, de la Loire-Inférieure, d'Ille-et-Vilaine, de la
Manche, de la Mayenne, de Maine-et-Loire, de la Sarthe,
de l'Orne, du Calvados, de l'Eure, d'Eure-et-Loir
et de la Seine-Inférieure.

Publié sous la direction de :

H. LÉIZOUR, (✱ M. A.) (✿ A.)
Professeur départemental d'Agriculture de la Mayenne, Directeur du Laboratoire agronomique, Président du Syndicat des Agriculteurs de la Mayenne,

GAROLA, (O. ✱ M. A.) (✿ A.)
Professeur départemental d'Agriculture d'Eure-et-Loir,
Directeur de la Station agronomique de Chartres.

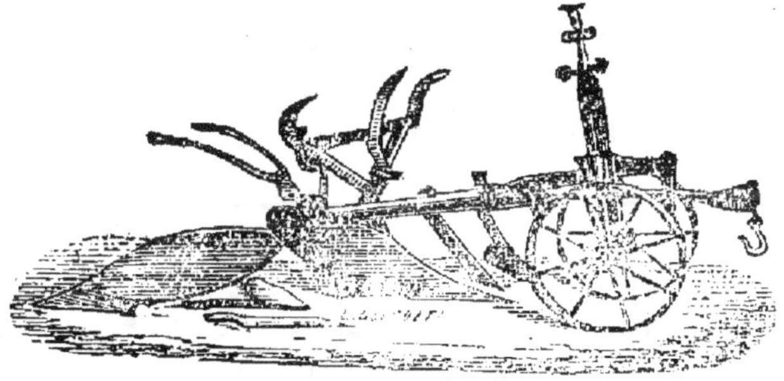

ABONNEMENTS

Les membres des syndicats adhérents sont abonnés gratuitement par leurs bureaux. — Pour les étrangers aux syndicats : 6 fr. par an.

ANNONCES

De 1 à 4 annonces.	» 50c la ligne.	De 8 à 12 annonces	» 30c la ligne
De 4 à 8 —	» 40c —	Au-delà de 12.	» 20c —

Le bulletin publiera gratuitement les offres et demandes des Syndicats abonnés.

AVIS. — Tout ce qui concerne la rédaction, les Annonces et les Abonnements, doit être adressé à M. LÉIZOUR, rue de la Filature, 1. à Laval.

BULLETIN AGRICOLE DE L'OUEST

La fumure rationnelle des céréales. — Conférence faite par M. Garola à l'assemblée générale de la Société coopérative du 17 septembre.

Messieurs,

Le premier devoir qui m'incombe en prenant la parole en cette circonstance solennelle, c'est de remercier votre honorable président, et la société coopérative agricole de la région du Nord toute entière, de l'honneur qu'elle m'a fait en me chargeant de développer devant vous les points fondamentaux de deux questions toutes d'actualité. Je n'ai pas hésité une minute à entreprendre un long voyage pour répondre à l'appel qui m'était adressé par votre sympathique et si dévoué directeur, car je ne connais pas au monde une idée plus féconde pour le progrès de l'agriculture, que celle de la coopération que vous avez su réaliser en constituant votre association. C'est pour vous tous un éternel honneur d'avoir marché les premiers dans cette voie de l'émancipation économique de l'agriculture, et pour moi, sans conteste, un souvenir réconfortant dans les moments difficiles, d'avoir pu m'associer, si peu que ce soit, à ce mouvement en avant des couches profondes de la démocratie rurale.

Occupons-nous d'abord des besoins d'engrais des céréales.

Comme toutes les autres plantes, les céréales doivent tirer des milieux au sein desquels se poursuit leur évolution, sous forme d'aliments ou d'engrais, tous les corps simples qui concourrent à la constitution de leur substance. Si l'air, dans lequel elles élancent leurs tiges et étalent leurs feuilles, si la terre, où elles enfoncent leurs racines, ne peuvent fournir à leur appétit l'un quelconque des éléments nécessaires, dans l'état qui convient, le développement du végétal ne se fait pas régulièrement, l'accroissement s'arrête : la plante ne peut parcourir toutes les phases de son évolution vitale.

Avec l'aide de l'analyse chimique, nous trouvons dans les plantes, deux grandes catégories de matières : les unes sont destructibles par le feu, les autres sont fixes. Les premières sont dites substances organiques et contiennent du charbon ; de l'hydrogène, élément fondamental de l'eau ; de l'oxygène, gaz indispensable à la respiration de tous les êtres vivants, et qui entre pour un cinquième de son volume dans l'air atmosphérique ; et enfin de l'azote, autre substance gazeuse, qui forme les 4/5 de l'air et qu'on retrouve dans toute matière vivante.

De ces quatre éléments, les trois premiers sont abondamment fournis aux céréales par l'air atmosphérique et l'eau. Le charbon est absorbé par les feuilles, à l'état de gaz carbonique, sous l'influence de la lumière solaire. Le gaz carbonique est celui qui se dégage dans la fermentation du moût de raisin, de l'eau de seltz, du cidre et du vin mousseux. L'atmosphère en contient toujours une proportion plus que suffisante pour les besoins de la végétation — L'oxigène est puisé en partie dans l'air, directement, par tous les organes des plantes qui nous occupent, pour les besoins de leur opération. Le surplus est, avec l'hydrogène, tiré de l'eau, que les racines absorbent en très grande quantité, ainsi que des combinaisons minérales, dont nous parlerons dans un instant.

Quant à l'azote, les céréales peuvent bien l'absorber en petite quantité, par leurs organes foliacés, quand il se trouve à l'état de combinaison ammoniacal dans l'air atmosphérique, mais il n'en est pas de même de l'azote libre de l'air. Celui-ci ne peut entrer directement dans le torrent de la vie. Les plantes de la famille des légumineuses, seules, peuvent en tirer parti, par l'intermédiaire du microbe spécial qui vit dans les nodosités de leurs racines.

Pour être assimilable par les céréales, l'azote, élément fondamental de la substance vivante, doit absolument se présenter sous forme d'ammoniaque ou d'acide nitrique. L'ammoniaque et l'acide nitrique, les sels ammoniacaux ou les nitrates, sont les seuls véritables aliments azotés que les céréales puissent assimiler.

Les céréales, nous venons de le dire, peuvent puiser dans l'air une petite proportion d'azote ammoniacal au moyen de leurs feuilles ; mais, dans l'immense majorité des cas, cette quantité est relativement si faible, qu'il n'y a pas lieu d'en tenir compte dans la pratique courante, et qu'on doit, dans l'application des engrais, supposer que tout l'azote des céréales est puisé par leurs racines dans le sol, à l'état de combinaison nitrique ou ammoniacale.

Toutes les substances azotées, dans le sol, sous l'action de ferments divers, se récoltent en ammoniaque ou en acide nitrique assimilables.

Viennent ensuite les substances fixes ou minérales dont les céréales ont besoin en proportions diverses mais toujours déterminées. Si ces végétaux ne les trouvent pas dans le sol, à partir de leurs racines, ils s'arrêtent dans leur croissance, restent chétifs, se fanent avant maturité, sans avoir pu produire de semences Ce sont principalement la potasse, la chaux et l'acide phosphorique, etc.

Toutes ces substances, ainsi que l'azote, se rencontrent en quantités plus ou moins fortes dans les terres arables, et c'est là ce qui les rend plus ou moins productives. Toutefois, ces éléments fondamentaux de la nutrition ne s'y trouvent pas en général à l'état directement assimilable par les racines. La plus grande quantité de ces substances y est à l'état insoluble et fortement agrégé, et résiste à l'action absorbante des poils radicaux. C'est cet état qui explique en partie l'efficacité des engrais, car, si l'on compare les quantités d'éléments nutritifs puisés dans le sol par une belle récolte, à la masse totale de principe fertilisants que renferme le sol, on est immédiatement frappé par une grande disproportion. Tandis qu'un hectare de terre devant 1 gr. de chacun des principes fertilisants essentiels par kilogramme, et sur une profondeur de 25 centimètres seulement, renferme

3.000 kilogrammes

d'azote, d'acide phosphorique, de potasse ou de chaux, on ne trouve dans une récolte aussi pure que les céréales, que les partis suivants d'éléments nutritifs :

	Rendem. par hect.	Azote.	Ac. ph.	Chaux	Pot.
Froment dihiver	40 h.	125 k.	75 k.	61 k.	110 k.
— de mars	40 —	138 —	76 —	62 —	195 —
Seigle d'hiver	35 —	110 —	39 —	64 —	131 —
Escourgeon d'hiver	50 —	86 —	36 —	40 —	50 —
Orge de printemps	40 —	86 —	79 —	43 —	90 —
Avoine —	50 —	126 —	79 —	38 —	129 —

Il est évident que si les principes nutritifs du sol, à la dose de 3.000 kgr. par hectare, étaient immédiatement assimilables, il serait, pendant d'assez longues années, inutile de fumer le sol pour obtenir des récoltes maxima. — Le contraire est un fait d'observation courant, et les terres, même bien équilibrées au point de vue de la richesse en éléments nutritifs, ont besoin pour donner de beaux rendements, de recevoir sous forme d'engrais, un approvisionnement d'éléments nutritifs facilement assimilables par les végétaux. Il faut opérer d'avance une certaine *restitution* de principes alimentaires, si l'on veut obtenir un produit rémunérateur, et éviter en même temps un appauvrissement irrémédiable du sol.

On s'est basé jusqu'à ces derniers temps, pour réduire les besoins d'engrais des plantes, sur la teneur d'une belle récolte en azote, acide phosphorique, potasse, etc.; le blé exigeant par exemple,

125 k. d'azote,
75 k. d'acide phosphorique,
61 k. de chaux.
et 110 k. de potasse,

on en concluait que l'engrais, dans tous les cas, devait mettre ces quantités de principes alimentaires à la disposition des plantes, et l'on a vendu des engrais à formules, pour blé, orge ou betteraves qui n'avait qu'un défaut tout petit : celui de ne pas être économique ; quand, par suite de l'exagération de la dose, ils ne compromettaient pas le rendement en grain des récoltes, en amenant la verse, l'échaudage et la rouille.

Dans la situation économique où elle se trouve, l'agriculture ne doit faire que des dépenses productives. Elle doit avoir pour but de tirer du sol qu'elle exploite, par l'emploi des méthodes de cultures judicieuses, et des engrais appropriés, le plus gros bénéfice net possible. Il faut avouer qu'aujoud'hui, la solution du problème est difficile. Mais, c'est là précisément une raison pour que nous mettions plus d'acharnement à l'atteindre. Il y va du sort de nos populations rurales, si travailleuses et si sages Il y va des destinées de la Patrie !

C'est pourqoi, pendant le lustre qui vient de s'écouler, nous avons consacré tous nos instants à l'étude des besoins d'engrais des céréales. Par des recherches patientes et minutieuses, nous avons déterminé non seulement les quantités totales d'éléments multiples absorbés par une belle récolte, en tenant compte à la fois des parties aériennes et des racines (*voir le tableau précédent*), mais nous avons, de plus, étudié la marche de l'absorption des principes nutritifs chez chaque céréale en particulier, en même temps que l'aptitude spéciale que chacune d'elle présente pour tirer parti des semences du sol.

Pour nous, le besoin d'engrais dépend beaucoup moins des quantités totales d'éléments nutritifs absorbés, que de la manière dont l'absorption se fait de sa rapidité, de l'époque où elle a lieu, et du développement de l'appareil radiculaire qui est le *mineur* chargé de tirer des entrailles du sol, les éléments de la nutrition végétale.

Blé d'hiver

Ce qui nous frappe d'abord, en examinant la marche de l'absorption des éléments multiples par le *blé d'hiver*, c'est que, tandis que de la levée à l'époque du tallage, la production de la matière végétale et l'assimilation des principes nutritifs suivent une marche régulière peu rapide du tallage à la floraison, l'activité végétale est énorme. Du 9 avril au 12 juin, soit un peu plus de deux mois, le blé, qui occupent le sol pendant 9 mois, a absorbé près de 70°/₀ de son azote et de son acide phosphorique, près de 81°/₀ de sa chaux, et 94°/₀ de sa potasse. S'il a déjà tiré du sol presque toute la potasse qui lui est nécessaire, il continue encore, bien qu'avec une activité décroissante, à aborber les autres éléments de sa constitution.

A cette intensité de l'assimilation des substances fertilisantes, correspond un besoin d'engrais indiscutable, car, il paraît difficile que la plante puisse tirer en si peu de temps, des réserves du sol qui ne désagrègent que lentement une masse aussi élevée de matières alimentaires. Cela est confirmé, du reste, par les heureux résultats que l'on obtient en grande culture par l'emploi des fumures en couverture sur les blés chétifs au printemps. Il est, du reste, évident, que si l'assimilation des principes fertilisants du sol se prolongeait régulièrement pendant tout le cours de la végétation, la plante ayant beaucoup plus de temps pour se pourvoir, serait moins sensible à l'adjonction au sol de quelques kilogrammes d'azote ou d'acide phosphorique, quand ce dernier en contient souvent 300 fois plus qu'elle n'en apporte.

Lorsqu'on considère spécialement l'azote, on comprend sans peine la nécessité de l'employer au printemps, de préférence à l'automne, puisque c'est en mai surtout que la plante l'absorbe avec avidité. Dès le commencement du tallage, en avril, la nitrification du sol est très lente, à cause de l'insuffisance de la température. Le blé *a faim* d'azote, et si l'on ne lui en fournit pas une petite provision, sous une forme rapidement assimilable, pour lui permettre d'attendre que les réserves organiques viennent, en nitrifiant, se mettre en équilibre avec son appétit, il souffre et jaunit. Cent kilogrammes de nitrate de soude constituent souvent alors un *cordial* très efficace.

Ce qui saute aux yeux pour l'azote, doit être aussi admis pour les autres éléments nutritifs.

D'un autre côté, la plante sera d'autant plus exigeante en engrais, que l'absorption des éléments nutritifs marchera plus vite que la production de la substance végétale. Car, la transpiration, et par conséquent, l'absorption des sucs nourriciers, est une fonction de la production de la matière sèche.

Or, pendant la végétation hivernale, l'absorption des principes nutritifs suit une marche qui ne s'écarte qu'un peu de celle de la matière végétale. A partir du tallage, au contraire, se manifeste une divergence qui va en croissant jusqu'à la floraison. Il en résulte que, pendant cette période, le blé doit avoir à sa disposition, des provisions d'engrais assimilables. Ce besoin est surtout intense au moment de la formation des épis.

En ce qui concerne les éléments minéraux, la potasse et la chaux sont absobées avec le plus d'avidité. Ce sont aussi les éléments indispensables à la réussite du froment. Leur abondance dans le sol est la condition primordiale de la bonne venue de cette plante. On ne peut cultiver le blé avantageusement que dans les terres qui renferment du calcaire, ou dans celles qui ont été chaulées ou marnées. Le blé réussit toujours beaucoup mieux dans les sols argileux constamment riches en potasse que dans les sables siliceux ou calcaires et pourvus de cette substance.

Dans les sols argilo-calcaires favorables au blé, le rendement dépend de l'acide phosphorique, surtout, et de l'azote.

C.-V. Garola.

(*A suivre*).

(Extrait du *Progrès agricole*).

Falsification des scories

Les bons résultats obtenus de toutes parts avec les scories de déphosphoration en ont fait l'engrais phosphaté à la mode ; le prix croissant de l'unité d'acide phosphorique témoigne amplement de la faveur qui s'attache à ce produit. Le Dr Loges, directeur de la station agronomique de Pommtritz, met les agriculteurs en garde contre une falsification nouvelle, menaçant de se propager rapidement, et qui aurait eu la Hollande pour point de départ. Voici en quoi elle consiste : on moud finement des phosphorites d'une origine quelconque et pour leur donner la couleur noire des scories, on y ajoute quelques centièmes de charbons de terre pulvérisé.

Dans un de ces échantillons, on a trouvé 15.6 0/0 d'acide phosphorique et 24 0/0 de chaux dont 18,40 0/0 en combinaison avec l'acide phosphorique le reste de la chaux se trouvait à l'état de carbonate, de sulfate ou de fluorure.

La densité du produit est extrêmement faible ; elle ne dépasse pas 2,2. En chauffant au rouge sur une plaque de fer, le charbon brûle et laisse comme résidu la poudre de phosphorite de couleur jaunâtre. Cette dernière réaction n'est cependant pas caractéristique, car au lieu de charbon broyé, on peut avoir employé un laitier quelconque qui résiste à la chaleur.

Ces scories frelatées que les vendeurs décorent quelquefois du nom de « *Scories phosphatées* » renferment à peu près la même quantité d'acide phosphorique que les scories authentiques, mais cet acide s'y rencontre à un état très peu assimilable; dans la plupart des terres il demeure sans effet appréciable.

Avant donc de prendre livraison de scories, les agriculteurs feront bien de les soumettre à une station agronomique en lui demandant de déterminer non-seulement le degré de division et la teneur en acide phosphorique, mais encore de porter son attention sur *l'origine* de cet acide phosphorique, ils s'éviteront ainsi de sérieux mécomptes.

Les fraudeurs compte sur l'indifférence de leurs clients; à ceux-ci de déjouer les manœuvres déloyales en ne négligeant jamais de faire analyser les engrais et les semences du commerce par les laboratoires de l'Etat spécialement établis à cet effet.

SCHRIBAUX.

(Extrait de l'agriculture nouvelle.)

Tourteaux alimentaires. Leur emploi

Le moment approche où les animaux ne trouveront plus au pâturage la nourriture nécessaire à leur entretien. Une ration supplémentaire devra leur être donnée à l'étable, en attendant, ce qui ne peut tarder, l'obligation de recourir à la stabulation continue.

C'est une question bien grave cette année, pour la plupart des cultivateurs, que l'alimentation hivernale. Celui qui voudra conserver et sauver son cheptel, va se trouver dans l'obligation absolue de suppléer au déficit des fourrages proprement dits par d'autres matières alimentaires : farineux divers et tourteaux.

C'est l'emploi de ces derniers, peu en usage encore dans la plupart des fermes, que nous nous proposons d'étudier succinctement.

Beaucoup de cultivateurs paraissent hésiter à les adopter, dans la crainte de ne pouvoir les faire accepter par leurs animaux. Il y en a même qui nous ont assuré avoir échoué dans leurs tentatives. Personnellement nous n'avons jamais constaté un insuccès de ce genre et nous pouvons affirmer qu'ils sont excessivement rares et ne peuvent se présenter qu'avec des animaux mal portants, maladifs.

Rien n'est assurément plus facile que d'habituer les animaux à l'usage du tourteau. S'il se présente au début quelques difficultés dans certains cas, avec un peu de persévérance elles sont vites surmontées. Ce n'est jamais, au pis aller, que l'affaire de quelques jours.

Le tourteau doit être distribué après le repas, matin et soir, avant de faire boire les animaux. S'il n'est pas de suite accepté, il devra être mélangé à du son ou de la farine. Dans la plupart des cas cette précaution suffit à vaincre la répugnance que provoque l'odeur *sui generis* du produit.

S'il en est autrement, il faudra présenter le mélange le matin, alors que l'animal est à jeun, à l'état sec d'abord, et ensuite humecté à l'eau salée s'il y a hésitation. Après un jour ou deux de persévérance, quelle que soit la nature du tourteau, il y a un résultat favorable.

Ce genre d'alimentation supplémentaire au tourteau, convient à tous les animaux : élèves, vaches laitières et bêtes à l'engrais.

La quantité à donner par tête et par jour varie avec le genre de spéculation.

Pour les élèves la ration devra varier de 0k 500 à 1k 500 suivant le poids de l'animal.

Pour les vaches laitières de 1k 500 à 2 kilos.

On débutera par deux kilos pour les animaux à l'engrais ; après quinze jours la ration sera portée à 3 kil. et à 4 kilos vers la fin de l'engraissement. Cette dernière quantité ne devra jamais être dépassée.

Les tourteaux de lin, de maïs, de sésame, d'arachide, etc., doivent être préférés pour les animaux à l'engrais et les élèves ; ceux de coprah conviennent tout spécialement pour les vaches laitières.

Ils doivent être administrés concassés ; sous cet état ils provoquent une mastication prolongée et sont bien digérés.

A propos de l'engraissement, nous croyons utile en terminant de présenter quelques observations intéressant les cultivateurs.

Pendant la première période, ou plutôt pendant le premier mois de l'engraissement, il n'est pas indispensable de faire entrer le tourteau dans la ration Les aliments aqueux, tels que choux, racines diverses, devront former, pendant ce premier mois, la base de l'alimentation. En provoquant le ramolissement des tissus et l'élasticité de la peau, cette nourriture rafraîchissante prépare les animaux à utiliser par la suite, dans les meilleures conditions, les aliments plus riches, plus condensés.

Ce n'est donc que vers le commencement du deuxième mois qu'il y a lieu de faire intervenir le tourteau, en ayant soin toutefois, de réduire progressivement la proportion des aliments aqueux, au fur et à mesure que la ration de tourteau sera plus élevée. Une nourriture trop débilitante, donnée avec du tourteau, comme du reste avec tous les farineux, provoque des indigestions, et, comme conséquence, surviennent la diarrhée et l'inappétence, ce qu'il importe par dessus tout d'éviter. Une indisposition de ce genre peut retarder l'engraissement de 8 à 10 jours.

Si rien ne laisse à désirer au point de vue de l'alimentation en général, après deux mois de ration supplémentaire au tourteau, l'animal sera dans un état d'embonpoint suffisant, pour être avantageusement livré à la boucherie.

Nous ajoutons que les soins de propreté, obtenus par

un pensage journalier et rationnel, à l'étrille et à la brosse de chiendent, tout en contribuant à maintenir les animaux en bonne santé, favorisent dans une large mesure, les progrès de l'engraissement. Ce travail ne devrait jamais être négligé.

G. PEYRAS.

Concours général de Paris en 1894

Le Ministre de l'Agriculture vient de publier le programme du concours général agricole qui aura lieu à Paris en 1894. Ce concours, qui se tiendra au Palais de l'Industrie du 22 au 31 janvier, comprendra, comme les années précédentes : des animaux de boucherie ; des animaux reproducteurs et une exposition d'instruments et de machines.

Pour la première fois, des concours spéciaux sont ouverts aux arbres et arbustes fruitiers, et aux arbres et arbustes de plantation d'alignement. Un autre concours est ouvert pour les fruits à cidre.

La première exposition de vins, organisée en 1893, a eu un tel succès, qu'on a eu l'idée d'en accroître l'importance en 1894. Les dispositions du programme à ce sujet sont les suivantes : *Concours de vins, cidres et poirés, de France, d'Algérie et de Tunisie. (Récolte de 1893).* — Des diplômes, des médailles d'or, d'argent et de bronze, seront mis à la disposition du jury.

Les producteurs seuls seront admis à concourir.

Les vins, cidres et poirés seront répartis par département.

Dans chaque département, le classement des déclarations sera fait par une commission nommée par le Préfet et assistée du professeur départemental d'agriculture. A cet effet, les exposants devront adresser à leur préfecture, *le 1er décembre 1893*, au plus tard, une déclaration indiquant l'étendue cultivée en vignes, pommiers ou poiriers : le produit de la récolte de l'année ; les proportions des divers cépages ou variétés de fruits qui sont entrés dans la composition des moûts ; le degré alcoolique ; le prix de vente et les détails particuliers propres à faire connaître les produits ou à en faciliter le classement, tels que la situation du vignoble, en plaine ou en coteau, etc.

Les échantillons se composeront de deux bouteilles au moins, mais les exposants pourront en présenter une plus grande quantité, en vue de la dégustation par le public.

Les exposants pourront présenter également des échantillons de vins des récoltes antérieures à celles de 1893 ; mais ceux-ci ne seront pas susceptibles de recevoir des récompenses.

Les associations agricoles pourront présenter des expositions collectives.

Les déclarations de concours doivent être parvenues : pour les animaux, les instruments, les produits agricoles et horticoles divers, au Ministère de l'Agriculture, *le 20 décembre*, au plus tard : — pour les vins, cidres et poirés, à la Préfecture du département, le 1er décembre au plus tard.

Il y aura là, pour une année où le cidre sera si abondant, une excellente occasion, pour nos agriculteurs de l'Ouest, de faire apprécier leur cidre par les parisiens et de se créer ainsi un débouché considérable.

Marchands grainiers fraudeurs. — Fraude sur la nature de la marchandise. — Falsification des semences de moutarde blanche.

(Suite)

J'appelle à nouveau l'attention sur l'addition à la *vesce velue* de criblures composées de nielle et de vesces sauvages. Au moment ou j'écris ces lignes, j'ai la conviction que plus de la moitié des échantillons offerts sur le marché français et sur le marché allemand ont été l'objet d'une pareille fraude.

M. Denaiffe m'en signale une autre toute d'actualité, prouvant une fois de plus combien il est urgent d'aviser aux moyens de moraliser le commerce des semences agricoles.

On a semé cette année, et l'on sème encore aujourd'hui de grande quantité de moutarde blanche destinée à être consommée en vert. Aussi, le prix des semences est-il monté rapidement de 60 à 130 fr. les 100 kilog. L'occasion était excellente pour rechercher une crucifère à bon marché, ressemblant assez à la moutarde blanche pour qu'elle pût lui être mélangée en quantité plus ou moins grande, sans que le cultivateur s'en aperçût. Le Guzerat de l'Inde, de même nuance, à peu près de même dimension que la moutarde, et coté seulement 30 fr. les 100 kilog., était tout indiqué.

D'après Kjœrskou, le colza jaune de l'Inde ou colza de Guzerat du commerce n'est pas, comme son nom semblerait l'indiquer, un colza véritable, mais une moutarde, le *Sinapis glauca*. En effet, sous le nom de colza, dit Decugis, on désigne dans l'Inde plusieurs espèces de moutarde, les *Sinapis juncea, glauca, érysimoïdes, ramosa*, etc., dont l'huile est utilisée dans la fabrication des savons.

La meilleure preuve que la vente du Guzerat a été considérable, c'est que le prix des graines a doublé dans l'espace de quelques semaines.

Lorsqu'on est prévenu, le Guzerat se distingue aisément de la moutarde blanche. Il possède des graines un peu plus lourdes et d'une saveur moins piquante que celle de la moutarde blanche. Sa densité est aussi un peu plus faible. Dans une solution saline, de sel de cuisine par exemple, marquant 15° Beaumé, le Guzerat dont nous disposions flottait complètement, alors que la moutarde tombait au fond. Voici le procédé le plus simple, celui que je recommande spécialement aux agriculteurs pour différencier les deux sortes de graines. On en comptera 100 bien saines, prises dans le lot suspect après les avoir trempées dans l'eau pendant 12 à 24 heures, on les placera entre deux morceaux d'étoffe tenus simplement frais. Si l'on prend le soin de déposer ce germoir dans une pièce un peu chaude, les graines germeront rapidement. Toutes les plantules ayant des tigelles poilues proviennent de semences de moutarde blanche, les autres à tigelles dépourvues de poils proviennent de semences de Guzerat.

Quand on sème l'échantillon suspect dans de la terre, les poils étant plus apparents que dans la méthode précédente, la différenciation des deux espèces se trouve facilitée.

Les agriculteurs qui, après avoir exécuté l'expérience précédente, auraient encore des doutes sur l'authenticité de leurs semences de moutarde blanche peuvent en adresser 50 grammes environ à la station d'essais de semences, 16, rue Claude-Bernard, Paris. Nous les leur analyserons gratuitement. A défaut de semences, prière de nous faire parvenir une dizaine de plantes, quel que soit leur état de développement.

E. SCHRIBAUX.

Directeur de la Station d'essais de semences à l'institut national agronomique.

Syndicat des Agriculteurs de la Mayenne

AVIS

Il sera procédé au recouvrement des cotisations, par la poste, à partir du 15 novembre courant.

A vendre : Coqs et poules, race fléchoise très pure. S'adresser chez M. Préaubert, 16, rue des Fossés, Laval.

Paille et foins, acheteur M. Desplanches, Armand, à Orville par le Sap (Orne). Lui adresser prix et conditions.

A vendre ; Magnifiques **Pommiers à cidre**, aux prix exceptionnels suivants :

de 9 à 10 centimètres.	50 f.	»
de 10 à 11 —	75	»
de 11 à 12 —	100	»
de 12 et au-dessus.	125	»

Mesurés à 1 m. du sol. Des échantillons sont exposés à l'entrepôt central du Syndicat, à Laval.

Belle variété nouvelle de peupliers (dit régénérés) :

de 10 à 12 centimètres.	0 40
de 12 à 14 —	0 50

S'adresser à M. Gagneux, Charles, maire de Distré, près Saumur (Maine-et-Loire).

SYNDICAT DE CHARTRES

Marchandises en dépôt

Marchandises actuellement en dépôt :
Superphosphate minéral soluble au Citrate.
Phosphoguano ordinaire.
Phosphoguano surazoté.
Nitrate de soude.
Sulfate de cuivre.
Sulfate de fer.
Carbonate de soude.

Tourteaux de lin pour engraissement.
— de sésame blanc du Levant pour engraissement.
— de Coprah, Ceylan, pour vaches laitières.
Huile d'olive surfine, à 2 fr. le kilog.
Huile de sésame fine, à 1 fr. 11 le kilog.
Savon bleu à 0 fr. 50.
Savon blanc à 0 fr. 55 le kilog.

Les huiles sont fournies en bonbonnes de verre, cachetées et plombées par les expéditeurs, et par quantités de 25 kilog. environ.

Elles sont garanties absolument pures.

Les savons sont livrés en caisse de 25 à 30 kilog. également.

Enfin le dépôt contient également de l'huile minérale russe, (Ragosine) excellente et avantageuse pour le graissage des machines agricoles, au prix de 0 fr. 50 le kilog. (non logé), et de l'huile à brûler, double épuration à 0 fr. 80 le kilo. (logée), le tout en bonbonnes d'environ 25 kilog.

Toutes les substances ci-dessus sont fournies immédiatement contre paiement comptant, en s'adressant chez M. Mercier, comptable du syndicat, 4, place Saint-Michel, tous les jours de la semaine (dimanches et fêtes exceptés et le samedi avant midi).

Elles peuvent également être expédiées par chemin de fer transport à la charge de l'acheteur.

Le syndicat peut encore faire fournir à ses adhérents, et à des conditions très avantageuses :

1° Des ardoises provenant des mines d'Angers ;
2° Des tuiles ordinaires et des tuiles Muller.
3° De la chaux et du plâtre pour constructions ;
4° Des raisins pour boissons (Corinthe, Thyra, Samos, etc);
5° Des ronces artificielles et des grillages métalliques ;
6° Enfin toutes machines agricoles provenant des meilleurs fabriques, notamment des Trieurs Marot et des Tarares Denis.

Pour tous renseignements, s'adresser à l'Agent-Comptable.

Le Gérant, H. LEROUX.

Laval, Imp. H. Leroux.

6e Année Décembre 1893. N° 63

197

Ce Bulletin paraît le 15 de chaque mois.

BULLETIN AGRICOLE DE L'OUEST

Organe des Syndicats Agricoles
des départements du Finistère, des Côtes-du-Nord,
du Morbihan, de la Loire-Inférieure, d'Ille-et-Vilaine, de la Manche, de la Mayenne, de Maine-et-Loire, de la Sarthe,
de l'Orne, du Calvados, de l'Eure, d'Eure-et-Loir
et de la Seine-Inférieure.

Publié sous la direction de :

H. LÉIZOUR, (✱ M. A.) (♀ A.)
Professeur départemental d'Agriculture de la Mayenne, Directeur du Laboratoire agronomique, Président du Syndicat des Agriculteurs de la Mayenne,

GAROLA, (O. ✱ M. A.) (♀ A.)
Professeur départemental d'Agriculture d'Eure-et-Loir,
Directeur de la Station agronomique de Chartres.

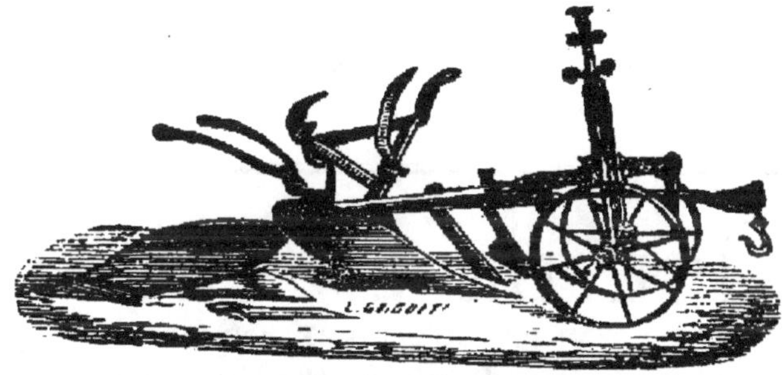

ABONNEMENTS

Les membres des syndicats adhérents sont abonnés gratuitement par leurs bureaux. — Pour les étrangers aux syndicats : **6 fr.** par an.

ANNONCES

De 1 à 4 annonces.	» 50c la ligne.	De 8 à 12 annonces	» 30c la ligne
De 4 à 8 —	» 40c —	Au-delà de 12.	» 20c —

Le bulletin publiera gratuitement les offres et demandes des Syndicats abonnés.

AVIS. — Tout ce qui concerne la rédaction, les Annonces et les Abonnements, doit être adressé à M. LÉIZOUR, rue de la Filature, 1, à Laval.

BULLETIN AGRICOLE DE L'OUEST

La fumure rationnelle des céréales. — Suite de la conférence faite par M. Garola à l'assemblée générale de la Société coopérative du 17 septembre.

Le premier de ces éléments favorise beaucoup le premier développement et le tallage, puis hâte très sensiblement la maturité.

L'azote joue un rôle moins important dans la production du blé. Il faut en ménager la distribution avec grand soin, pour éviter l'exubérance de la végétation herbacée qui compromet le rendement en grain, et favorise les végétations cryptogamiques parasitaires.

Blé de Mars.

A égalité de rendement en grains, le blé de mars a sensiblement les mêmes exigences totales en acide phosphorique et chaux que le blé d'hiver, mais il absorbe plus d'azote et de potasse. Toutefois on ne saurait trouver dans la comparaison de ces quantités totales, des raisons suffisantes pour expliquer les différences de besoins d'engrais des blés d'hiver et de printemps. Ces derniers sont, en effet, plus exigeants que les premiers sous le rapport de la fumure. Mais si l'on considère la marche de l'absorption des principes nutritifs, les faits s'expliquent facilement.

Le blé de mars, on effet, de la levée au tallage, qui ne sont séparés que par un bon mois, produit une quantité de matière organique relativement plus grande que le blé d'hiver pendant la même période, d'une durée près de six fois plus longue. L'absorption des principes nutritifs sans exception est alors plus rapide encore que la production de la matière végétale. Il y a donc un besoin d'engrais très développé au début de la végétation. La potasse, la chaux, puis l'acide phosphorique, sont alors absorbés avec une grande avidité. L'azote vient en dernier lieu.

Du tallage à la floraison, l'activité de l'absorption atteint son maximum comme pour le blé d'hiver ; mais c'est l'absorption de l'azote qui devient le fait prédominant. A la floraison, la plante a tiré du sol tout ce qu'il lui faut de potasse, de chaux et d'azote, mais elle continue à absorber l'acide phosphorique jusqu'à la maturité. En résumé, chez le blé de mars, l'assimilation marche sensiblement plus vite que chez le blé d'hiver, et avant le tallage, le besoin d'engrais est plus grand. Pour les deux blés, la potasse et la chaux sont les éléments absorbés avec le plus d'avidité jusqu'à la floraison ; le besoin d'azote se fait surtout sentir du tallage à la floraison, et il est plus intense pour la céréale de printemps. Le besoin d'acide phosphorique atteint son maximum au moment du tallage dans les deux cas ; il est plus grand pour le blé de mars.

Si maintenant, nous comparons le développement des racines chez les deux blés, nous voyons que le blé de mars est beaucoup moins bien pourvu que le blé d'hiver.

	Racines 0/0 de récolte.		Absorption moyenne journalière des éléments nutritifs par gr. de racine séché.	
	Blé d'hiv.	de mars.	Blé d'hiv.	de mars.
Tallage . . .	48 5	19 6	3 8	27 8
Floraison. . .	18 0	14 2	9 4	14 2
Maturité. . .	17 4	9 7	0 9	0 1

Pendant le tallage, le travail d'absorption de l'unité de racines est 7 fois plus fort pour le blé de mars que pour le blé d'automne. Il est encore une fois et demi plus fort jusqu'à la floraison. Le besoin d'engrais est donc beaucoup plus grand.

SEIGLE D'AUTOMNE.

Si l'on rapproche les quantités de principes nutritifs consommés pour une récolte de 35 hectolitres de seigle, de celles qui sont relatives au froment, on remarque que le seigle exige un peu moins d'azote et d'acide phosphorique. Il lui faut autant de chaux. Quant à la potasse, il en exige moins que le blé de mars, et plus que le blé d'automme.

Mais ces nombres ne donnent pas l'explication de ces constatations de la pratique, à savoir, que le seigle est moins exigeant en calcaire que le froment, bien que les deux plantes prélèvent à peu près la même quantité de chaux, pour produire une belle récolte, et, d'autre part, que le seigle soit, dans les sols médiocrement pourvus d'acide phosphorique, peut être plus sensible encore à l'action des engrais phosphatés que le froment qui absorbe une plus grande quantité totale de ce principe fertilisant.

Eh ! bien, si nous jetons un regard sur la marche de l'absorption des principes nutritifs, nous sommes de suite éclairés sur ces deux points. Pendant la première phase de la végétation du seigle, les éléments nutritifs considérés, seront absorbés avec plus de rapidité que ne se forme la matière végétale, comme nous l'avons dit pour le blé, Cela dénote déjà que le seigle est très sensible à l'action des engrais facilement assimilables, dès le début de la végétation et jusqu'à la fin de la floraison, car, du tallage à cette dernière phase, la rapidité de l'assimilation s'accentue encore plus que chez le froment.

Comme pour ce dernier, l'absorption de la potasse est encore la plus active jusqu'à la floraison. Mais au lieu que la chaux vienne immédiatement après, on la voit reléguée au dernier rang : nous comprenons dès lors sans peine, que le seigle soit moins exigeant que le blé sur la nature calcaire du terrain.

En observant la marche de l'assimilation de l'acide phosphorique, on voit que pendant la première jeunesse du seigle d'hiver, ce corps est celui que la plante absorbe avec le plus d'avidité, après la potasse. Dans les sols silico-argileux ou argilo calcaires, pauvres en acide phosphorique, comme c'est le cas de nos sols de la Beauce et du Perche, dérivés du limon des plateaux ou de l'argile à silex, les superphosphates ou les scories de déphosphoration doivent donc jouer un rôle capital dans le départ du seigle. Cette prépondérance de l'acide phosphorique, est remplacée, à partir du tallage, par celle de l'azote, mais jusqu'à la floraison et même la maturité, le besoin de ce premier élément minéral reste très vif.

Quant à l'azote, il est absorbé avec une extrême avidité, du tallage à la floraison.

On peut dire, en somme, que dans sa période automnale, le seigle *a faim d'acide phosphorique* et qu'il a surtout *faim d'azote* dans le temps qui s'écoule, depuis le tallage jusqu'à la fin de la floraison.

Chez le seigle d'hiver, le développement proportionnel des racines suit une marche voisine de celle que nous avons constatée chez le froment d'automne. Le travail d'absorption diurne de l'unité de poids de racines sèches est également de même ordre :

	Racines 0/0 de parties aériennes.	Absorption journalière par gramme de racines sèches.
	—	—
		milligrammes.
De la levée au tallage. .	44,4	4,1
Du tallage à la floraison .	17,8	9,1
De la floraison à la maturité.	17,8	2,0

Le travail radiculaire est deux fois et demi plus considérable pendant la seconde période que pendant la première, et il est en somme à cette époque à peu près égal à celui que nous avons trouvé pour le blé ! C'est alors aussi, qu'en général, les besoins d'engrais sont le plus intenses et que les fumures rapidement assimilables produisent le plus d'effet.

ESCOURGEON D'HIVER

Des quatre céréales examinées jusqu'ici, l'escourgeon d'hiver est celle qui présente les exigences totales les moins élevées. La potasse est absorbée en quantité beaucoup moindre que par les froments et le seigle ; la chaux également. L'acide phosphorique est en quantité à peu près égale à celle que l'on trouve dans le seigle et n'atteint que la moitié de celle que renferme le froment. C'est l'azote que la plante absorbe en plus grande abondance.

L'examen de la marche de l'absorption des éléments nutritifs nous montre que l'assimilation de ceux-ci est plus rapide que la fermentation de la matière végétale sèche, de la levée au tallage, et, surtout, du tallage à la floraison. Depuis cette dernière époque jusqu'à la maturité, l'absorption continue bien, sauf pour la potasse, mais avec une intensité décroissante. Comme pour les céréales précédentes, c'est donc au printemps, avant le tallage et jusqu'à la floraison pleine, que l'escourgeon présente le plus intense besoin d'engrais. Parmi les éléments fertilisants, la potasse est absorbée avec le plus d'avidité, bien que la quantité totale ne soit pas considérable ; la chaux vient ensuite : ce qui nous fait admettre que cette céréale préfère avant tout les sols calcaires argileux, riches en potasse, sans être trop humides l'hiver. L'azote vient en troisième ligne, et l'acide phosphorique au dernier rang.

Il y a là une différence très notable avec ce que nous avons constaté pour les autre céréales d'hiver, chez lesquelles le besoin d'acide phosphorique est presque toujours inférieur au besoin d'azote.

Dans des essais d'engrais faits dans les mêmes conditions et avec le même sol que mes recherches sur l'absorption, nous avons observé que, tandis que le sol sans engrais nous donnait 100 de grain, nous avions :

Avec azote et potasse	212
Avec azote et acide phosphorique	200
Avec potasse et acide phosphorique	122

L'azote est donc l'élément fertilisant qui a joué le plus grand rôle dans l'augmentation de la production.

L'escourgeon a un développement radiculaire relativement plus grand que le seigle et le froment d'hiver, pendant les deux périodes les plus ativés de l'absorption. Il en découle que le travail effectué par chaque unité d'organes souterrains doit être plus faible, et que l'escourgeon est moins exigeant sous le rapport de la fertilité naturelle ou acquise que les autres, car, si dans la période de maturation le contraire se produit, il n'en est pas moins vrai que la plante, prolongeant plus longtemps son activité radiculaire, peut mieux utiliser les réserves du sol.

Nous donnons ci-après, en regard du développement radiculaire, proportionnel, le travail d'absorption journalière d'un gramme de racine (supposé ici) :

	Racines 0/0 de parties aériennes (1)	Travail radiculaire moyen.
De la levée au tallage . .	58,9	2,6
Du tallage à la floraison .	21,5	8,9
De la floraison à la maturité	12,0	4,0

C'est aussi pendant la période qui va du tallage à la floraison, que le travail d'absorption est le plus considérable. Il est nécessaire, d'après les détails du phénomène, qu'à cette époque, le sol soit mieux garni, surtout d'azote, de chaux et de potasse facilement assimilables. L'acide phosphorique ne vient qu'ensuite.

Pendant la période de maturation, les racines continuent à travailler encore activement ; elles extraient l'azote avec autant d'avidité que précédemment, ainsi que la chaux et l'acide phosphorique plus vivement que jamais. L'absorption de la potasse est finie, comme nous l'avons déjà vu pour le blé.

---

(1) Racines sèches, pour 100 de parties aériennes sèches.

ORGE A DEUX RANGS DE PRINTEMPS

De même que le blé de mars est relativement plus exigeant que le froment d'automne, ainsi l'orge à deux rangs, de printemps, a des besoins d'engrais plus élevés que l'orge carrée d'hiver ; et l'expérience nous a prouvé que ces besoins sont d'autant plus considérables que le semis est plus retardé.

Pour un égal rendement, l'orge d'été a besoin de tirer du sol plus d'azote et de chaux, beaucoup plus d'acide phosphorique et de potasse que l'escourgeon d'hiver.

L'étude de la marche de l'absorption des éléments nutritifs, nous montre que l'azote et l'acide phosphorique, sont les aliments dont le besoin, sous forme rapidement assimilable, se fait le plus sentir. La chaux et la potasse, au contraire, sont assimilés avec moins d'avidité.

Les essais d'engrais nous ont montré que l'acide phosphorique favorisait énormément le premier développement et le tallage de l'orge, ainsi que sa maturation précoce.

Il suit de là, que dans la culture de l'orge de printemps, l'emploi du nitrate de soude et du superphosphate (aussi des scories dans les sols non calcaires) est tout indiqué. Les sels de potasse, au contraire, ne doivent pas produire beaucoup d'effet. Dans les expériences que nous avons poursuivies à Cloches et à Luci, l'emploi de la potasse n'a jamais été favorable à l'orge, et cependant le sol de ces champs d'expériences renferme un peu moins de 1 gr. de potasse par kilogramme. Nous voyons aujourd'hui pourquoi : c'est la conséquence d'un mode d'absorption lent et régulier, qui permet à la plante de tirer du sol tout ce qui lui est nécessaire. Au contraire de ce qui a paru pour la potasse, nos essais culturaux depuis 1885, nous ont toujours donné les meilleurs résultats, par l'emploi du nitrate de soude et du superphosphate.

Le développement radiculaire relatif de l'orge est assez considérable, bien qu'il soit inférieur à celui que nous constaterons pour l'avoine. Voici dans quelles proportions sont développées les racines aux diverses phases de la végétation, et quelle est l'intensité de l'absorption diurne de l'unité radiculaire :

	Racines 0/0 des parties aériennes.	Travail radiculaire moyen diurne. milligrammes
De la levée au tallage .	52	7,1
Du tallage à la floraison.	45	9,4
De la floraison à la maturité.	11	6,0

C'est pendant la deuxième période de la végétation de l'orge de printemps que l'activité radiculaire atteint un maximum. A partir de l'épiage, l'absorption par gramme de racines diminue très sensiblenent. Avant le tallage, au contraire, les racines fonctionnent presque avec la même intensité que jusqu'à l'épiage. C'est donc surtout dans la période qui s'étend de la levée à la floraison, principalement depuis les environs du tallage,que le besoin d'engrais est le plus intense. L'azote est plus demandé dans la première phase, tandis que l'acide phosphorique l'est un peu plus dans la seconde.

AVOINE DE PRINTEMPS

Nous allons terminer cette revue des principales céréales, par l'avoine de printemps, qui tient, après le blé, la plus grande place dans nos cultures. Nous laisserons de côté le sarrazin plus particulièrement cultivé en Bretagne, le maïs, qui demande pour mûrir le chaud soleil du Midi, et le millet qui est la principale céréale africaine. Vous cultivez dans la Picardie et l'Artois : il faut fermer la fenêtre sur les trop vastes horizons, et nous borner, car la carrière à parcourir est longue encore.

Une belle récolte d'avoine consomme beaucoup plus d'azote et de potasse, autant d'acide phosphorique et presque autant de chaux, qu'une bonne récolte d'orge. L'avoine est cependant beaucoup moins exigeante en engrais que cette dernière. L'état de la marche de l'absorption et du développement des racines va nous expliquer cette anomalie apparente.

Quand on examine la marche suivie d'une part par la formation de la substance végétale, et de l'autre, celle de l'assimilation des éléments nutritifs, on est frappé de la régularité presque rectiligne des couches représentatives de ces phénomènes. Cela indique que la plante peut absorber au jour le jour, pendant toute sa vie, les éléments fertilisants, et qu'à aucune époque elle n'en éprouve un besoin extraordinaire, sauf *pour l'azote* dont le besoin se fait sentir avec une très grande intensité de la levée au tallage, puis de là, jusqu'à l'épiage.

L'avoine a donc besoin de trouver, avant l'épiage, dans le sol où elle végète, une provision d'azote très rapidement assimilable. Le nitrate de soude employé à petite dose sera très favorable à la production. Les engrais phosphatés solubles ne semblent pas aussi nécessaires. Il suffit que la plante trouve à sa disposition pendant tout le cours de sa vie, le quantum total de cet élément qu'elle absorbe. Elle n'en est pas affamée à certaines époques, comme d'azote. Il en est de même de la chaux. Il y a là une différence notable avec ce que nous avons constaté pour l'orge.

La potasse présente, à la fin de la végétation, une activité d'absorption plus grande qu'au début, sans que, dans aucun cas, elle ne dépasse l'activité de formation de la matière organique.

Ces résultats expérimentaux nous conduisent à admettre que la fumure de l'avoine doit surtout être azotée, et qu'il faut lui fournir, dès le début, de l'azote très soluble. On obtient toujours de belles avoines sur les défrichements de prairies artificielles, qui laissent un sol très riche en azote rapidement nitrifiable.

L'emploi de nitrate de soude, après un blé qui a reçu des engrais phosphatés, dans les sols pauvres en cet élément, donne aussi de bons résultats. Les superphosphates employés à doses variables, ne donnent pas d'accroissements comparables à ceux qu'ils procurent pour l'orge du printemps, le blé ou les racines.

Le développement radiculaire de l'avoine est relativement beaucoup plus considérable que celui de l'orge de printemps, et le travail radiculaire, par suite, généralement moins élevé. Voici quelques chiffres pour fixer les idées :

	Racines 0/0	Travail radiculaire moyen.
Tallage.	79,6	10,3
Floraison	100,0	1,5
Maturité	66,6	1,2

Le travail radiculaire total est environ 7 fois plus grand avant le tallage qu'après. Mais c'est surtout pour l'azote, que la différence s'accentue. L'avoine a donc besoin d'engrais avant le tallage, mais le besoin d'azote est à lui seul 3 fois plus intense que celui de tous les autres éléments réunis.

Chez l'orge, le travail radiculaire est considérable pendant toute la végétation ; cette céréale est donc beaucoup plus exigeante que l'avoine.

En résumé par ordre croissant d'exigences en engrais rapidement assimilables, nous classons les céréales de cette manière :

1° Avoine.
2° Escourgeon d'hiver.
3° Seigle d'hiver.

4° Froment d'hiver.
5° Orge de printemps.
6° Blé de mars.

Tels sont, Messieurs, les besoins absolus des céréales. Nous sommes fixés sur les quantités totales d'éléments nutritifs que les plantes doivent tirer du sol, nous savons ceux pour lesquels elles ont le plus d'avidité, et à quelles époques et sous qu'elle forme il faut que la céréale les trouve à sa disposition. La question de la fumure rationnelle n'est cependant pas complètement résolue. Nous ne cultivons pas en effet du sable stérile, mais des terres d'une fertilité relative ; et si nous avons déterminé les besoins d'aliments des plantes qui nous intéressent, il nous reste à supputer dans quelle mesure le sol peut participer à la nutrition de nos récoltes. C'est de la comparaison des besoins des plantes, avec les ressources disponibles des terrains que nous déduirons la fumure indispensable et économique.

D'aucuns trouveront peut-être que nous entrons dans des développements trop scientifiques, devant des praticiens comme vous, mais nous avouons que nous n'avons pas encore trouvé le moyen de résoudre les grandes questions agricoles, sans les étudier à fond, sans les retourner sous toutes leurs faces. Les clartés que la science nous donne, seules, peuvent nous permettre d'apporter au cultivateur, des conclusions vraiment pratiques. C'est depuis que les agronomes se donnent la peine d'expérimenter avec patience, et d'étudier avec minutie, que la pratique des engrais a fait des progrès, et que nous avons pu indiquer avec précision, à l'agriculteur, la formule vraiment économique, convenable à chaque situation donnée.

Bien que cela puisse sembler paradoxal, plus un problème agricole est abordé scientifiquement, plus aussi peuvent être pratiques les solutions à intervenir. Si la semaille est pénible, la récolte est mieux assurée.

C.-V. Garola.

(Extrait du *Progrès agricole*).

Urgence d'obtenir des fourrages précoces. Des moyens à employer.

Les questions multiples relatives à l'alimentation du bétail, méritent cette année d'être étudiées dans toute l'étendue qu'elles comportent.

Nous avons, dans un précédent article, préconisé l'emploi des tourteaux comme étant, sans conteste, dans l'état actuel des choses, les matières alimentaires les plus économiques à employer. Les tourteaux permettent, en effet, par suite de leur grande richesse en matières protéiques, de former, avec des fourrages volumineux et peu nutritifs, une ration de nature, au pis aller, à sauver le cheptel pendant la saison d'hiver.

Parer aux éventualités qui pourraient contribuer à provoquer un trop grand affaiblissement chez les animaux, tel est, pour le présent, ce qu'il faut chercher à obtenir, s'il n'est possible de mieux faire.

C'est pendant la dernière période de la saison d'hiver qu'ils auront le plus à souffrir des privations, c'est-à-dire en février et mars. Le problème important à résoudre consiste à obtenir des fourrages verts précoces, des coupages, qui permettraient d'améliorer à cette époque la ration alimentaire.

L'application sur certaines récoltes fourragères, de fumures rationnelles, avec des engrais immédiatement solubles, est le plus puissant moyen à mettre en œuvre pour obtenir ce résultat,

Dans la Mayenne les effets remarquables du superphosphate sur toutes les plantes en général, ne font plus de doute pour personne. Employé à la dose de 600 kilos à l'hectare, il convient, sans addition d'autres engrais, aux coupages de la famille des crucifères : navets navette et colza, de même que pour les légumineuses ; trèfle incarnat et vesces. Il devra être employé au commencement de janvier, pour que les pluies favorisent sa pénétration jusqu'aux racines des plantes avant le réveil de la végétation.

Par l'application de cette fumure, on pourra obtenir pour les fourrages indiqués ci-dessus, une avance de 15 jours à trois semaines, tout en contribuant puissamment à l'augmentation du rendement.

Le superphosphate convient également aux fourrages appartenant à la famille des graminées : seigle et avoine. Ces plantes sont en outre très sensibles à l'action des engrais azotés, qui sont principalement absorbés à l'état de nitrates. Mais comme les nitrates ne prennent naissance que sous l'action simultanée de la chaleur et de l'humidité, ils se trouvent en très faible quantité dans le sol lorsque la végétation commence à se manifester. La végétation est, en conséquence, subordonnée à leur formation. C'est ce qui explique l'effet si remarquable, dont tous les cultivateurs ont pu se rendre compte, obtenu par l'application du nitrate de soude, sur les graminées principalement.

Cet engrais employé au moment opportun, à raison de 200 kilos à l'hectare sur le seigle et l'avoine, destinés à être consommés en vert, permettrait, dans bien des cas de doubler le produit de la récolte tout en s'assurant d'une grande précocité.

Sur les prairies hautes, bien exposées au midi, la même fumure que ci-dessus, au superphosphate et au nitrate de soude, donnerait un pâturage abondant en commencement de saison, sans préjudice d'une forte coupe de foin, pour peu que le temps soit favorable.

Le purin est un engrais éminemment azoté, qui peut remplacer, employé à assez fortes doses, le nitrate de soude. Nous engageons vivement les cultivateurs qui en auraient en réserve de l'utiliser pour la production fourragère.

Sur les luzernes et les trèfles de saison, bien plantés, la meilleure fumure consiste dans l'emploi de 600 kilos de superphosphate et 100 kilos de chlorure de potassium, à l'hectare, le tout employé dans la première quinzaine de janvier.

Si l'on se trouve en présence de vielles luzernes sacrifiés et de trèfles clair-semés, envahis par les graminées, la dose de superphosphate pourrait être réduite à 400 kilos et le chlorure de potassium, devrait être remplacé par 200 kilos de nitrate de soude.

Cette fumure permettrait d'obtenir un fort produit mixte de légumineuses et de graminées, là où il ne faut s'attendre à récolter, sans le concours des engrais, qu'un maigre pâturage.

Quelle que soit l'abondance de la production fourragère en 1894, les divers fourrages seront forts recherchés, et conserveront des prix élevés. Les cultivateurs prévoyants qui appliqueront des fumures rationnelles n'auront qu'à s'en louer.

Malheureusement, nous ne nous faisons aucune illusion à ce sujet, beaucoup d'entre eux vont se trouver dans l'impossibilité de faire face à ces dépenses de première nécessité. Aussi nous nous bornons à demander que chacun, dans la mesure de ses moyens, fasse le nécessaire pour obtenir sur une certaine étendue, soit un ou plusieurs fourrages précoces à donner à l'étable. soit en abondant pâturage, pour éviter, si possible, des pertes irréparables qui seront trop fréquentes, pendant la dernière période de l'alimentation d'hiver.

G. Peyras.

Prairies naturelles. — Influence de la sécheresse sur le changement de la nature de l'herbe. — Fumure et régénération.

Le deux années de sécheresse excessive qui viennent de se succéder ont amené, dans les prairies hautes surtout, la disparition totale ou partielle d'un grand nombre de bonnes plantes qui forment pour ainsi dire la base des prairies naturelles.

Parmi les plantes qui redoutent le plus la sécheresse prolongée se trouvent les excellentes graminées suivantes : *Paturins, fétuques, agrostin, ray-grass* vivace, *flouve odorante, crételle* et *vulpin des prés, fléole*, etc., en un mot des herbes à racines traçantes et d'autant plus superficielles qu'elles émettent constamment de nouvelles racines au dernier nœud vers la base de la tige, elles ont donc des tendances à se déchausser et sont par conséquent plus exposées à disparaitre.

Les plantes qui résistent le mieux (à part les légumineuses *petits trèfles, minette*, etc., alimentées par de longues racines) pourraient être classées sinon dans les plantes nuisibles tout au moins parmi les inutiles. Si elles ne sont pas dures et coriaces comme la *jacée* (fourche-ferrée), la *carotte sauvage*, elles ont des feuilles en rosette qui prennent beaucoup de place, comme la *porcelle*, le *pissenlit*, le *plantain lancéolé*, la *scorsonnère*, etc., et lorsqu'on le fauche, les andains sont encore assez gros, puis en séchant tout s'en va et le rendement est insignifiant.

Le ver blanc et même le ver gris ont aussi, dès cette année, faits des dégâts de place en place, mais c'est surtout la sécheresse qui a le plus dépeuplé bien des prairies.

Posons d'abord ce principe connu de tout le monde, que les engrais azotés, *fumier, purin, nitrate de soude*, poussent au développement herbacé des graminées surtout et que les engrais phosphatés et potassiques favorisent principalement les légumineuses.

Pour la fumure rationnelle des prairies, on emploie, en année ordinaire des terreaux qui rechaussent les graminées et apportent surtout, comme élément fertilisant, la matière azotée, il en est de même pour le fumier lorsqu'il en reste. Avec un complément de phosphate ou superphosphate on obtient ainsi une récolte abondante et de bonne qualité.

Cette année les engrais de ferme font défaut, cependant, plus que jamais, il faudrait fumer, c'est le point de départ pour se relever de ces mauvaises années. Le foin sera encore très cher en 1894, nous aurions en outre besoin de reconstituer nos prairies et de hâter l'arrivée d'un pâturage précoce au printemps.

Après les engrais phosphatés, dont il est question plus loin, il serait bon d'épandre en février, mars, 150 à 200 k. de nitrate de soude par hectare, ainsi que des graines de foin dans les parties les plus claires et lorsque la terre est ferme et bien ressuyée. M. Léizour conseille de herser énergiquement les prairies dans les deux sens, sans tenir compte de ce qu'on arrache, plus on meurtrit les graminées plus elles tallent et se multiplient.

Les phosphates (Ardennes-Meuse) ou indifféremment les scories doivent être employés avant l'hiver. La gelée qui boursoufle et rend la terre spongieuse, favorise la pénétration de l'engrais dans le sol, aidée en cela par la neige et les pluies qui servent de véhicule. On les emploiera donc avant la fin de l'année, à la dose de 500 à 1000 kilos par hectare, suivant que l'on veut obtenir un résultat plus immédiat et plus durable.

L'effet sera nul si on les emploie tardivement surtout dans les prairies calcaires, sèche et dans toutes celles où le terrain est dur et imperméable.

Le superphosphate sera préféré pour ces derniers cas, mais il sera néanmoins employé de bonne heure, avant la fin de l'hiver, à la dose de 400 kilos à l'hectare. Employé trop tard, si le printemps est sec, on se souvient de 1893, son effet serait insignifiant.

Certains cultivateurs n'emploient pas ces engrais sous prétexte que c'est dangereux pour les animaux, qui pâturent l'herbe sur laquelle on les a semés, c'est une mauvaise raison, attendu que la moindre pluie lave les feuilles et lors même qu'il en resterait des parcelles il n'y aurait aucun danger puisque certains éleveurs font entrer le phosphate de chaux dans la ration de leurs jeunes animaux.

Examinant maintenant le côté pratique de la fumure, voici le résultat sur lequel on peut compter :

Dépense 35 fr. environ par hectare en phosphate ou

superphosphate. Augmentation de récolte 1.000 k. de foin au moins, chacun en sait le prix, sans parler de la plus-value comme qualité et du résultat pour les années suivantes.

S'il y a lieu de *nitrater* au printemps et si on peut le faire on peut estimer sans crainte qu'à la dose de 150 à 200 k. le nitrate augmente, en moyenne, le rendement de 1.500 à 2.000 k. par hectare.

P. MASSERON.

Le sulfatage des céréales

On a répandu à profusion dans la campagne, au moment des ensemencements d'automne, un journal intitulé *Le Germinateur*, qui publie de nombreuses attestations d'agriculteurs de toutes les régions de la France qui sont favorables à l'emploi pour le chaulage des blés du *Germinateur* du Dr Quarante.

M. le Dr Quarante offre d'envoyer franco à tout agriculteur qui lui en fera la demande un sachet de germinateur pour chauler un hectolitre de semence.

Beaucoup d'agriculteurs, malheureusement, n'ont pas l'habitude des expériences précises et ne font pas leurs essais dans des conditions assez exactement déterminées pour que les conclusions qu'ils en tirent aient une suffisante valeur. Les attestations publiées par M. le Dr Quarante me paraissent en fournir la preuve.

Il y a intérêt, je pense, à leur présenter comme modèle deux expériences qu'il leur sera facile de répéter en employant le sachet de germinateur que leur offre le Dr Quarante. Ces expériences ont été faites à l'école pratique d'agriculture du Neubourg (Eure) par son habile directeur, M. Pargon.

Elles sont nettement exposées dans la note suivante de M. Pargon, que j'ai l'honneur de présenter à la Société.

L'expérience avait pour but de déterminer : 1° si le germinateur est un excitateur végétal ; 2° s'il est efficace contre les maladies cryptogamiques, spécialement la carie. Elle était faite sur la demande de M Schribaux qui fournissait le grain (blé de Saumur) le germinateur et le sulfate de cuivre nécessaires.

1re expérience. — Un litre de blé aspergé avec 90 grammes d'eau, un litre aspergé avec 90 grammes d'une solution renfermant 2 pour 100 de germinateur, furent semé le lendemain de l'aspersion (28 mars) dans deux carrés contigus ; en même temps, dans un troisième carré on sema un litre de même blé sec. La terre contenait 20 pour 100 d'humidité : aucune pluie ne survint de la semaille à la levée, et la température fut sensiblement plus élevée que la moyenne habituelle. Les deux échantillons mouillés à l'eau et au germinateur levèrent le 5 avril, sans présenter de différences appréciables. Le blé semé sec leva le 6 avril.

2e expérience. — On fit usage de blé souillé de spores de carie.

a. — Un demi-litre fut aspergé et soigneusement brassé ensuite, avec 50 grammes d'une solution de germinateur à 2 pour 100.

b. — Un demi-litre subi l'aspersion avec une solution de sulfate de cuivre à 3 pour 100 ; après un brassage soigné, il fut saupoudré de chaux.

c. — La même quantité de semence fut immergée une minute avec agitation dans une solution de sulfate de cuivre à 3 pour 100 et également saupoudrée de chaux.

Le lendemain du traitement, c'est à dire le 28 mars, les trois échantillons furent semés dans des conditions identiques aux trois carrés de la première expérience.

La levée eut lieu le 5 avril. La végétation suivit son cours normale, le terrain était suffisamment profond et fertile, les parcelles ne souffrirent pas de la sécheresse persistante de l'été.

A la récolte, le 1er août, on préleva sur chaque carré 740 épis ; ont les égrena à la main pour être bien certain de leur état sain ou malade.

Le blé traité au germinateur contenait 34 pour 100 d'épis cariés ; l'échantillon traité par aspersion au sulfate de cuivre 0,8 pour 100 et celui traité par immersion dans le même produit 1,08 pour 100.

PRILLIEUX.

Inspecteur général de l'Enseignement agricole.

(Extrait de l'*Agriculture nouvelle*).

Les marchands d'engrais

Il y a quelques semaines, me promenant dans la plaine, je trouvai un brave paysan qui hersait son seigle. Après les salutations d'usage, s'engagea la conversation suivante:

Le paysan. — Il paraît que vous avez fait cette année, malgré la sécheresse, une récolte superbe : P..., le ba -

teur, m'a dit que cela vous faisait neuf sacs de blé à l'arpent.

Ruralis. — Il ne vous a pas trompé.

Le paysan. — Comment faites-vous donc pour arriver à ce résultat, puisque votre terre n'est pas meilleure que la mienne et que je cultive aussi bien que vous ?

Ruralis. — J'ajoute des engrais du commerce au fumier de ma ferme.

Le paysan. — Mais j'en sème aussi, et cependant cela ne me donne pas grand résultat : ainsi, l'an passé, j'ai semé par arpent quatre balles de guano à 13 francs tout en fumant avec du fumier ordinaire ; je crois que j'aurais récolté tout autant si je m'étais contenté de mon fumier.

Ruralis. — Ainsi vous ne remettez plus d'engrais dans vos terres.

Le paysan. — Si, car cette année, mon fournisseur ne me le vend que 11 francs et il est meilleur.

Ruralis. — Alors vous l'avez fait analyser?

Le paysan. — Non, mais le marchand me l'a assuré.

Ainsi voilà un brave cultivateur qui enfouit inutilement chaque année, dans sa terre, pour 40 à 50 fr. d'engrais tandis que pour 12 à 15 fr seulement, il obtiendrait une récolte bien supérieure.

Parlons maintenant des marchands d'engrais; les types sont nombreux et variés ; en voici quelques-uns :

Et d'abord, il y a le marchand honnête qui se contente d'un bénéfice honnête ; c'est un personnage bien rare sur lequel je n'ai rien à dire.

Puis vient le marchand qui livre des engrais de bonne qualité, mais en les faisant payer beaucoup trop cher ; ce nouveau personnage deviendra de plus en plus commun.

Parlons maintenant du marchand *à l'unité*. Qu'entend-il par là? C'est peut-être *au degré* qu'il veut dire. Cela a mis, voici comment il procède : « Messieurs, dit-il aux cultivateurs, avec moi pas de surprise, je vends à l'unité plus il y aura d'unités plus vous payerez. » Aussi, quand les semailles sont faites et que la dernière parcelle de l'engrais fourni a disparu, notre marchand s'en va de maison en maison régler le montant de ses ventes, Si le cultivateur a fait analyser son engrais, il ne peut être volé que sur le prix ; si, au contraire, — et c'est ce qui a lieu généralement pour épargner les frais d'analyse, — il ne l'a pas fait, il est obligé de croire son vendeur sur parole, et il a beaucoup de chances d'être volé à la fois sur la qualité et sur le prix de l'engrais.

Passons maintenant à un quatrième type. Ce dernier

envoie des représentants sur les marchés. Là, il s'agit de trouver un gros cultivateur influent de la région à qui on vendra 2 ou 3 wagons d'engrais, à perte au besoin, Une fois ce résultat obtenu, il n'est pas difficile d'appâter le menu fretin. « Voyez, Messieurs, dit le courtier en engrais, voyez la commande de M. X... Vous ne direz pas qu'il ne connaît rien à l'affaire; si l'engrais n'était pas bon, il n'en prendrait pas, etc., etc. » Grâce à ce petit boniment. 40 ou 50 wagons d'engrais se trouvent facilement écoulés dans la contrée. Quelquefois même, — et cela est arrivé à M.., — si M. X. n'a demandé que 500 k. d'engrais pour se débarrasser de l'importun, on ajoute un zéro au bout. A. M. X. on sert bien l'engrais demandé en quantité et en qualité, car M. X. fait analyser, mais à la masse des humbles on envoie un engrais qui dose souvent moitié moins.

Voici encore un nouveau type. Celui-là parcourt les campagnes et tâche de trouver dans chaque commune un brave cultivateur à qui il offre un dépôt de l'engrais qu'il vend. Très souvent notre paysan accepte, comptant payer l'engrais dont il a besoin avec le bénéfice réalisé sur celui qu'il vendra. Mais le marchand a bien soin de lui faire passer un marché ferme d'un wagon ou deux, et le tour est joué. C'est ainsi qu'à S. un *particulier* avait acheté un wagon d'engrais à 14 fr. les 100 kgr. pour le revendre 19 fr. analysé, il ne valait que 5 fr. 50 tout au plus. Cette année encore, un autre cultivateur du Perche a vu de même sa bonne foi surprise et le voilà avec plusieurs wagons d'engrais valant à peine 7 fr. les 100 kgr. et qu'il est obligé de vendre le double.

Enfin nous terminerons par le marchand qui vend *au prix du Syndicat*. Je laisse la parole au *Bulletin des Syndicats agricoles du Loiret :* « Nous avons vu l'année dernière, dans notre région. un intermédiaire acheter au même fabricant que le Syndicat, des superphosphates et les vendre 0fr. 25 moins chers. Voici comment il procédait : il achetait des superphosphates *Bas titre*, dont les sacs étaient marqués au nom du fournisseur, comme pour le Syndicat, et sans désignation du titre puis il ajoutait lui-même *Titre riche* ; il avait soin cependant de ne pas donner de facture ; il offrait ensuite les *mêmes engrais que le Syndicat et au même prix* ; fournissant un dosage de 10 à 12 degrés d'acide phosphorique au lieu de 13 à 15, il gagnait encore 1 fr. à 1 fr. 50 par sac.

Donc, cultivateur, mes amis, faites analyser ; et si par hasard vous étiez volés, n'essayez pas de faire condamner votre voleur, vous n'en viendriez pas à bout, mais n'y retournez plus.

Quand on songe à toutes ces difficultés qu'a rencontrées le Syndicat agricole de Chartres pour faire condamner un fraudeur de nitrate, il est évident qu'un simple *particulier* ne pourrait arriver à ce résultat.

Voyez plutôt ce qu'en dit le journal cité plus haut.

« La prise d'échantillon est déjà la première difficulté il faut des témoins ou s'adresser au chef de gare, qui ne s'y prête pas toujours ; cacheter les flacons, rédiger un procès-verbal ; il faut ensuite envoyer l'échantillon, mais à qui ? la plupart des cultivateurs l'ignorent. Il faut encore écrire et envoyer une somme dont on ne connaît pas l'importance pour frais d'analyse.

« Le fournisseur connaît toutes ces difficultés, mais en admettant que l'agriculteur fasse faire l'analyse et que le résultat soit défavorable, il a d'autres expédients à sa disposition

« Il a soin d'examiner si tout s'est passé en règle, c'est-à-dire s'il y a eu prise d'échantillons, procès-verbal de double échantillon, etc., et il refuse de donner satisfaction si tout n'est pas régulier. Si tout est correct, il excipe de ce qu'il n'a pas été appelé contradictoirement, que l'échantillonnage a été mal fait, que l'on n'a pas amployé la sonde, instrument qu'aucun cultivateur ne possède, que les sacs n'ont pas été vidés, etc.

Et le malheureux cultivateur, qui n'est pas de force, jure un peu tard qu'on ne l'y prendra plus.

« S'il n'a rien à dire, il réclame une contre-expertise pour embarrasser encore l'agriculteur, et enfin s'il succombe, il paie la différence, il perd un peu d'argent, mais il en a gagné pas mal avec d'autres, s'il ne cherche pas toutefois à entamer un procès où il sait que le cultivateur ne le suivra pas, préférant tout perdre au besoin que de plaider. »

RURALIS.

(Extrait du *Progrès d'Eure-et-Loir*).

Encore de l'encaissement des traites

Nous avons donné, au *Bulletin agricole de l'Ouest* du mois de septembre dernier, page 172, des renseignements sur le paiement des traites en cas de non présentation au jour de l'échéance.

De nouvelles plaintes nous sont parvenues.

Un de nos adhérents avait une traite payable le 15 septembre ; ce jour-là on ne s'est point présenté chez lui, mais le 18 seulement dans la soirée. En son absence, l'encaisseur a laissé un mot pour l'informer qu'il ait à porter les fonds le lendemain à la ville dont il est éloigné de 7 kilomètres, et avant neuf heures du matin. Il ne s'est pas dérangé, et, par exploit d'huissier en date du 22 septembre, dont le coût est de 12 fr. 78, on le met en demeure de payer et la traite et les frais.

Nous avons voulu savoir si ces prétentions étaient fondées, et voici la réponse qui nous a été faite ;

« Ainsi que nous vous l'avons expliqué, en réponse à une question analogue, le paiement des effets de commerce (lettres de change, traites ou billets) doit être réclamé le jour même de l'échéance (Code de commerce, art. 161) au domicile du débiteur, à moins de stipulation contraire (Code civil, art. 1247). Et le protêt ne peut être fait, en cas de non paiement, que le lendemain de l'échéance (C. comm., art 162).

« Le porteur de la traite dont vous êtes débiteur ne vous l'ayant pas présentée le 15, jour de l'échéance, n'a pas pu faire de protêt régulier le lendemain 16, et si ce protêt a été fait à tort, vous n'en devez pas le montant. S'il s'agit, non d'un protêt, mais d'une simple sommation, vous n'en devez pas davantage supporter les frais, du moment où vous êtes prêts à payer le principal de l'effet. »

Nous rappelons que, dans le cas où l'échéance d'une traite tombe un dimanche ou un jour férié, elle peut être présentée la veille.

L'agent comptable du Syndicat agricole de Chartres,
MERCIER.

Trucs éventés

A la campagne maintenant, on lit plus que jamais. Pas un village qui ne voie, le dimanche au moins, ses marchands de journaux, ses *journalistes* — ainsi désigne-t-on les porteurs chez nous — saluez, grands écrivains !

La plupart des cultivateurs ne reviennent guère du marché sans rapporter une feuille publique.

Les jours fériés, l'hiver à la veillée, l'été pendant la *méridienne*, cette feuille est lue et relue de la première à la dernière ligne. Tout citoyen s'intéresse aux affaires du pays, c'est son droit.

Je désirerais attirer l'attention ou plutôt détourner l'attention que le travailleur des champs pourrait accorder à certaines annonces mensongères qui s'étalent en gros caractères soit à l'intérieur, soit à la quatrième page de quelques journaux.

Reproduisons plusieurs de ces annonces.

ON DEMANDE aux environs de Paris un régisseur pour surveiller une propriété de 500 hectares. Appointements annuels : 4.000 fr. — Logé, chauffé, etc. — On prendrait de préférence jeune homme possédant quelque instruction et connaissant à fond le travail de la campagne. — Ecrire à M. X. rue Z. Paris. Joindre timbre pour réponse.

Et d'une. — A la seconde.

ON OFFRE à cultivateur intelligent le moyen facile et commode de gagner de 5 à 10 fr., par jour. — Ecrire M. V. rue T. Paris. — Timbre pour réponse.

Passons à la troisième et dernière.

AGENCE COLONIALE INTERNATIONALE. — Offres gratuites de 200 hectares en terrain les meilleurs. — Terres de 1re classe. — Rapport 50 hectolitres au minimum à l'hectare. — Prairies fertiles. — Maison de maître. — Transport gratuit. — Fortune assurée en 10 ans. — Très sérieux, très pressé — Ecrire de suite à M. S. Paris. — Timbre pour réponse.

. . . .

Alléché par la première annonce, un mien ami écrivit tout dernièrement à M. X. pour obtenir le poste de Régisseur.

Songez donc! Une place de Régisseur. Rouler en voiture à quatre roues. Surveiller des propriétés. Commander en Maître. Pas de travail pénible. 4000 fr. assurés par an. Habiter un châlet tout près de la capitale. Quelle bonne aubaine !

Il n'avait pas oublié le timbre. Le surlendemain M. X. répondit qu'il avait pris bonne note de la demande. Il priait l'intéressé d'envoyer 10 fr. pour frais de renseignements et de correspondance.

A la réponse était annexés :

1° Un modèle de lettre pour la mairie afin d'obtenir aussitôt sur papier timbré le certificat de bonne vie et mœurs, 2° un modèle de demande du casier judiciaire à M. le procureur de la république de l'arrondissement.

Mon ami se crut déjà bombardé aux environs de la grande ville. C'était sérieux pour réunir toutes ces pièces, pour exiger toutes ces garanties. Il fallait se diligenter. Les 10 fr. furent expédiés, et rondement.

Huit jours se passèrent, un mois s'écoula. Une seconde réponse arriva enfin. Réponse désolée.

Au moment de signer le contrat, le richissime propriétaire s'était déjugé. Un parent lui avait trouvé le gérant qu'il cherchait. On ne pouvait que regretter cette cause absolument imprévue ; mais comme les renseignements fournis sur la probité, l'honorabilité, la solvabilité de notre aspirant régisseur était excellents, si celui-ci voulait bien s'abonner à un journal spécial lu par les nobles étrangers possesseurs de maisons de campagne, et traduits en toutes les langues, sous un mois, grâce à cet abonnement et eu égard aux bons certificats recueillis, la place qu'il enviait serait sienne. Un abonnement de trois mois suffisait. Coût 40 centimes, les 40 centimes furent de nouveau adressés.

Notre ami, grand enfant, attend encore aujourd'hui et son journal et son poste de Régisseur.

. . . .

Parlons de la seconde annonce, le gogo cette fois était votre serviteur, moi-même en personne.

J'écrivais à l'adresse indiquée, J'obtenais une réponse. On ne me demandait pas de références. L'article que l'on m'offrait à placer était un article unique, à peine connu, et pourtant indispensable dans chaque ferme, Si je voulais envoyer 5 fr., l'article en valait 10, je restais le seul dépositaire du canton. En cas de non acceptation les fonds étaient retournés immédiatement, J'adressais un mandat de 5 fr., je recevais, devinez ... je vous le donne en mille.... je recevais une brosse, mais une brosse à nom ronflant : Une brosse électro-magnétique.

Cette brosse guérissait les maux de têtes et névralgies, empêchait la chûte des cheveux, les faisait repousser et noircir.

La brosse valait bien 20 sous, j'étais roulé, refait, j'étais brossé, quoi?

On ne m'a pas rendu mes 5 fr., J'ai gardé la brosse. Malgré son emploi mes pauvres cheveux grisonnent et s'éclaircissent.

Mais, cette brosse, ne l'accusez pas à la légère. Si elle ne m'a pas préservé des menaces de la calvitie, elle m'a guéri d'une crédulité trop naïve, c'est beaucoup.

Je ne serai pas brossé deux fois. Puissent ceux qui liront cet article ne pas l'être à leur tour. La moindre réflexion ne leur fera-t-elle pas comprendre qu'un poste

de régisseur n'est pas offert au premier venu, qu'on ne gagne pas si facilement 10 fr. par jour et qu'en Amérique pas plus qu'en Australie les terrains de 200 hectares ne sont donnés gratuitement ?

Il faut travailler partout. Nulle part les poulets rôtis ne tombent du ciel. Toutes les annonces du genre indiqué sont des attrappes-gogos.

Je n'accuse pas les feuilles qui les insèrent. Les journaux politiques publient moyennant finances toutes les réclames commerciales. Ils ne peuvent guère contrôler la valeur de toutes les annonces.

Si ce n'est pas leur affaire, ce sera la nôtre à nous lecteurs.

Aujourd'hui, voyez-vous, savoir lire ne suffit plus, il faut savoir lire jusqu'entre les lignes.

Donc gare aux annonces charlatanesques et mirobolantes.

P. François.

SYNDICAT DE CHARTRES

COMMUNE D'OLLÉ

EXTRAIT DU REGISTRE DES DÉLIBÉRATIONS
DU CONSEIL MUNICIPAL

A MM. les Membres du Syndicat agricole de Chartres.
Remercîments de la municipalité d'Ollé.

L'an mil huit cent quatre-vingt-treize, le dix-sept août, le Conseil municipal de la commne d'Ollé, réuni en session ordinaire sous la présidence de M. le Maire.

Etaient présents : MM. 1. Cailleaux, maire, président, 2. Johan, 3. Segouin, 4. Hubert, 5. Bataille, 6. Prévost, 7. Roche, 8. Buthier, 9. Chapron, 10. Lefroit, lesquels forment la majorité des membres en exercice.

M. le Maire expose :

Que, par les soins de M. le Président du Syndicat agricole de Chartres et de son digne et dévoué collaborateur, M. Garola, professeur départemental d'agriculture, une carte agronomique de la commune lui a gracieusement été offerte le 30 avril dernier pour être déposée à la mairie afin que chaque habitant puisse la consulter et en retirer profit.

Que le même jour, M. Garola, dans une très intéressante conférence, a expliqué quel est le but pratique de cette carte, et a dit quel est tout le bénéfice que les cultivateurs de la localité pourront en retirer pour l'amélioration de leurs exploitations agricoles par l'emploi raisonné des engrais chimiques.

Que c'est pourquoi il pense que cette générosité du syndicat mérite les remercîments de la municipalité.

Le Conseil,

Ouï l'exposé de M. le Maire,

A l'unanimité des membres présents,

Prie MM. les Membres du Conseil d'administration du Syndicat agricole de Chartres et en particulier, MM. Vinet, président, et Garola, professeur, d'agréer, avec leurs sincères remercîments l'expression de leur vive reconnaissance.

Fait et délibéré à Ollé en mairie les jour mois et an que dessus et les membres présents ont signé après lecture faite.

Pour copie conforme :

Le Maire d'Ollé,

CAILLEAUX.

SYNDICAT AGRICOLE DE CHARTRES

SAISON DE PRINTEMPS DE 1894

VINS

Le Syndicat donne avis qu'il peut, pendant la prochaine saison, fournir aux prix ci-dessous les vins naturels, garantis purs raisins frais, des provenances ci-après :

1° Vins d'Algérie

1° Vin rouge de Bône, à 36 fr. l'hectolitre.
2° Vin blanc de Bône, à 38 fr. l'hectolitre.
3° Vin rouge d'Aïn-Beda d'Oran, à 100 fr. la pièce de 220 à 225 litres. Recommandé. (Pour cette espèce, il n'y a pas de demi-pièce).

NOTA. — Tous ces prix s'entendent franco gare de l'acheteur; fût perdu, paiement à 90 jours de l'expédition.

Les vins d'Algérie seront livrés jusqu'au 1er avril seulement, à cause des chaleurs, sauf épuisement avant cette date.

Les commandes sont reçues dès maintenant.

2° Vins Français

VINS ROUGES DU GARD

	Récolte 1893			Récolte 1892		
	la pièce	la demi-pièce		la pièce	la demi-pièce	
1° Aramon......	65 fr.	36 fr.	»			
2° Ordinaire....	70	37	50	80 fr.	42 fr.	50
3° Côtes Générac	80	42	50	90	47	50
4° Saint-Gilles..	90	47	50	100	52	50
5° Costière extra	105	55	»	115	60	»

Vins blancs du Gard

Vin blanc sec 1892, la pièce 100 fr. ; la demi-pièce 52 fr. 50.

Vin blanc Picpoul 1891-1892, la pièce 130 fr. ; la demi-pièce 67 fr. 50.

Contenance de la pièce 220 à 225 litres, de la demi-pièce 110 à 112 litres, le tout franco gare de l'acheteur, fût perdu, paiement à 90 jours.

Vins rouges de Bordeaux

1° Bonnes côtes de Bordeaux, 1er choix, 1893, 125-140 fr. ; 1892, 140-160 fr. ; 1891, 180-200 fr. la pièce de 225 à 228 litres.
(Prière de bien indiquer le prix qu'on a choisi).

2° Fronsac, 1er cru..............	1890, 230 fr.	
3° Côte St-Christophe de St-Emilion.	1890, 250	1889, 300 fr.
4° Sables de Saint-Emilion	1890, 300	1889, 350
5° Saint-Estèphe..................	1890, 350	1889, 400
6° Saint-Emilion et Haut Pomerol ..	1889, 400	1887, 500
id.	1887, 600	1884, 700

Vins blancs de Bordeaux

1° Petites Graves, la barrique de 225 à 228 litres,		1892, 130 140
id.		1891, 160
id.		1890, 180
2° Graves, 1er cru................	1891, 200.	1890, 230
3° Preignac-Sauternes..............	1890, 250.	1889, 300
4° Barsac-Sauternes...............	1890, 350.	1890, 400
5° Haut-Sauternes, 1890 450; 1889 500	1887, 600.	1884, 700

Le tout franco gare de l'acheteur, paiement à 30 jours 3 0/0 ou à 90 jours sans escompte. — Par 1/2 pièce et 1/4 de pièce, 5 fr. en plus pour logement.

3° Eaux-de-vie du Gard

Eaux-de-vie, type Béziers,	50 degrés..........	0 fr.	80	le litre.
— de Marc,	—	1	»	—
— pur vin, extra	—	1	20	—

Le tout pris sur place, logé, en bonbonnes d'au moins 10 litres ou en fûts d'au moins 20 à 25 litres.

NOTA. — Les droits et le transport, environ 90 centimes par litre, sont à la charge de l'acheteur.

L'adjudication des fournitures à faire aux membres de cette Association pendant la saison de printemps 1894, aura lieu à Chartres, au siège du Syndicat, rue Regnier, n° 11, le samedi 30 décembre prochain, à 2 heures du soir.

Les personnes qui auraient l'intention de prendre part à cette adjudication peuvent s'adresser, pour avoir des renseignements, à M. MERCIER, comptable du syndicat, 4, place Saint-Michel, à Chartres.

Syndicat des Agriculteurs de la Mayenne

Le Syndicat des agriculteurs de la Mayenne a renouvelé ses marchés pour la fourniture des engrais du 31 décembre au 30 juin 1894.

Les prix des divers engrais, jusqu'au 30 juin 1894, sont les suivants :

Les 100 k.

Superphosphate minéral, dosant au minimum 14 0/0 d'acide phosphorique, soluble au citrate d'ammoniaque, à . . . 8 15

Nitrate de Soude, dosant 15 à 16 0/0 d'azote, en sacs réglés à 100 kilos, à 25 60

Phosphate fossile des Ardennes, passant entièrement au tamis n° 100 et dosant au minimum :

Acide phosphorique		Phosphate de chaux tribasique	Les 100 k.
15 à 16 0/0	correspondant à	33 à 36 0/0	5 075
16 à 17	id.	36 à 39	5 375
17 à 19	id.	39 à 42	5 675

Phosphate de scories, mouture passant dans la proportion de 65 0/0 au tamis n° 100 et dosant au minimum 16 0/0 d'acide phosphorique, correspondant à 34,92 0/0 de phosphate de chaux tribasique, à. 6 05

Guano du Pérou, dosant de 17 à 19 0/0 d'acide phosphorique et de 5 à 6 0/0 d'azote a 18 25

Phosphate de l'Oise, mouture 80 0/0 et dosant au minimum :

Acide phosphorique		Phosphate de chaux	Les 100 k.
14 0/0	correspondant à	30,56 0/0	3 30
16 0/0	id.	34,92 0/0	3 55
18 0/0	id.	39,29 0/0	3 90

Phosphate de la Somme, dosant 18 0/0 d'acide phosphorique, correspondant à 40 0/0 de phosphate de chaux, à. 4 10

Chlorure de potassium, dosant 50 0/0 de potasse, à . . 22 50

Sulfate de fer, en petits cristaux, à 6 25

Noir animal de raffinerie, dosant 65 0/0 de phosphate de chaux tribasique correspondant à 29,77 0/0 d'acide phosphorique 13 50

Plâtre tamisé en vrac : cru 0 50
id. id. 1/2 cuit. 0 70
id. id. cuit 0 90

Sel dénaturé au tourteau 4 50

Tous ces prix s'entendent pour marchandises rendues franco dans toutes les gares de la Mayenne et celles qui desservent le département, par wagons complets de 5.000 kilos au moins, sauf pour le plâtre dont les frais de transport restent à la charge de l'acheteur.

Le plâtre sera livré en vrac ou logé, sacs en location, à rendre franco gare de départ dans le délai de 30 jours. Le prix de location des sacs est de 1 fr. par 1.000 kilos.

Paiement à 30 jours sous 2 0/0 d'escompte ou à 90 jours sans escompte, pour tous les engrais mentionnés ci-dessus.

L'agent principal,
G. PEYRAS.

CHEMINS DE FER DE L'OUEST

Paiement d'Intérêts et escompte de ce paiement

Échéances des 1er et 6 janvier 1894

Le Conseil d'administration a l'honneur de prévenir MM. les Porteurs des Obligations de la Compagnie, de la mise en paiement, à l'échéance des 1er et 6 janvier prochain (avec faculté d'escompte un mois avant) des coupons d'intérêts semestriels ci-après :

	N° du coupon	Montant net d'impôts : Titres nominatifs	Titres au porteur
ÉCHÉANCE DU 1er JANVIER			
Obligations 3 0/0 (1re série, titres roses).	77	7 20	6 739
Obligations 4 0/0 délivrees en échange d'actions de l'ancienne Compagnie de Dieppe.	77	9 60	9 090
Obligations de l'ancienne Compagnie du Havre (emprunt 1848)	90	28 80	27 516
Obligations de l'ancienne Compagnie de l'Ouest (emprunts 1852-1854)	83	24 »	22 737
Obligations de l'ancienne Compagnie de l'Ouest (emprunt 1853)	81	24 »	22 740
ÉCHÉANCE DU 6 JANVIER			
Obligations de l'ancienne Compagnie de Rouen (emprunt 1845)	97	19 20	18 004

Pour les paiements, s'adresser dans les gares.

Obligations 3 0/0. 1re série. — Nos 3.300.001 à 3.600.000

Délivrance d'une nouvelle feuille de coupons

Le Conseil d'administration a l'honneur de prévenir MM. les Porteurs des Obligations 3 0/0 (1re série, titres roses) de la Compagnie, comprises entre les numéros 3.300.001 à 3.600.000, qu'à l'épuisement, le 1er janvier 1894, de la série actuelle des coupons, il sera rattaché à leurs titres, par les soins de la Compagnie, une nouvelle feuille de 60 coupons (nos 78 à 137), dont la régularité de jonction avec le titre résultera de l'apposition d'un timbre sec et humide portant à la fois sur la feuille et le titre.

A cette fin, le dépôt des titres au porteur, démunis du coupon à l'échéance du 1er janvier 1894, s'effectuera à dater du 15 décembre 1893.

S'adresser dans les gares pour renseignements complémentaires.

Concours agricole de Nevers

Le concours annuel de la société d'agriculture de la Nièvre aura lieu du 17 au 21 janvier 1893. Les exposants de toute la France peuvent prendre part au concours d'animaux gras et aux expositions annexes. Quant au concours d'animaux reproducteurs, il est réservé aux éleveurs de la Nièvre.

Demander le programme à M. G. Vallière, place de la Halle, Nevers. — Les déclarations seront reçues jusqu'au 20 décembre.

SYNDICAT DES AGRICULTEURS DE LA MAYENNE

L'assemblée générale des membres du syndicat des agriculteurs de la Mayenne aura lieu, comme les années précédentes, à l'entrepôt central du syndicat, 48, rue Solférino, à Laval, le SAMEDI 20 JANVIER PROCHAIN, à 2 heures de l'après-midi.

M. Touzard, agriculteur à Roz-sur-Couesnon, par Pontorson (Manche) offre : 5.000 hectol. Pommes de terre Richeter's-Imperator à 5 francs les 100 kilos ; — Bon foin de luzerne récolté dans les grèves du Mont Saint-Michel à 160 fr. les 1.000 kilogs ; — plusieurs centaines de mille kilos de betteraves ovoïdes des Barres, à 25 fr. les 1.000 kilos, le tout sur wagon complet Pontorson, payable contre remboursement.

VINS

Très bon vin rouge de table depuis 60 fr.
Vin blanc ordinaire 90 fr.
Qualite supérieure, très doux, de 100 à 150 fr. suivant qualité.
La barrique de 225 litres.
Logé, droits acquittés, gare La Chartre.
S'adresser à M. Gustave PEAN, à Lhomme (Sarthe) 1er prix concours départemental.

Paille et foins, acheteur M. Desplanches, Armand, à Orville par le Sap (Orne). Lui adresser prix et conditions.

A vendre ; Magnifiques **Pommiers à cidre**, aux prix exceptionnels suivants :

de 9 à 10	centimètres.	50 f. »
de 10 à 11	—	75 »
de 11 à 12	—	100 »
de 12 et au-dessus.		125 »

Mesurés à 1 m. du sol. Des échantillons sont exposés à l'entrepôt central du Syndicat, à Laval.

Belle variété nouvelle de peupliers (dit régénérés) :

de 10 à 12	centimètres.	0 40
de 12 à 14	—	0 50

S'adresser à M. Gagneux, Charles, maire de Distré, près Saumur (Maine-et-Loire).

SYNDICAT DE CHARTRES

Marchandises en dépôt

Marchandises actuellement en dépôt :
Superphosphate minéral soluble au Citrate.
Phosphoguano ordinaire.
Phosphoguano surazoté.
Nitrate de soude.
Sulfate de cuivre.
Sulfate de fer.
Carbonate de soude.

Tourteaux de lin pour engraissement.
— de sésame blanc du Levant pour engraissement.
— de Coprah, Ceylan, pour vaches laitières.
Huile d'olive surfine, à 2 fr. le kilog.
Huile de sésame fine, à 1 fr. 11 le kilog.
Savon bleu à 0 fr. 50.
Savon blanc à 0 fr. 55 le kilog.

Les huiles sont fournies en bonbonnes de verre, cachetées et plombées par les expéditeurs, et par quantités de 25 kilog. environ.

Elles sont garanties absolument pures.

Les savons sont livrés en caisse de 25 à 30 kilog. également.

Enfin le dépôt contient également de l'huile minérale russe, (Ragosine) excellente et avantageuse pour le graissage des machines agricoles, au prix de 0 fr. 50 le kilog. (non logé), et de l'huile à brûler, double épuration à 0 fr. 80 le kilo. (logée), le tout en bonbonnes d'environ 25 kilog.

Toutes les substances ci-dessus sont fournies immédiatement contre paiement comptant, en s'adressant chez M. **Mercier**, comptable du syndicat, 4 place Saint Michel, tous les jours de la semaine (dimanches et fêtes exceptés et le samedi avant midi).

Elles peuvent également être expédiées par chemin de fer transport à la charge de l'acheteur.

Le syndicat peut encore faire fournir à ses adhérents, et à des conditions très avantageuses :

1° Des ardoises provenant des mines d'Angers ;
2° Des tuiles ordinaires et des tuiles Muller.
3° De la chaux et du plâtre pour constructions ;
4° Des raisins pour boissons (Corinthe, Thyra, Samos, etc) ;
5° Des ronces artificielles et des grillages métalliques ;
6° Enfin toutes machines agricoles provenant des meilleurs fabriques, notamment des Trieurs Marot et des Tarares Denis.

Pour tous renseignements, s'adresser à l'Agent-Comptable.

Le Gérant, H. LEROUX.

Laval, Imp. H. Leroux.

TABLE DES MATIÈRES

ANNÉE 1893

Supplément au Bulletin agricole de l'Ouest, n° 59,
du 15 août 1893.

SYNDICAT DES AGRICULTEURS DE LA MAYENNE

1893

RAPPORTS

DES COMMISSIONS

DU CONCOURS D'ENSEIGNEMENT AGRICOLE

ET DU

CONCOURS D'EXPLOITATIONS RURALES

COMPTE-RENDU

DU CONCOURS DÉPARTEMENTAL

A MAYENNE

LAVAL

TYPOGRAPHIE DE H. LEROUX, RUE DU LIEUTENANT, 2

1893

Supplément au Bulletin agricole de l'Ouest, n° 59,
du 15 août 1893.

SYNDICAT DES AGRICULTEURS DE LA MAYENNE
1893

RAPPORTS

DES COMMISSIONS

DU CONCOURS D'ENSEIGNEMENT AGRICOLE
ET DU
CONCOURS D'EXPLOITATIONS RURALES

COMPTE-RENDU

DU CONCOURS DÉPARTEMENTAL A MAYENNE

LAVAL

TYPOGRAPHIE DE H. LEROUX, RUE DU LIEUTENANT, 2

1893

CONCOURS
DÉPARTEMENTAL AGRICOLE
DE LA MAYENNE

RAPPORT
DE LA
COMMISSION DE L'ENSEIGNEMENT AGRICOLE

En présence des résultats très satisfaisants obtenus l'an dernier dans le concours d'enseignement agricole, la commission du concours départemental a maintenu dans son programme, pour l'année 1893, un concours similaire entre les instituteurs et les élèves des cantons ci-après : Loiron, Laval (ouest), Laval (est), Argentré, Montsûrs, Evron et Sainte-Suzanne.

Le nombre de concurrents, tant maîtres qu'élèves, quoique fort satisfaisant, était inférieur à celui qui eût été atteint, si les conditions du concours avaient été mieux connues.

C'était la première fois que les candidats de la région étaient appelés à se mesurer dans un concours de ce genre. Beaucoup se sont abstenus ; ils ont reculé devant une innovation dont ils n'ont pas bien compris le but.

Mais au fur et à mesure que ce concours sera mieux apprécié, lorsqu'une même région sera de nouveau appelée à concourir, il est hors de doute que les candidats se présenteront avec plus d'empressement ; car, les récompenses n'étant pas limitées, elles pourront être augmentées, en proportion du nombre et du mérite des concurrents.

Tout en rendant un éloge bien mérité aux efforts des maîtres et à la valeur des travaux qu'ils ont présentés, il y a lieu de remarquer que la question qui leur a été posée, n'a pas été bien comprise de la plupart d'entre eux.

Au lieu de développer dans un sens général l'étude sur *l'importance et les conditions de culture des plantes sarclées*, comme le comportait les données, plusieurs ont envisagé la question dans un sens beaucoup plus étroit et par trop limité ; ils se sont bornés à décrire les principales plantes sarclées et à étudier successivement leur culture.

La question n'était pas précisément là.

Ce qu'il eût fallu, quelques uns du reste l'ont compris, c'était faire ressortir l'influence qu'exercent les plantes sarclées, par les labours profonds qu'elles exigent, sur l'ameublissement du sol ; indiquer leur action sur le nettoiement des terres, par suite des nombreuses façons que la préparation du sol comporte, des binages et des sarclages ; décrire les modifications qu'elles provoquent dans le système de culture et l'assolement, dans l'alimentation du bétail, la production du fumier, etc Enfin, toujours en généralisant, il y avait à étudier la culture des plantes sarclées, sans entrer dans le détail d'aucune d'elles, car leur culture est soumise à des lois identiques. Il fallait préciser l'influence de l'ameublissement et des binages fréquents sur la porosité du sol et les effets de la sécheresse, indiquer les fumures appropriées, le choix des semences, etc., etc.

Mais, abstraction faite de l'interprétation de la question par plusieurs candidats, nous répétons que le travail présenté à la commission a été fort étudié et a fait ressortir des efforts courageux et persévérants dans les établissements d'enseignement primaire.

D'où nous sommes amené à conclure que les récompenses et les encouragements justement mérités, accordés aux maîtres et aux élèves, leur donneront une juste idée de l'importance des questions agricoles, et, en provoquant entre eux l'émulation, ces récompenses et ces encouragements favoriseront l'évolution agricole qui doit, dans un avenir prochain, mettre fin, sans retour, à l'esprit de routine encore trop accrédité dans nos campagnes.

RÉCOMPENSES ACCORDÉES

Saint-Christophe. — L'école de Saint-Christophe, dirigée par M. Froger, ne présentait que 2 élèves au concours, parmi lesquels figure le premier lauréat de la seconde catégorie. Ils ont subi très brillamment les diverses épreuves.

D'autre part le mémoire personnel du maître est très complet sur les deux questions, très étudié, et conçu dans d'excellents termes.

La commission reconnaissant le mérite et le savoir de M. Froger lui accorde une médaille d'or et un ouvrage d'agriculture.

Argentré. — M. Naveau, instituteur à Argentré, présentait 3 élèves qui ont passé les examens avec beaucoup de succès. Ils occupent un très bon rang parmi les lauréats de la seconde catégorie.

Le maître nous a présenté un très bon travail, dans lequel le sujet du concours est développé avec beaucoup de clarté et de précision. Le jury lui accorde une médaille d'argent et un ouvrage d'agriculture.

Saint-Berthevin. — Parmi les écoles de la troisième catégorie, celle de Saint-Berthevin, dirigée par M. Lemoine, prenait part au concours avec 8 de ses élèves.

Les réponses orales des élèves ont donné au jury pleine satisfaction ; l'écrit ne leur a pas été aussi favorable. Deux d'entre eux figurent néanmoins sur la liste des lauréats.

Le mémoire de M. Lemoine est fort étudié et de plus présenté dans un très bon style.

Comme récompense, le jury lui accorde une médaille de bronze et un ouvrage d'agriculture.

Sainte-Gemmes-le-Robert. — L'école de Sainte-Gemmes-le-Robert est dirigée par M. Blanchet. Cinq de ses élèves, parmi lesquels figure le premier lauréat de la troisième catégorie ont pris part aux examens.

L'ensemble a été satisfaisant tant à l'écrit qu'à l'oral.

Le travail du maître laisse un peu à désirer sous le rapport du développement. Toutefois M. Blanchet y fait preuve de connaissances très sérieuses en matière agricole.

La commission lui attribue une mention honorable et un ouvrage d'agriculture.

Saint Jean-sur-Mayenne. — M. Duval, instituteur à Saint-Jean-sur-Mayenne, nous a présenté 2 élèves qui ont donné satisfaction au jury à l'oral, mais ils ont été moins heureux à l'écrit. Néanmoins ils figurent parmi les lauréats de la seconde catégorie.

Le travail de M. Duval est très développé et assez bien exposé, ce qui prouve que l'auteur possédait bien son sujet.

Le jury lui accorde une mention honorable et un ouvrage d'agriculture.

Montjean. — Enfin le sixième et le dernier maître récompensé, est M. Jallier, instituteur à Montjean. Trois de ses élèves ont pris part au concours dans la seconde catégorie. Ils ont fourni un examen oral satisfaisant, mais les épreuves écrites laissent un peu à désirer.

Le mémoire du maître est précis, mais il manque un peu de développement.

La commission reconnaissant le mérite de M. Jallier, lui accorde une mention honorable et un ouvrage d'agriculture.

1re Catégorie : Ecoles primaires supérieures et cours complémentaires.

Aucune école de cette catégorie n'a pris part au concours.

2e Catégorie : Ecoles dans lesquelles il y a, au plus, un adjoint.

Elèves récompensés et appelés.

1° Royer,	école de Saint-Christophe.
2° Genest,	école d'Argentré.
3° Renard,	école de Saint-Christophe.
4° Aubry,	école d'Argentré.
5° Louis, Edmond,	école de St-Jean-sur-Mayenne.
6° Foucher,	école de Montjean.
7° Renoult,	école de Saint-Ouën-des-Toits.

Elèves récompensés et non appelés.

1° Dubois,	école d'Argentré.
2° Templier,	école de St-Jean-sur-Mayenne.
3° Hesland,	école d'Ahuillé.
4° Marsollier,	école de Changé.
5° Taillandier,	école de Montjean.
6° Barrier,	école de Saint-Ouën-des-Toits.
7° Leloup,	école de Torcé.
8° Fléchard,	école de Soulgé-le-Bruant.

3e Catégorie : Ecoles comprenant plus d'un adjoint.

Elèves récompensés et appelés.

1° Guesné,	école de Ste-Gemmes-le-Robert.
2° Ory,	école de Saint-Berthevin.

Elèves récompensés et non appelés.

1° Moulard, Michel,	école de Louverné.
2° Pasquier,	id. id.
3° Garry,	id. id.
4° Lehémonette,	école de Saint-Berthevin.
5° Maignan,	école de Ste-Gemmes-le-Robert.

Le Rapporteur,

MÉRY.

RAPPORT

SUR LE

CONCOURS D'EXPLOITATIONS RURALES

Le Concours d'exploitations rurales était ouvert cette année entre les six cantons suivants :

Loiron, Laval-ouest, Argentré, Montsûrs, Evron et Ste-Suzanne.

Vingt-un exploitants ont pris part au concours et demandaient à concourir pour les deux sections, sauf M. Moreau d'Evron, qui présentait des plantations de pommiers.

La Commission après avoir visité chacune des exploitations n'a pu maintenir le concours dans les deux sections pour certains concurrents dont le système de culture est basé sur des conditions économiques qui ne sont encore que l'exception dans notre département. En conséquence elle les a classés dans la deuxième section.

D'une manière générale, les exploitations visitées par la Commission, sont bien tenues : nous y avons relevé la trace de sérieuses améliorations montrant que les cultivateurs ne sont plus aussi esclaves de la culture *routinière* et *stationnaire*, et qu'ils mettent en œuvre les principes féconds de l'agriculture rationnelle et progressive.

Presque partout l'outillage agricole a été renouvelé entièrement ou complété ; des fosses à purin ont été creusées, les fumiers sont mieux soignés et surtout appliqués plus judicieusement, car on ne les mélange plus avec la chaux. L'emploi des engrais chimiques se généralise de plus en plus ; les cultivateurs savent maintenant par expérience qu'ils sont le complément nécessaire du fumier de ferme pour obtenir des fumures complètes, *simple secret des produits élevés et rémunérateurs*.

Il a été fait beaucoup, nous sommes heureux de le recon aître, mais nous devons dire aussi qu'il reste encore beaucoup à faire.

Les prairies naturelles, dont l'immense importance n'est contestée par personne, ne reçoivent que peu ou point de soins. Quelle richesse perdue! En assainissant ici, en irriguant là, en pratiquant au printemps des hersages et des roulages, en fumant avec des composts ou des engrais minéraux, on pourrait doubler et même tripler bien souvent la production ordinaire.

Le bétail laisse aussi à désirer.

Le mal provient d'abord de ce qu'on n'attache pas assez d'importance au choix des reproducteurs, mais aussi et surtout de ce que ce bétail est trop nombreux. Il s'ensuit que les animaux sont insuffisamment nourris et ne prennent ni le développement, ni la bonne conformation qu'ils seraient susceptibles d'acquérir avec une nourriture plus abondante.

Bien nourrir coûte cher, il est vrai, mais mal nourrir coûte plus cher encore.

Enfin ce qui fait défaut pour ainsi dire partout c'est la *Comptabilité agricole*. Les fermiers et métayers se contentent d'inscrire leurs grosses dépenses et leurs grosses recettes ; c'est insuffisant. Un livre d'inventaires devrait au moins figurer dans chaque exploitation car seul il permet au cultivateur de se rendre compte chaque année de son gain ou de sa perte.

L'attribution des récompenses a été établie par la Commission ainsi qu'il suit :

PREMIÈRE SECTION

1er Prix : 400 fr. et une médaille d'argent à M. Foucault, à Ardennes, commune de Changé.
2e — 200 fr. et une médaille de bronze, à M. Rezé, au Plessis de Ste-Suzanne.
3e — 150 fr. et une médaille de bronze, à M. Galbin, au château de La Gravelle.
4e — 100 fr. et une médaille de bronze, à M. Bréhin, à La Guisière, commune d'Ahuillé.
5e — 75 fr. et une médaille de bronze, à M. Maignan, aux Buro[illegible]s de Montsûrs.
6e — 75 fr. et une médaille de bronze, à M. Rousselet, à la Crochetière de St-Ouën-des-Toits.

DEUXIÈME SECTION

1re SOUS-SECTION

1er Prix : 150 fr. et une médaille d'argent, à M. Maignan, à la Rouairie de St-Berthevin.
2e — 100 fr. et une médaille de bronze, à M. Pinson, au Haut-Beauvais, commune de Changé.
3e — 50 fr. et une médaille de bronze, à M. Rheumeau, à Sacjas de St-Berthevin.

2e SOUS-SECTION

1° Bonne tenue d'intérieur de ferme

Médaille de bronze à Madame Bréhin, à La Guisière, commune d'Ahuillé.
— — — Rezé, au Plessis de Ste-Suzanne.
— — — Lefur, au Bois-Morin, commune de Bonchamp.
— — — Oger, à la Haute-Houssaye de Launay-Villiers.
— — — Vannier, à Brichardon, commune d'Olivet.
— — — Maignan, à la Rouairie de St-Berthevin.
— — — Richard, à la Cour du Tremblay, commune de St-Christophe-du-Luat.

2° Plantations de pommiers

Médaille d'argent à M. Moreau, propriétaire à Evron.

La Commission exprime le regret de n'avoir pu classer la métairie de Brichardon exploitée par M. Fontaine, secondé par son chef de culture, M. Vannier.

Cette considération ne saurait atteindre le mérite exceptionnel de cette exploitation que la Commission se plaît à reconnaître en adressant à M. Fontaine ses plus vives félicitations et en récompensant M. Vannier par une médaille d'argent.

M. Foucault, à Ardennes. — M. Foucault exploite en communauté avec ses trois sœurs la ferme d'Ardennes d'une étendue de 37 hectares 50 dont 11 hectares en prairies naturelles.

Depuis longtemps la ferme d'Ardennes est l'objet d'une culture intelligente et progressive dont M. Foucault recueille aujourd'hui les heureux fruits. Ici nous pouvons dire que toutes les récoltes sont belles sans exception et d'une propreté remarquable : malgré la période de sécheresse que nous traversons, les betteraves, choux, pommes de terre sont admirables de végétation et de développement.

M. Foucault soigne ses fumiers dans la perfection et fait un usage très rationnel de la chaux. Les étables sont bien aménagées, tenues proprement et garnies d'un bétail de bon choix ; les bœufs surtout sont très beaux. Partout nous avons constaté un ordre parfait que nous avons retrouvé dans une comptabilité minutieuse confiée aux soins de l'une de ses sœurs

M Foucault est un cultivateur habile que la Commission a justement récompensé en lui attribuant le 1er prix.

M. Rezé au Plessis. — M. Rezé est un cultivateur de mérite, récemment établi dans une région où la culture en billons est encore dominante. Malgré les critiques de ses voisins il s'est mis résolûment à faire la culture à plat et à assoler ses terres de telle façon que deux céréales ne se suivent jamais.

M. Rezé nous a présenté des cultures bien faites et bien entretenues ; ses plantes fourragères sont de toute beauté, les céréales sont aussi très belles, mais laissent encore un peu à désirer comme propreté. En continuant ainsi, M. Rezé ne tardera pas à se débarasser des mauvaises herbes qui restent et à obtenir une culture irréprochable.

C'est avec plaisir que la Commission lui attribue le 2e prix.

M. Galbin, au château de La Gravelle. — La métairie du Château de La Gravelle, d'une contenance de 15 hectares, est exploitée à colonage partiaire, par M. Galbin, depuis une dizaine d'années.

La petite culture de M. Galbin est fort bien soignée et la Commission a admiré tout particulièrement ses trèfles et ses luzernes. A notre passage, c'est-à-dire le 27 juin, la 3e pousse de luzerne était en fleurs.

M. Galbin paraît employer très judicieusement les engrais chimiques ; il les applique depuis longtemps à ses cultures sur lesquelles il a répandu cette année 5.000 kilogs de scories.

C'est un bon cultivateur à qui la Commission exprime sa satisfaction en lui attribuant le 3e prix.

M Bréhin, à La Guisière. — M Bréhin est un métayer actif, rangé, soigneux. Son intérieur de ferme est remarquablement tenu. Au dehors les récoltes sont satisfaisantes, surtout les choux et les pommes de terre. M. Bréhin est un homme de progrès que la Commission est heureuse d'encourager dans la bonne voie, en lui décernant le 4e prix.

M. Maignan, aux Burons. — Le domaine des Burons, d'une contenance de 52 hectares, est formé de terres fortement argileuses et par suite difficiles à travailler

Depuis une dizaine d'années, M. Maignan poursuit sans relâche l'amélioration de terres négligées, infestées de chiendent lors de son entrée en ferme comme la Commission en a eu la preuve en examinant la Montrée. Par le drainage, par une application raisonnée des engrais et des amendements, par de bonnes façons culturales. M. Maignan est arrivé à se débarasser presque complètement de son terrible ennemi, le *chiendent*. Ces résultats sont complétés par l'entretien d'un bétail nombreux et bien choisi.

La Commission a apprécié les améliorations réalisésss par ce vaillant cultivateur et le classe 5e.

M. Rousselet, à La Crochetière. — M. Rousselet a succédé à son père comme fermier de la Crochetière.

Si ces cultures ne sont pas irréprochables, par contre il nous a montré de beaux pommiers très bien soignés, un excellent bétail, un bon choix d'instruments et des bâtiments très bien entretenus.

M. Rousselet, est un fermier méritant, à qui la Commission rend justice, en lui accordant le 6e prix.

MM. Maignan de la Rouairie, Pinson du Haut-Beauvais et Rheumeau de Sacjas eussent été des concurrents des plus sérieux si leur système de culture tout spécial et ne pouvant être contrôlé par suite de l'absence de comptabilité ne les avait écartés de la lutte dans la 1re section.

M. Maignan nous a présenté de belles cultures, des plantations de pommiers réussies, des fumiers bien traités ; nous avons admiré les magnifiques cultures de maïs et de froment de M. Pinson, de même que la belle tenue de l'exploitation de M. Rheumeau et ses vaches de premier choix.

La Commission est heureuse de rendre un public hommage à ces excellents cultivateurs en leur attribuant les 3 prix de la 2e section.

Tous nos compliments à *M. Moreau*, pour sa belle plantation de pommiers que la Commission a visitée avec le plus grand intérêt et qu'elle récompense par une médaille d'argent, accordée à M. Moreau.

Il nous reste à adresser nos plus vives félicitations aux fermières pour la bonne tenue de leurs maisons, nous n'avons qu'un seul regret, c'est de ne pouvoir les récompenser toutes.

Le Rapporteur,

PERRET.

COMPTE-RENDU

Concours départemental agricole de la Mayenne de 1893, tenu à MAYENNE les vendredi 21, samedi 22 et dimanche 23 juillet.

La réussite du concours départemental agricole de la Mayenne a été complète, et nous devons d'abord adresser toutes nos félicitations à la Commission d'organisation qui a su mener à bien la tâche qu'elle s'est imposée et qui contribuera, pour une large part, à la prospérité et aux progrès de l'agriculture du département.

Ce concours institué seulement l'année dernière, a obtenu, dès son début à Laval, un succès auprès des agriculteurs du département, prouvant qu'il répondait à un besoin.

Les éleveurs, les agriculteurs du département et les constructeurs ont répondu en grand nombre, et cette institution maintenant bien assise sera certainement un bien pour le département et grandement utile pour le progrès de l'agriculture.

Depuis que les concours régionaux sont devenus moins nombreux, les concours départementaux devaient forcément prendre de l'extension, et le gouvernement les a beaucoup encouragés. Certes, si les premiers sont utiles, les seconds ne le sont pas moins. Les déplacements sont moins grands pour les agriculteurs, ils peuvent mieux comparer les produits exposés, obtenus dans des conditions analogues ; ils sont dans leur milieu et les enseignements qu'ils en emportent sont plus directement profitables.

Dans les concours régionaux, les exposants appartiennent tous ou presque tous à la grande ou moyenne culture ; les petits cultivateurs peuvent tous prendre part aux concours départementaux, les frais étant moins grands, et ils peuvent ainsi emporter leur part des encouragements que le gouvernement de la République et les départements distribuent si généreusement, et avec raison, à l'agriculture.

L'utilité des concours n'est plus à démontrer, l'enseignement que les gens du métier en retirent, l'émulation qu'ils font naître, contribuent pour une large part à faire aimer cette noble profession d'agriculteur, et aussi à répandre parmi les travailleurs des champs, qui sont la force du pays, les principes sur lesquels reposent une bonne production et qui sont aujourd'hui la base de la prospérité agricole.

Le concours de la Mayenne, fondé dans ce but, a, ce nous semble, atteint complétement le résultat cherché; l'un des premiers établis en France, il restera l'un des plus importants.

Le département de la Mayenne est d'ailleurs un département essentiellement agricole, près de 200.000 habitants vivent de l'industrie agricole. D'un climat tempéré et traversé par de nombreux cours d'eau, les prairies y réussissent bien et permettent d'entretenir un bétail renommé. Les chevaux, notamment, dont le nombre atteint près de 80.000, sont vigoureux et font l'objet d'un commerce important. Les bêtes bovines sont aussi en grand nombre, les races normande et mancelle y réussissent bien ainsi que la race Durham et les croisements avec les races du pays qui sont très nombreux. On rencontre de magnifiques animaux comme forme, dont nous avons pu voir de très beaux spécimens au concours. Les vaches qui paissent dans les gras pâturages des vallées de la Mayenne, de l'Orthe et de l'Erve donnent un beurre d'excellente qualité. LaMayenne est au point de vue du bétail un des premiers départements de France. On y élève aussi beaucoup de moutons et la population ovine est de près de 60.000 têtes. Quant aux porcs, tout le monde sait que la race craonnaise produit d'excellents animaux recherchés par tous les éleveurs pour améliorer les races beaucoup moins productives qui existent dans tout l'ouest de la France; on y élève aussi avec succès la volaille.

Vers le bas de l'arrondissement de Château-Gontier, formé d'une partie de l'Anjou, on rencontre quelques vignes qui produisent un vin d'assez bonne qualité. Mais la boisson du pays est le cidre. Le département est planté sur toute son étendue en pommiers et en poiriers, et on rencontre des crus de qualité supérieure, très appréciés.

Moins alcoolique que les cidres des vallées normandes, il est plus parfumé, généralement plus léger et constitue une boisson saine et savoureuse, le département en produit en moyenne chaque année 300.000 hectolitres. On y fabrique aussi beaucoup de poiré.

Le sol du département, assez riche, provient de la décomposition du granit et des schistes, qui forment le sous-sol ; on trouve aussi de nombreuses carrières de pierres à chaux, de granits bleus et de porphyres. Les céréales, très cultivées, sur des terres qui ont été bien amendées et travaillées depuis longtemps, produisent de beaux rendements. Le froment, l'avoine, l'orge, sont cultivées sur une vaste échelle, ainsi que la pomme de terre et la betterave fourragère. On rencontre aussi quelques champs de sarrazin, de chanvre et de lin, et il y a, étant donné la superficie du département, peu de terres incultes. On voit par ce rapide exposé quelles sont les ressources agricoles du département et combien il y a d'éléments pour un concours départemental. Ajoutons qu'en général les fermes sont assez bien tenues et que de grands éleveurs et des agriculteurs émérites ont donné depuis longtemps l'élan et l'exemple de l'emploi des méthodes rationnelles de culture et sont entrés résolument dans la voie du progrès.

*
* *

Comme nous l'avons dit, le concours avait lieu cette année à Mayenne, charmante petite ville pleine de souvenirs historiques et dont les maisons s'étagent dans un site ravissant, sur le penchant de deux coteaux formant la vallée de la Mayenne dont le cours sinueux à sa sortie de la ville est bordé de bouquets d'arbres formant un fond de verdure du plus riant aspect.

Le concours était installé sur une partie du champ de foire, vaste place située au haut de la ville sur la rive gauche et d'où l'on jouit d'un coup d'œil superbe.

L'ensemble des constructions formait un vaste rectangle. De chaque côté de l'entrée, fort bien décoré par un portique, et sur les deux grandes longueurs étaient les box et les stalles pour les animaux, au fond les animaux de basse-cour et les produits agricoles installés dans les salles d'une construction récente destinée à un hospice.

Au centre du concours on avait rangé les machines et instruments agricoles. L'ensemble présentait le plus bel aspect, et l'espace resté libre, formant un vaste ring, permettait aux jurys des animaux de fonctionner à l'aise. On ne pouvait choisir un plus bel emplacement pour un concours agricole.

Pour en montrer toute l'importance, disons qu'il y avait 358 animaux, dont 45 de l'espèce chevaline 190 de l'espèce bovine, 22 de l'espèce ovine, 25 de l'espèce porcine, 76 animaux de basse-cour, puis 237 instruments et des produits agricoles et horticoles de toute sorte en grande quantité.

Afin de donner à nos lecteurs une idée générale et aussi exacte que possible du concours nous diviserons notre compte-rendu en trois parties et nous étudierons par ordre et successivement les instruments et les concours spéciaux, les animaux, les produits agricoles.

I. Machines et Instruments — L'exposition des instruments était particulièrement intéressante, tous les constructeurs de la région étaient là, ainsi que des fabricants de tous les points de la France. La Mayenne est un département où l'on emploie des outils perfectionnés dans presque toutes les fermes et il y a dans le pays, un nombre assez grand de constructeurs qui présentaient des instruments perfectionnés et bien construits. Les semoirs surtout étaient en grand nombre et il y en avait de fort bien compris, construits spécialement pour la petite culture.

Mais examinons en détail chaque exposition :

M. Le Broc, de Mayenne, qui a obtenu la médaille d'argent décernée par le gouvernement, présentait une série de semoirs d'un système très ingénieux et très pratique, se réglant facilement, à soc fixe et rigide.

Les avantages de cet instrument, sont de pouvoir, au moyen d'une goupille à ergot, placée sur un axe percé de trous, se régler instantanément à la profondeur voulue et de se relever au moyen d'une pédale automatique qui agit sur deux bielles fixées aux roues de derrière. La régularité de la marche de l'appareil est très grande, les distributeurs sont fixés sur un arbre mis en mouvement par la roue de devant, et la fermeture et le réglage pour le plus ou moins de grains se fait d'un seul coup au moyen de deux crémaillères et de deux pignons dont un porte une manette sur laquelle est fixée une flèche qui fonctionne sur un arc gradué pour donner l ouverture que l'on désire ; le réglage peut se fixer dans une position déterminée.

L'embrayage se fait en coulissant une griffe avec son crochet d'arrêt sur le moyeu de la roue.

La traction de l'appareil est légère et un cheval peut mener facilement un semoir à sept rangs.

M. Samuelson, d'Orléans, avait une belle exposition. Nous avons surtout remarqué sa faneuse et son hache-paille, à bouche mobile. Sa faneuse à fonctionné devant le jury. Cette nouvelle faneuse est à fourches articulées. Les dents sont à ressort et lorsqu'elles rencontrent un obstacle elles cèdent et reviennent ensuite à leur position première. Les fourches ont quatre doigts, le travail accompli par cet instrument est excellent. C'est certainement un perfectionnement sur la faneuse rotative, car le travail accompli se rapproche bien plus de celui de l'ouvrier retournant l'herbe avec une fourche. La traction de l'appareil demande peu de force.

Le hache-paille à bouche mobile est également un très bon instrument ; la bouche qui est mobile à l'aide d'un ressort qui en règle la pression, assure l'uniformité de l'alimentation et permet de mieux couper. Nous avons encore remarqué dans cette exposition des faucheuses, une moissonneuse-lieuse très légèrement faite, des faucheuses munies d'appareils à moissonner, des rateaux à cheval, des concasseurs combinés, etc.

M. Guilloux, à Cuillé (Mayenne), exposait un semoir à brosses qui est très répandu dans la région et qui possède des qualités. La simplicité l'a fait adopter par beaucoup de personnes. Il se règle facilement, demande peu de traction et sème assez régulièrement.

M. Chapellier, d'Ernée, que tout le monde connaît, avait exposé des barattes et des appareils de laiterie. L'ensemble de son exposition était remarquable.

M. Legeay, de Grez-en-Bouère, avait également toute une série de semoirs et brabants. Le réglage des brabants se fait au moyen de deux boulons qui laissent à volonté glisser deux crapaudines sur un cadran circulaire dans le sens où l'on veut incliner le corps du brabant. La profondeur se règle par une vis munie d'une manivelle à charnière et à piton d'arrêt.

Les semoirs sont construits de telle façon que l'on peut, au moyen d'un levier automatique agissant sur une crémaillère à crochet, placée derrière le semoir, régler l'appareil tout en marchant, enterrer ou déterrer les bottes ; une herse mobile articulée recouvre les semences.

M. Lahaye, de Mayenne, exposait des pressoirs, des moulins à pommes, des brabants, des tarares, coupe-racines et divers instruments d'intérieur de ferme, ainsi que M. Pellier, également constructeur à Mayenne.

Citons encore les expositions de *M. Egrot*, de Paris, qui avait toute une série d'alambics et d'appareils à distiller, de *M. Erault-Lenain*, de Mayenne, qui exposait un appareil à distiller dont le fourneau permet une grande économie de temps et de combustible en utilisant tout le calorique, ce fourneau est muni d'une double enveloppe en tôle d'une forme conique, qui fait concentrer la chaleur contre les parois de la chaudière.

Le Crédit agricole exposait des faucheuses et des moissonneuses.

M. Jouin, de Laval, a obtenu une récompense pour la baratte Métairie, dite Universelle. Cette baratte est assez bien comprise ; à la partie supérieure est une boite qui peut recevoir de la glace ou de l'eau chaude, suivant qu'on veut refroidir ou rechauffer la crème, des palettes animées d'un mouvement de rotation rapide au moyen d'une manivelle, transforment la crème en beurre en très peu de temps. Il y a cependant un inconvénient, c'est le bourrelet en laine qui entoure la fermeture de la baratte et qui peut présenter un grave danger au point de vue de la propreté.

M. Buron, de Laval, avait une exposition très intéressante d'outils agricoles, fourches, pelles, rateaux, serpes, faulx, etc.

Nous avons aussi remarqué le broyeur de pommes le *Sphinx*, de M. Ollagnier, de Tours. Ce broyeur est appelé, croyons-nous, à un grand succès, il fait un travail excellent, en peu de temps et sans demander beaucoup de force ; la facilité avec laquelle un corps étranger peut passer sans déranger l'appareil et sans effort, est surtout remarquable. Cet instrument a été très visité au concours.

Concours spéciaux. — Des concours spéciaux de charrue brabant double et de herses avaient été organisés. Cinq concurrents se présentèrent pour les charrues et quatre pour les herses. Le premier prix a été attribué à M. Candelier, le constructeur bien connu. Son brabant se règle facilement, le versoir retourne très bien la bande de terre et la régularité du labour est parfaite.

Chaque brabant était tiré par trois chevaux et la profondeur du labour avait été fixé à $0^{m}20$ cent. M. Hubert, de Aron a obtenu le 2e prix avec un brabant de sa construction faisant un labour très régulier, le 3e prix revint à M. Boutruche, à Argentré, et le 4e à M. Gerbouin. de Sablé-sur-Sarthe.

Tous les brabants possédaient des régulateurs ordinaires, sauf celui de M. Legeay dont le réglage se fait très facilement.

Les herses out travaillé sur le labour et le jury a fait le classement suivant : 1er prix M. Candelier ; 2e prix M. Boutruche ; 3e M. Gerbouin ; 4e M. Guilloux. Il faut signaler le pulvériseur de M. Boutruche qui est un instrument faisant un excellent travail et à recommander.

Ces concours ont eu lieu sur le domaine de l'asile de Mayenne et ont été très suivis, ils étaient d'ailleurs fort intéressants. On voit que l'exposition des instruments était importante. MM. Hubert, Boutruche, Gerbouin, Candelier avaient exposé une certaine quantité d'instruments et le tout formait un bel ensemble très réussi.

II. Animaux. — Les animaux étaient très nombreux, sauf pour les chevaux, on s'attendait dans un département comme la Mayenne a en voir un plus grand nombre, mais il y avait de très jolis demi-sang.

L'exposition hippique était, comme toujours, partagée en deux classes. Les chevaux de demi-sang et les chevaux de trait. Dans les demi-sang de magnifiques carrossiers avaient été amenés et nous en avons remarqué de superbes parmi les juments de 4 ans et au-dessus suitées. Mais les chevaux de trait nous ont beaucoup plus intéressé et nous avons vu des juments et des poulains entiers annonçant une origine arabe et ne le cédant en rien aux percherons comme opulence de forme Nous croyons que ce sont les espèces de trait qu'il faudrait surtout encourager, au point de vue agricole ce sont les plus importantes, celles qui rendent le plus de services et dont l'élevage procure encore le plus de bénéfices au cultivateur. On a peut-être trop fait de demi-sang qui souvent amènent des déceptions et qui n'ont pas l'utilité des animaux de travail.

Parmi les animaux récompensés, citons dans les chevaux de demi-sang, Escapade, à M. Julliot, de Saint-Aignan ; Pervenche, au même.

Léda à M. Rivière, de Bazouges.

Pour les espèces de trait, il faut citer dans les jeunes :

Jupiter à M. Gigan, Captif de M. Barbé, Godiche à M. Coupeau, de Saint-Hilaire-des-Landes, puis Consoline à M. Richard et Biche à M. Montron. Dans les juments suitées le premier prix est échu à Berbi à M. Brilhaut. Paule à M. Guihéry, Bergère à M. Derenne, Adèle à M. Meslier, étaient remarquables.

L'espèce bovine était représentée par de beaux animaux. La race normande dont l'aire s'étend sur presque tout le département avait là de superbes types. Cette race éminemment laitière exige de gras pâturages et dans la Mayenne elle réussit bien. Nous n'avons pu voir de spécimen de race pure mancelle qui a presque totalement disparu pour faire place aux croisements Durham, qui forment presque la moitié des animaux de l'espèce bovine. On envisage surtout la production de la viande, cependant certains animaux que nous avons examinés avaient des aptitudes laitières. Autrefois, les animaux de la race mancelle étaient vendus pour la boucherie à 6 et même 7 ans après avoir travaillé à la ferme ; aujourd'hui les croisements durham se vendent à 2 ans 1/2 ou 3 ans, beaucoup plus précoces, ils offrent un grand avantage pour le cultivateur qui peut doubler ainsi sa production en la renouvelant en un temps moitié moins long. L'élevage se fait surtout au point de vue de la production de la viande. Il y avait au concours de Mayenne de magnifiques animaux de race pure Durham et croisés. M. Rezé, de Grez-en-Bouère, a obtenu le prix d'honneur et de nombreux prix pour ses Durham et croisés Durham. Parmi les principaux lauréats, ceux dont les animaux étaient le plus remarquables, citons Mme Boisgontier,

MM. Colet, Fournier, Picot, Meslay, Betton, Couillard, Galereau, Fée, Leroy, pour les races du pays ; MM. Ferron, de Quatrebarbes, Beaudouin, Goyet, Girandier, Rezé pour les croisés Durham, et MM. Boussin, Gandon, Ferron, de Quatrebarbes, Rezé pour les Durham. Les animaux de l'espèce bovine ont été très visités.

L'espèce ovine était peu nombreuse, il n'y a point de race spéciale dans la Mayenne. Nous avons remarqué quelques croisements Dishley et Southdown. MM. Gigan pour les races françaises, et MM. Gandon et Hureau pour les races étrangères pures et croisées entre elles ont obtenu les premiers prix.

La race porcine était plus nombreuse, de magnifiques types craonnais, quelques-uns croisés avec des Yorkhire moyens, ce qui est une excellente chose car la viande se trouve ainsi améliorée et l'animal devient plus précoce. Il y avait, dans les mâles surtout, de beaux animaux.

MM. Doisneau, Rousseau, Colet et Boussin ont obtenu les premiers prix.

L'exposition des animaux de basse-cour a été bien réussie, très belles poules de la Flèche et des oies superbes ; il y avait aussi de beaux pigeons, des lapins, etc. Mmes Rezé-Pellerin, la vicomtesse de Reizet et MM. Rousseau, Laloy, Nouard, de Brunville, Chevalier, Doisneau, ont obtenu des prix.

III. Produits agricoles et horticoles. — La partie de l'exposition comprenant les produits agricoles et horticoles était certainement la mieux réussie, il y avait des collections véritablement remarquables ; installée dans les salles de l'hospice de la Maternité, qui n'est pas encore aménagé, de nombreux visiteurs sont venus admirer cette belle exposition.

Des produits de toutes sortes avaient été agencés d'une manière décorative qui faisait le meilleur effet ; nous avons remarqué de très jolies collections de céréales, surtout celle de M. Maignan, de l'Ecole de Beauchêne, dont l'exposition occupait une salle entière. Dans d'autres appartements, étaient des racines, des plantes fourragères, des pommes de terre de toutes variétés, des fruits, etc. MM. Coignard, directeur de l'école d'agriculture, Rousselet, Francoine, Logeais, Nouard, Chapellier, de Quatrebarbes, Gondard, avaient de magnifiques expositions. Des tiges de maïs de plus de 1m 50 de haut, les betteraves et les carottes sélectionnées de M. Chapellier étaient remarquables. Etant donné la saison peu propice, la sécheresse que nous avons subie, on ne s'attendait pas à un nombre aussi grand d'exposants et à des produits aussi beaux en plantes fourragères de toutes sortes. Une collection superbe de produits maraîchers et de légumes, avait été exposée par M. Levazeux, ainsi qu'une collection de fleurs et de plantes d'ornement qui, très artistiquement arrangée, formait devant le pavillon des produits un parterre très agréable. MM. Hubert, Réauté, Brochard, Lelièvre, avaient aussi de belles expositions. Il y avait un concours de cidre, de beurre et de fromages.

Nous avons terminé notre visite et nous en avons gardé le meilleur souvenir. Le concours départemental de la Mayenne est bien établi. C'est maintenant un résultat acquis, qui sera très profitable aux cultivateurs du pays. Grâce au dévouement de MM. Gustave Denis, Duboys Fresney, Bidault, etc., qui n'ont ménagé ni leur temps ni leur peine, la réussite du concours était assurée. Nous devons également adresser ici tous nos compliments au sympathique secrétaire général du concours, M. Léizour, qui a organisé toute la partie matérielle du concours avec un talent remarquable et qui lui fait honneur, ainsi qu'à ses collaborateurs MM. Masseron, Peyras, Rezé, fils, Veillard, Méry, Becret, Picot, Perret, commissaires du concours.

Pendant toute la durée du concours les visiteurs ont afflué, il y a eu près de 6.000 entrées payantes et toute l'après-midi du dimanche une foule compacte n'a cessé de venir admirer les animaux primés et les produits agricoles.

Un banquet de 277 couverts a eu lieu le dimanche à midi. M. Duboys Fresney, président du concours, présidait, ayant à ses côtés M. le Préfet de la Mayenne et M. le Sous-Préfet de Mayenne ; à la table d'honneur on remarquait aussi M. Chaulin-Servinière, maire et député de Mayenne, M. Renault-Morlière, Gustave Denis, Léizour, la plupart des membres du jury, les conseillers généraux, les conseillers municipaux de Mayenne, les maires de l'arrondissement et les lauréats du concours.

La coquette salle du théâtre de Mayenne avait été fort

bien décorée pour la circonstance et la plus franche cordialité n'a cessé de régner pendant le repas ; au dessert, M. le Préfet a prononcé un discours très applaudi, dans lequel il a fait ressortir toute l'utilité de ce concours, et félicité les organisateurs. Après lui, M. Duboys Fresney a pris la parole, puis M. Chaulin-Servinière a rappelé les difficultés éprouvées au début pour réunir les ressources nécessaires à ce concours, qui maintenant est définitivement lancé.

C'est également dans la salle du théâtre, rapidement débarassée, qu'a eu lieu la distribution des prix à 4 heures.

M. Gustave Denis qui présidait, a, dans une charmante causerie, complimenté les organisateurs, MM. Duboys Fresney et Léizour, qu'il a assurés de son appui au Conseil général, et a eu un mot aimable pour tous.

Le secrétaire a ensuite donné lecture du rapport sur le concours d'enseignement et sur la visite des fermes, dont l·s premiers prix ont été obtenu par MM. Foucault, à Changé, Rezé, à Ste-Suzanne, dans la 1re section, Maignan, à St-Berthevin ; Pinson, à Changé, dans la 2e ; de nombreux applaudissements ont salué les lauréats qui venaient chercher leurs récompenses, et l'on s'est séparé en se donnant rendez-vous pour l'année prochaine à Château-Gontier où doit avoir lieu le concours, et en emportant un excellent souvenir de cette fête agricole, si pleine de cordialité et de la bonne réception que la ville de Mayenne avait fait aux agriculteurs et à ses hôtes.

Eugène SERVIN.

www.ingramcontent.com/pod-product-compliance
Lightning Source LLC
LaVergne TN
LVHW080956230826
846092LV00006B/1051

9782329708287